Generis
PUBLISHING

AF422921

Introduction à l'électromagnétisme selon Maxwell

(Mécanique électromagnétique)

André Michaud

CIP a Camerei Naţionale a Cărţii

Michaud, André.

Introduction à l'électromagnétisme selon Maxwell : (Mécanique électromagnétique)   / André Michaud. – Chişinău : Generis Publishing, 2020 (Print on demand). – 272 p. : fig., tab.

Referinţe bibliogr.: p. 263-272 (100 tit.).

ISBN 978-9975-3238-4-0.

537.8

M 65

Cover image: www.pixabay.com

Generis Publishing
Online orders: www.generis-publishing.com
Orders by email: info@generis-publishing.com

*"Les choses arrivent dans ce monde
lorsque quelqu'un les fait arriver "*

Table des matières

<h1 style="text-align:center">Avant-propos</h1>

Pour que la première explication mécanique de l'émission et de l'absorption de photons électromagnétiques par les électrons ait du sens dans la communauté de la physique actuelle, l'explication ne peut être proposée au moment présent qu'à partir de quatre aspects peu familiers de l'électromagnétisme, dont deux sont des développements très récents qui sont peu familiers pour cette raison même, qui sont la géométrie trispatiale proposée en 2000 et la dérivation de Paul Marmet publiée seulement 3 ans plus tard, qui doivent toutes deux être corrélées avec l'hypothèse de Louis de Broglie sur la possible structure électromagnétique interne du photon localisé et la conclusion initiale de Maxwell selon laquelle les champs électriques et magnétiques doivent s'induire mutuellement pour que l'existence de l'énergie électromagnétique soit correctement décrite.

Malheureusement, l'hypothèse de de Broglie et l'interprétation initiale de Maxwell, bien que formellement disponibles dans la littérature, sont elles-mêmes peu familières pour la plupart des physiciens actuels. C'est pourquoi la séquence d'arguments présentée au Chapitre 1 du présent ouvrage est organisée de manière à relier progressivement ces quatre aspects peu familiers aux principales conclusions familières précédemment tirées à propos des particules élémentaires, pour rendre plus évident à quel point ces quatre aspects peu familiers s'harmonisent avec l'observation, et peuvent par conséquent être utilisés comme un fondement solide pour expliquer l'émission et l'absorption des photons.

Cette méconnaissance des conclusions de Maxwell et de Broglie est principalement due à la domination, au cours des cents dernières années, de l'interprétation de Copenhague, une domination qui a fini par devenir si absolue dans la communauté de la physique orthodoxe, que plusieurs des principaux articles fondateurs qui furent publiés par Max Planck, Albert Einstein et Louis de Broglie, parmi d'autres contributeurs majeurs à l'avancement des connaissances en physique, qui se sont opposés à cette interprétation, ne sont plus cités et à ce jour, n'ont même pas encore été traduits en anglais pour être mis à la disposition de la communauté mondiale de la physique. L'influence néfaste de l'interprétation de Copenhague sur la communauté des physiciens n'est nulle part mieux mis en perspective que dans une analyse publiée initialement en allemand par Franco Selleri, traduite ensuite en français sous le titre "*Le grand débat de la théorie quantique*") [1].

Ce problème de traduction est actuellement en voie d'être résolu par des organisations telles que le _Minkowski Institute Press_, fondé par Vesselin Petkov, qui se consacre à la mise à disposition en anglais d'un grand nombre de ces documents de base. De la liste impressionnante de ces documents non traduits, mon ami Fritz Lewertoff, qui a contribué en 2012 la toute première traduction en anglais de "_Das Relativitätsprinzip_" ("_The Relativity Principle_") de Herman Minkowski [2], m'a fait connaître deux autres documents importants de cette liste, dont la traduction antérieure aurait possiblement pu permettre de reprendre beaucoup plus tôt les progrès en physique fondamentale, et qui sont maintenant en processus de traduction.

Le premier est le texte d'une conférence donnée par Max Planck le 12 novembre 1930, intitulée "_Positivismus und reale Aussenwelt_" [3] ("_Le positivisme et le monde extérieur réel_"), dans laquelle il expose la manière dont le scepticisme avait gagné du terrain en physique fondamentale jusqu'à la mise en doute du raisonnement logique lui-même, et comment une telle attitude, qu'il venait de voir adoptée comme ligne de conduite en recherche 3 ans auparavant lors du congrès Solvey de 1927, était susceptible de conduire la communauté à l'absence de progrès que nous observons depuis des décennies en physique fondamentale. Cette philosophie néfaste, activement prônée par Bohr, Heisenberg et Sommerfeld, fut éventuellement nommée "_Interprétation de Copenhague_", et à la grande déception de tous ceux qui, dans la communauté, croient aux bienfaits de la rationalité, est devenue la philosophie dominante dans la communauté orthodoxe de la physique fondamentale depuis les 90 dernières années.

La déclaration la plus frappante de la conférence de Planck est une remarque qui se voulait certainement un avertissement sur les dangers de ce scepticisme à propos du raisonnement logique qui gagnait de plus en plus de terrain à ce moment dans la communauté de la physique fondamentale, selon laquelle nous ne pourrons jamais comprendre la réalité au niveau fondamental plus clairement que les vagues contours permis par la méthode de description statistique de Heisenberg, qui est un dogme axiomatique directement contredit par l'état actuel de notre compréhension du niveau subatomique selon la perspective électromagnétique:

> _"Ein Menschenkind, das seine eigene Zukunft als durch das Schicksal zwangsläufig vorherbestimmt ansieht, oder ein Volk, das den Prophezeiungen seines naturgesetzlich festgelegten Unterganges Glauben schenkt, bekundet damit in Wirklichkeit nur, daß es den rechten Willen zum Aufstieg nicht aufzubringen vermag."_ ([3], p. 34).

Traduction:

"Un être humain qui perçoit son propre avenir comme inévitablement prédéterminé par le destin, ou un peuple qui croit aux prophéties de sa chute déterminées par les lois de la nature, ne fait en réalité que démontrer qu'il est incapable de rassembler la volonté de s'élever."

L'inquiétude manifestée par Planck à propos de cette perte de confiance envers le raisonnement logique semblant devenir la croyance orthodoxe dans la communauté de la physique fondamentale s'avéra vite justifiée et déjà en 1953, Schrödinger la dénonçait sans réserve dans un ouvrage qui n'a toujours pas été traduit en anglais pour être mis à la disposition de la communauté internationale ([4], p. 16). Voir citation de cette dénonciation à la Section 2.1.

L'analyse de Planck met clairement en évidence l'éventail restreint des possibilités de progrès offertes par l'approche statistique qui gagnait du terrain dans la communauté de la recherche en physique par rapport à celles offertes par l'approche dynamique dans l'identification claire des lois de la nature.

Le second texte est un document incroyablement important d'Albert Einstein datant de 1910 [5], et que pratiquement personne n'a lu ni donné en référence depuis un siècle, pour la simple raison que la seule version existante de ce texte est une traduction en français de l'original allemand perdu, intitulé *"Le Principe de relativité et ses conséquences dans la physique moderne.*

L'importance de cet article réside dans le fait qu'il révèle que dès 1910, Einstein était déjà conscient de la relation d'identité 1:1 qui existe entre la force électrodynamique associée à l'accélération de la charge e de l'électron lorsque soumis à un champ électrique E, et la force gravitationnelle associée à l'accélération de la masse m du même électron, tel qu'établie par Newton pour les masses macroscopiques, qu'il a résumé avec l'Équation (2) à la page 143 de cet article:

"On peut, par exemple, obtenir de cette façon les équations du mouvement d'un point matériel de masse m portant une charge électrique e (par exemple un électron) et soumis à l'action d'un champ électromagnétique. On connaît, en effet, les équations du mouvement d'un point matériel à l'instant où sa vitesse est nulle. D'après les équations de Newton et la définition de l'intensité du champ électrique, on a:"

$$(2) \qquad m\frac{\mathrm{d}^2 x}{\mathrm{d}t^2} = e\mathbf{E}_x \qquad ([5],\ \text{p. 143})$$

Cette compréhension correcte de sa part de la relation entre la masse au repos invariante et la charge invariante de l'électron explique certainement son intuition persistante que la gravitation devait être liée à l'électromagnétisme, comme nous l'analyserons plus en détail à la Section 1.7.1. Il est bien connu que vers la fin de sa vie, il était devenu catégorique sur le fait que la gravitation doit être liée à l'électromagnétisme, et il préconisait ouvertement que cette piste soit étudiée, même si cela pouvait signifier que ses théories de la Relativité Restreinte (RR) et de la Relativité Générale (RG) soient abandonnées comme physiquement inapplicables, c'est-à-dire même si ses théories s'avéraient finalement n'être "*qu'un château de cartes*", comme il l'a écrit en 1954 [6].

En fait, le développement de ces théories de la *relativité* au début du XXe siècle est dû à une impossibilité présumée de démontrer le mouvement absolu dans l'univers, donnant préséance au concept de *mouvement relatif* par opposition au *mouvement absolu*, qui fut portée à l'attention générale par le mathématicien Henri Poincaré dans une courte note largement diffusée par l'*Académie des Sciences* française en juin 1905. Cette question sera abordée à la Section 3.4, et aux Sous-sections 3.5.1 et 3.17.1.

Malheureusement, lorsque Einstein formula cette recommandation d'examiner l'électromagnétisme de plus près, peu de temps avant sa mort en 1955, l'interprétation de Copenhague avait déjà conquis tout le domaine de la recherche en physique fondamentale, comme en témoigne la dénonciation de Schrödinger en 1953 (voir Section 2.1), et la communauté orthodoxe entière a apparemment rejeté immédiatement et délibérément sa recommandation sans un second regard, comme l'a rapporté en 1995 Archibald Wheeler, l'un des principaux leaders d'opinion en matière d'interprétation de Copenhague:

> *"A distinguished physicist even published in his very last years' works, the main point of which is to claim that gravitation follows the pattern of electromagnetism. This thesis, we cannot accept, and the community of physics, quite rightly, does not accept."*

Traduction:

> *"Un éminent physicien a même publié dans ses tout derniers travaux, dont le point principal est de prétendre que la gravitation suit le schéma de l'électromagnétisme. Cette thèse, nous ne pouvons l'accepter, et la communauté de la physique, à juste titre, ne l'accepte pas."*

Archibald Wheeler, 1995. ([7], p. 391)

Le résultat malheureux de ce rejet catégorique a été un hiatus de 40 ans avant que cette recherche puisse être relancée de nouveau vers la fin des années 1990, juste après que le présent auteur eut pris connaissance de ce commentaire de Wheeler dans l'ouvrage qu'il a coécrit et publié en 1995 avec Ignazio Ciufolini

[7]. Ce refus à première vue incompréhensible de poursuivre la recherche fondamentale dans une direction aussi importante est analysé dans la Section 1.7.2.

Le projet dont le présent ouvrage fait partie vise à réparer les dommages causés par ce rejet, en explorant et analysant le niveau de magnitude subatomique de la réalité physique à partir des fondements expérimentaux de l'électromagnétisme établis de longue date, à l'aide d'une expansion de l'espace vectoriel 3D de Maxwell. Parmi les divers aspects du niveau subatomique qui seront analysés, les Sections 1.26 et 1.27 couvrent ce à quoi l'étude de l'électromagnétisme conduit en ce qui concerne la gravitation, confirmant apparemment que la conclusion d'Einstein selon laquelle la gravitation suit le schéma de l'électromagnétisme pourrait bien avoir été juste.

Tous les articles publiés précédemment en libre accès dans ce projet, et qui recentrent les conclusions tirées à propos des différents phénomènes observés au niveau subatomique selon cette nouvelle perspective, ont été regroupés dans une monographie publiée séparément [8]. Les trois articles restant qui furent publiés par la suite, aussi en libre accès, incluant la synthèse finale du projet, sont maintenant regroupés dans le présent ouvrage.

Le Chapitre 1 reproduit la version française de l'article [9] intitulé *"Electromagnetism according to Maxwell's Initial Interpretation"* (*"L'électromagnétisme selon l'interprétation initiale de Maxwell"*), formellement publié en janvier 2020 et qui constitue la synthèse finale de ce projet. Les arguments requis sont séquencés dans ce chapitre de manière à relier progressivement les quatre aspects peu familiers mentionnés initialement avec les principales conclusions familières précédemment tirées à propos des particules élémentaires, afin de rendre plus évident à quel point ces aspects peu familiers s'harmonisent avec l'observation, et peuvent par conséquent être utilisés comme base solide pour expliquer finalement l'émission et l'absorption de photons.

Le chapitre 2 reproduit la version française de l'article cité à la référence [10] intitulé *"The Hydrogen Atom Fundamental Resonance States"* (*"Les états de résonance fondamentaux de l'atome d'hydrogène"*), formellement publié en avril 2018. Il retrace les origines de la Mécanique Quantique et recentre sa compréhension selon les conclusions de ses concepteurs initiaux, qui étaient Louis de Broglie et Erwin Schrödinger, pour finalement expliquer, en contexte de la géométrie spatiale plus étendue déjà mentionnée, pourquoi les électrons ne peuvent pas s'écraser sur les noyaux atomiques dans la Nature, mais sont plutôt capturés dans diverses orbitales d'action stationnaires stables à certaines distances de ces noyaux.

Enfin, le Chapitre 3 reproduit, incluant quelque Sous-sections additionnelles, la version française de l'article cité à la Référence [11] intitulé *"Gravitation, Quantum Mechanics and the Least Action Electromagnetic Equilibrium States"* ("*Gravitation, mécanique quantique et les états d'équilibre électromagnétique de moindre action*") formellement publié en novembre 2017. Il donne un aperçu simplifié des états et processus décrits dans la série d'articles qui ont été regroupés la monographie publiée en français en 2017, intitulée *"Mécanique électromagnétique des particules élémentaires"*, citée à la Référence [8]. Afin que la présente introduction à l'électromagnétisme puisse servir d'index à la fois dans l'ensemble des articles disponibles séparément et aussi dans la monographie française correspondante, toutes les références aux articles séparés feront également référence aux chapitres spécifiques qui les intègrent dans la monographie, pour les lecteurs qui préfèrent utiliser la monographie intégrée.

Un développement très positif concernant ce dernier article est qu'il a été choisi en 2020 en tant que l'un des chapitres du eBook intitulé "*Prime Archives in Space Research*", pour être republié par *Vide Leaf Prime Archives*, dont le but est de promouvoir la recherche scientifique dans le monde en mettant des résultats de recherche considérés de pointe à la disposition des jeunes chercheurs pour faciliter leur application dans leurs pratiques de recherche. Ce choix ne peut qu'accélérer la familiarisation de la communauté avec l'interprétation initiale de Maxwell et une meilleure compréhension de la réalité physique qu'elle semble favoriser. Cette republication est cité à la Référence [12].

On observera un certain chevauchement entre les descriptions des trois chapitres, mais étant donné que chaque chapitre reproduit le contenu d'un article publié séparément, il a été choisi de ne pas réduire ces chevauchements afin de ne pas interférer avec les séquences de numérotation des équations et surtout avec les lignes de raisonnement spécifiques que chaque article était sensé souligner. De cette manière, les trois chapitres demeurent indépendants les uns des autres et peuvent être lus dans n'importe quel ordre sans préjudice.

1. L'électromagnétisme selon l'interprétation initiale de Maxwell

1.1 Introduction

Il est bien établi que l'électrodynamique classique, l'électrodynamique quantique (QED) ainsi que la théorie des champs quantiques (QFT) sont fondées sur la théorie ondulatoire de Maxwell et sur ses équations, mais il est beaucoup moins bien compris que ces théories ne sont pas fondées sur son interprétation initiale de la relation entre les champs E et B, mais plutôt sur celle de Ludwig Lorenz, avec laquelle Maxwell était en désaccord.

Maxwell considérait que ces deux champs devaient s'induire mutuellement cycliquement pour que la vitesse de la lumière soit maintenue, tandis que Lorenz considérait que les deux champs devaient atteindre leur intensité maximale de manière synchrone au même moment pour que cette vitesse soit maintenue, les équations permettant les deux interprétations. Toutefois, deux percées récentes permettent maintenant de confirmer que l'interprétation de Maxwell était correcte, du moins en ce qui concerne le niveau subatomique, car, contrairement à l'interprétation de Lorenz, elle permet de réconcilier de façon transparente la théorie des ondes électromagnétiques de Maxwell, appliquée avec tant de succès au niveau macroscopique, avec les caractéristiques électromagnétiques applicables au niveau subatomique aux photons électromagnétiques localisés ainsi qu'aux particules électromagnétiques élémentaires chargées et massives localisées dont tous les atomes sont constitués, et permet enfin d'établir une mécanique claire d'émission et d'absorption de photons électromagnétiques par les électrons lors de leurs interactions au niveau atomique.

En 1845, Michael Faraday observa qu'en plaçant une plaque de verre entre les pôles d'un électroaimant, le champ magnétique faisait tourner le plan de polarisation de la lumière qui traversait la plaque. Il communiqua aussitôt à son ami James Clerk Maxwell cette découverte majeure, qui démontrait pour la première fois ce lien direct entre le champ magnétique et la lumière [13].

C'est donc cette expérience de Faraday qui est à l'origine de la théorie électromagnétique intégrée ensuite élaborée par Maxwell, car, ayant déjà observé que les dérivées secondes des équations précédemment établies pour champ électrique et champ magnétique révélaient que l'énergie électrique et l'énergie magnétique étaient séparément associées à la vitesse de la lumière ([14], [8] Chapitre 13), Maxwell en tira la conclusion que la lumière devait être de nature électromagnétique et fit ensuite la découverte fondamentale que l'énergie électromagnétique impliquait une relation triplement orthogonale entre ses trois aspects fondamentaux, soit ses aspects électrique et magnétique perçus comme étant perpendiculaires l'un à l'autre et s'induisant mutuellement simultanément en un mouvement oscillant cyclique stationnaire transversal, par rapport à la direction de mouvement de cette énergie dans l'espace (**Figure 1.1**), soit une relation triplement orthogonale correspondant au produit vectoriel familier des champs E et B (**Figure 1.3-a**), résultant en un troisième vecteur de mouvement perpendiculaire par structure au deux premiers ([15], [8] Chapitre 6).

Le fait suivant en surprendra sans doute plus d'un, mais cette solution découverte par Maxwell, qui est aussi bien connu pour avoir dérivé la vitesse de la lumière de la relation qu'il établit entre les deux constantes fondamentales du vide ε_o et μ_o ([14], [8] Chapitre 13), n'est pas la seule solution fonctionnelle qui a été découverte pour associer les champs E et B à la vitesse de la lumière.

Brièvement résumé, le mathématicien Ludvig Lorenz a établi à la même époque indépendamment de Maxwell que si les champs E et B de l'énergie électromagnétique étaient mathématiquement représentés comme atteignent tous les deux leur maximum d'intensité de façon synchrone en même temps (**Figure 1.2**), cela permet aussi d'expliquer la vitesse de la lumière dans le vide, d'ondes électromagnétiques se propageant sous forme d'une impulsion dans un éther sous-jacent aussi bien que si ils étaient déphasés de 180° comme dans la solution de Maxwell.

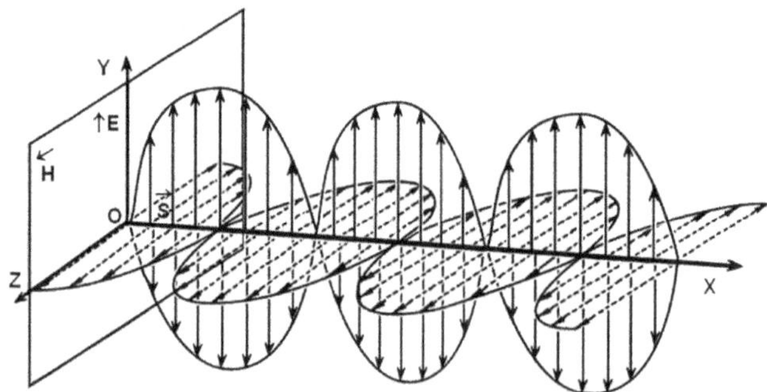

Figure 1.1: Représentation bipolaire déphasée de 180° des champs E et B de l'interprétation de Maxwell.

Mais la *jauge de Lorenz* est un concept généralisateur qui combine les aspects E et B de l'énergie fondamentale en un champ électromagnétique *unique* qui détourne l'attention immédiate des différentes orientations vectorielles des deux aspects, en particulier le fait que le dipôle d'énergie représenté par *E* est orientée et distribuée dans l'espace tandis que le dipôle d'énergie représenté par *B* est orientée et distribuée temporellement pendant que ces deux aspects s'induisent cycliquement l'une l'autre en orientation transversale par rapport à la direction du mouvement vectoriel de l'énergie oscillante dans un vide, comme on peut le déduire de l'interprétation de Maxwell.

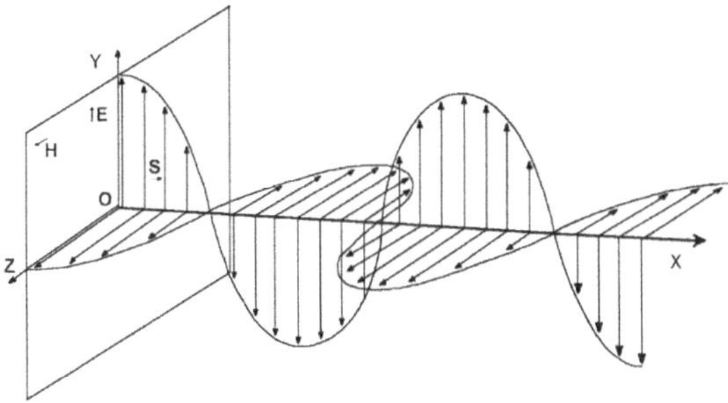

Figure 1.2: Représentation standard monopolaire des champs *E* et *B* atteignant simultanément leur maximum d'intensité en phase de l'interprétation de Lorenz.

La représentation de la **Figure 1.2**, que l'on retrouve dans tous les ouvrages sur l'électromagnétisme, tout en étant en accord avec la théorie ondulatoire de Maxwell décrivant l'énergie électromagnétique comme étant une impulsion se propageant dans un aether sous-jacent, et qui est aussi en accord avec ses équations, est toutefois généralement présumée de manière erronée comme étant aussi la conclusion de Maxwell.

En fait, Maxwell était en désaccord avec cette approche, car le concept de *jauge* développé par Lorenz, avait pour conséquence de traiter les deux champs *E* et *B* comme étant un *champ électromagnétique unique* au niveau général, qui, de prime abord, ne laisse soupçonner aucune structure interne apparente, ce qui fait facilement perdre de vue que ces deux champs sont séparés et sont d'égale importance dans la théorie de Maxwell, avec des caractéristiques différentes et irréconciliables, en plus de s'induire mutuellement, contrairement à la solution de Lorenz, tel que mis en perspective à la Référence ([15], [8] Chapitre 6).

Le fait que cette deuxième solution fut développée par Lorenz, est cependant peu connu dans la communauté scientifique car elle est associée seulement à la jauge dite *jauge de Lorenz* définie par lui, et ceci, seulement dans les ouvrages spécialisés de haut niveau sur l'électromagnétisme [16], car elle se prête plus facilement que la représentation de Maxwell aux divers processus de généralisation mathématiques, tel qu'applicable à notre niveau macroscopique. Mais la véritable origine de cette solution représentée par la **Figure 1.2** n'est pas clairement expliquée dans les ouvrages d'introduction ou de référence générale en physique [17] [18].

Par conséquent, à moins de se spécialiser en électromagnétisme, la majorité des physiciens ne sont donc pas directement informés que ce n'est pas Maxwell qui a conçu cette deuxième approche et que l'électrodynamique classique ainsi que la théorie des champs quantiques (QFT), dont l'électrodynamique quantique (QED) est issue [19] [20], mais qu'elles sont plutôt fondées sur l'interprétation de Lorenz, car ce fait n'est nulle part clairement mis en évidence dans les ouvrages de référence sur l'électrodynamique et sur la QFT, qui furent bien sûr développés par des spécialistes en électromagnétisme pour qui ce fait était une évidence. Contrairement aux faits établis, il en résulte donc une impression générale dans la communauté que Maxwell est le véritable auteur de cette deuxième solution et que l'électrodynamique et la QFT sont fondée strictement sur son interprétation.

La nuance est importante cependant, car l'hypothèse de de Broglie à propos du photon localisé à double particule, telle qu'applicable au niveau subatomique et qui émerge directement de l'interprétation de Maxwell, se retrouve ainsi en porte-à-faux par rapport à l'électrodynamique classique et la QED, parce que l'approche de Lorenz occulte le fait que les champs E et B sont séparément d'importance égale. Par exemple, le rôle prépondérant donné aux charges électriques dans la QED semble ne laisser aucune fonction précise à l'aspect magnétique de l'énergie électromagnétique dans une possible mécanique d'induction mutuelle qui impliquerait les deux champs séparés, contrairement à l'interprétation de Maxwell. Même le fait que la QED, telle que formulée, ne peut expliquer l'induction mutuelle des deux champs dans les systèmes LRC ne semble pas attirer l'attention sur cette question.

1.2. Mise en perspective en fonction des ordres de grandeur relatifs

Pour bien mettre en perspective la description de l'énergie qui constitue la substance même dont sont constituées toutes les particules élémentaires localisées telles que les photons électromagnétiques, les électrons et les positons au niveau subatomique, d'une manière qui ne serait pas en conflit avec la théorie bien établie de l'onde électromagnétique continue de Maxwell, qui est appliquée avec tant de succès à notre niveau macroscopique selon la perspective de

Lorenz, il faut en premier lieu prendre conscience que tout les objets et processus que nous pouvons détecter et mesurer dans la réalité objective peuvent être classés comme relevant de l'un des quatre ordres de magnitude suivants. Par ordre décroissant, ces divers ordres de grandeur peuvent être définis de manière très générale comme suit:

1-*Niveau astronomique* : Ordre de grandeur dépassant en dimensions le cadre strict de la seule planète Terre.

2-*Niveau macroscopique*: Ordre de grandeur dans lequel tout objet ou processus peut être directement mesuré à la surface de la Terre et dans son environnement.

3-*Niveau sous-microscopique ou atomique*: Ordre de grandeur des molécules et atomes.

4-*Niveau subatomique*: Ordre de grandeur des particules élémentaires dont tous les atomes sont constitués, ainsi que de l'énergie électromagnétique qui constitue leur substance, qui supporte leur mouvement, détermine leur inertie, et qui peut aussi circuler librement sous forme quantifiée à la vitesse de la lumière lorsque non directement associée à l'une de ces particules élémentaires.

Les 3 premiers niveaux sont généralement familiers pour tous, mais le niveau subatomique ne l'est pas. Nous pouvons directement percevoir et mesurer les objets et processus de notre environnement au niveau macroscopique, et nous percevons et mesurons indirectement avec de plus en plus de précision les objets et processus appartenant aux deux ordres de grandeur voisins à mesure que nos instruments se perfectionnent, mais nous n'avons aucun moyen d'observation pour le quatrième niveau.

Il peut sembler paradoxal d'affirmer si fermement que l'énergie électromagnétique peut être directement définie comme étant quantifiée sous forme de photons électromagnétiques localisés au niveau subatomique conformément aux équations de Maxwell, tout en demeurant en parfaite harmonie avec sa théorie des ondes électromagnétiques continues se propageant dans un medium sous-jacent, qui a eu tant de succès tel qu'appliqué à notre niveau macroscopique, soit une question qui fait débat depuis le début du 20e siècle.

Il faut mettre en perspective ici que nous ne percevons par ailleurs aucun paradoxe dans le fait que *nous observons directement* que l'image d'un écran de télévision nous apparaît continue de manière fluide telle que vue d'une distance de que quelques mètres à peine, tout en étant bien conscients que si nous nous approchons suffisamment, *nous observons directement aussi*, directement à notre niveau macroscopique, que dans la réalité physique, l'image est générée physiquement par des milliers de rangées clairement séparées de très petits pixels clairement séparés.

De ce point de vue, il est intéressant de noter que nous ne voyons non plus aucun paradoxe à traiter l'eau comme étant un fluide sans structure interne à notre niveau macroscopique, tout en sachant parfaitement qu'au niveau sous-microscopique, elle n'est composée que de molécules localisées, elles-mêmes constituées d'atomes localisés, que nous savons être eux-mêmes constitués au niveau subatomique d'électrons élémentaires localisés et chargés électriquement, et de nucléons, eux-mêmes composés de particules électromagnétiques élémentaires localisées chargées électriquement et qui sont toutes individuellement massives et quantifiées, même si nous ne pouvons pas voir directement ces molécules à notre niveau macroscopique, comme dans le cas de l'écran de télévision.

La raison pour laquelle nous ne voyons aucun problème à percevoir et traiter l'eau comme un fluide à au niveau macroscopique, même mathématiquement, en dépit du fait que nous ne pouvons pas observer directement les molécules localisées qui constituent sa substance, comme nous pouvons le faire directement pour les pixels individuels de l'écran de télévision, est que nous comprenons que ce que nous percevons comme la *fluidité* de l'eau à notre niveau macroscopique est en réalité un *effet de foule* dû à d'innombrables molécules d'eau localisées glissant librement les unes contre les autres au niveau sous-microscopique. De plus, nos puissants instruments modernes de microscopie électronique nous permettent de détecter indirectement ces molécules individuelles et les atomes dont elles sont constituées au niveau sous-microscopique.

Dans le cas de l'énergie électromagnétique cependant, sa nature granulaire au niveau subatomique est loin d'être aussi évidente à percevoir que dans le cas de l'écran de télévision, dans lequel s'approcher de quelques mètres seulement de l'image suffit pour passer de l'ordre de grandeur qui la fait percevoir comme une image en apparence uniformément fluide à l'ordre de grandeur à peine plus faible du même niveau macroscopique qui permet de percevoir la réalité de sa structure granulaire lorsqu'observée directement à plus grande proximité; ou dans le cas de l'eau, dont la granularité au niveau atomique peut être observée indirectement à l'aide de nos microscopes électroniques.

Le cas de l'eau demande de toute évidence un saut beaucoup plus considérable d'ordre de grandeur vers l'infiniment petit entre la perception de sa fluidité au niveau macroscopique et la perception de sa granularité sous-microscopique. Pour prendre réellement conscience de la différence entre ces deux ordres de grandeurs, il suffit de penser que les atomes constituants les molécules d'eau sont aussi loin vers le niveau sous-microscopique en direction de l'infiniment petit que les galaxies le sont vers l'infiniment grand astronomique par rapport à notre propre niveau macroscopique terrestre. Pour percevoir la granularité subatomique de l'énergie électromagnétique, le saut à partir de notre ordre de grandeur macroscopique est encore plus grand; c'est-à-dire aussi loin en direction l'infiniment petit à partir de l'ordre de grandeur déjà sous-microscopique de l'échelle atomique que cette échelle atomique se situe depuis notre propre niveau macroscopique.

Pour véritablement conceptualiser la distance vers l'infiniment petit à laquelle l'ordre de grandeur de la granularité de l'énergie électromagnétique se situe de l'échelle atomique, considérons que si le proton d'un atome d'hydrogène, dont deux exemplaires font partie d'une molécule d'eau, était agrandi pour devenir aussi gros que le soleil, l'électron stabilisé à la distance moyenne du proton de son orbitale de moindre action serait aussi éloigné du proton ainsi agrandi que l'orbite de Neptune l'est du Soleil dans le système solaire, c'est-à-dire que l'atome d'hydrogène deviendrait aussi grand que le Système solaire tout entier, et que les photons électromagnétiques constituant le *niveau granulaire* de l'énergie électromagnétique se situent au même ordre de grandeur que l'énergie constituant la masse au repos de l'électron et des autres particules électromagnétiques élémentaires massives chargées électriquement qui existent à l'intérieur de la structure du proton et du neutron.

Le principal problème avec lequel nous sommes confrontés en ce qui concerne ce niveau subatomique de granularité de l'énergie électromagnétique et de l'énergie constituant la masse au repos des particules élémentaires constituant les atomes, est qu'il n'existe aucun instrument suffisamment puissant pour permettre d'observer même indirectement ce niveau subatomique, contrairement au niveau le plus profond d'observation pour lequel cela demeure physiquement possible, soit celui de l'ordre de grandeur atomique, qui permet de vérifier indirectement la granularité de l'eau et de toutes les autre substances matérielles de notre environnement; bref, une granularité indirectement vérifiable pour tous les atomes du tableau périodique, mais qui nous est inaccessible pour le niveau de granularité subatomique de l'énergie électromagnétique.

Les seuls indices physiquement vérifiables que nous ayons de la localisation permanente des particules chargées élémentaires telles que l'électron et des quanta d'énergie électromagnétique sont les suivants:

1-Nous avons la preuve expérimentale facilement reproductible que les électrons et les photons électromagnétiques se comportent systématiquement de manière quasi-ponctuelle pendant toutes les expériences de collision mutuelles (Voir Section 1.23 plus loin ainsi que la Référence [21]).

2-Nous avons la preuve expérimentale facilement reproductible que les photons possèdent une inertie longitudinale, tel que démontré par l'expérience photoélectrique d'Einstein, et qu'ils possèdent une inertie transversale égale à la moitié de leur inertie longitudinale, tel que démontré par l'angle de déflexion de la lumière par le Soleil lors de nombreuses expériences réalisées lors d'éclipses solaires ([15], [8] Chapitre 6) [22].

3-Nous avons la preuve expérimentale depuis 1933 que des photons électromagnétiques de 1.022 MeV ou plus se convertissent en paires électron-positon lorsqu'ils frôlent des particules massives [23] et que de telles paires se reconvertissent en photons électromagnétiques lorsqu'ils entrent en contact de nouveau; ce qui signifie que nous avons la preuve expérimentale que la masse au repos invariante des électrons et les positons est constituée de la même substance *énergie électromagnétique* que les photons. Nous avons de plus la preuve expérimentale depuis 1997 que des photons électromagnétiques qui dépassent le seuil d'énergie de 1.022 MeV peuvent être déstabilisés par d'autres photons électromagnétiques de manière à se convertir en paires électron-positon sans qu'aucun noyau massif ne soit à proximité [24].

4-Nous avons la preuve expérimentale facilement reproductible que les électrons en mouvement libre ont une masse au repos invariante de 9.10938188E-31 kg et une charge électrique invariante de 1.602176462E-19 C.

5-Nous avons la preuve expérimentale concluante que les électrons sont des particules élémentaires et que les protons et neutrons qui constituent les noyaux de tous les atomes ne sont pas des particules élémentaires, mais sont plutôt des systèmes de particules élémentaires (**Figures 1.5, 1.6** et **1.7**, et Référence [21]).

Puisque nous ne pouvons observer le niveau subatomique ni directement in indirectement, nous en somme donc obligatoirement réduits dans notre exploration de ce niveau à procéder par ingénierie inverse ([10], voir aussi la

Section 2.19 à ce sujet), c'est-à-dire que nous devons déduire les caractéristiques des particules électromagnétiques élémentaire qui constituent le niveau fondamental de la réalité objective, à partir de ce que nous pouvons détecter et comprendre indirectement à partir du comportement des atomes, et des particules élémentaires qui peuvent en être séparées; soit les électrons dont la stabilisation loin des noyaux détermine le volume d'espace occupé par les atomes, et à partir du comportement des protons et des neutrons qui en constituent les noyaux, en occupant de plus petits volumes; ainsi qu'à partir du comportement de l'énergie électromagnétique qui est émise ou absorbée par ces particules élémentaires lors des changements d'équilibre d'action stationnaire dans lesquels les atomes se stabilisent au niveau atomique.

Finalement, le moyen dont nous disposons pour observer le comportement des atomes et de leurs éléments séparables est précisément l'énergie électromagnétique qui est émise ou absorbée lors de ces variations d'équilibre d'action stationnaire des atomes, et dont les *granules infinitésimaux*, c'est-à-dire les photons électromagnétiques localisés provenant de tous les objets qui nos environnent, soit directement ou détectés par l'intermédiaire de nos puissants microscopes et autres appareils de détection, qui excitent des électrons des atomes constituant les cellules photosensibles de nos yeux, une excitation qui se transmet de proche en proche le long de nos nerfs optiques jusqu'au cerveau, et qui mettent à jour en continue les images dont nous prenons conscience provenant de notre environnement et que nous analysons pour les comprendre [25].

Ces photons électromagnétiques localisés qui peuvent exciter les électrons suffisamment pour que leur arrivée soit signalée de proche en proche le long du nerf optique peuvent être d'une intensité très variable, et au delà d'une certaine intensité, réussissent à séparer les électrons des atomes dans notre environnement, et c'est ce qui permet d'étudier leur comportement séparé ainsi que celui des constituants des noyaux atomiques, nommément les protons et les neutrons, qui peuvent également être complètement séparés de leurs escortes électroniques et étudiés séparément dans le cas des atomes simples tels que l'hydrogène ou l'hélium.

Ce qui empêchait jusqu'ici que nous puissions devenir aussi à l'aise de traiter l'énergie électromagnétique comme étant quantifiée au niveau subatomique que nous le sommes pour la traiter comme des ondes électromagnétiques continues au niveau macroscopique est que depuis près d'une centaine d'années, les aspects granulaires, c'est-à-dire quantifiés, du niveau subatomique sont considérés comme étant le domaine exclusif de la Mécanique Quantique (MQ), mais que la

MQ n'a toujours pas été complètement harmonisée avec les équations électromagnétiques de Maxwell qui traitent avec succès l'énergie électromagnétique comme une onde continue au niveau macroscopique; autrement dit, qui la traite comme un fluide, soit une harmonisation incomplète qui fut clairement mise en évidence par Feynman, qui fut le dernier chercheur qui tenta cette réconciliation il y plus d'un demi-siècle, comme en fait foi cette citation tirée de ses "*Lectures on Physics*" [26]:

> *"There are difficulties associated with the ideas of Maxwell's theory which are not solved by and not directly associated with quantum mechanics...when electromagnetism is joined to quantum mechanics, the difficulties remain".*

Traduction:

> *"Il y a des difficultés associées avec les idées de la théorie de Maxwell qui ne sont pas résolues par la Mécanique Quantique et qui ne lui sont pas directement associées non plus... lorsque l'électromagnétisme est associé à la Mécanique Quantique, ces difficultés demeurent".*

Tel que mis en évidence dans un article récent ([11], voir aussi Sections 3.9 à 3.12), toutes les théories actuelles traitent mathématiquement les masses macroscopiques comme si elles ne possédaient pas de structure granulaire interne, c'est-à-dire comme si elles étaient constituées d'une substance continue uniformément répartie dans tout leur volume, et même la Mécanique Quantique traite l'énergie des électrons comme si elle était similairement répartie uniformément dans le volume entier défini par l'équation de Schrödinger. La raison en est que la structure électromagnétique interne de l'énergie constituant la masse de chaque particule élémentaire, tel l'électron, ainsi que la structure électromagnétique interne de celles constituant les structures internes des protons et des neutrons qui constituent le noyau de tous les atomes de l'univers n'ont pas encore été clairement établies; et que l'énergie dont dépend le mouvement et l'augmentation du champ magnétique transversal des particules élémentaires en cours d'accélération n'a pas encore été mathématiquement séparée de l'énergie constituant leur masse au repos.

Récemment, cependant, de nouveaux développements ont permis d'établir une structure électromagnétique subatomique interne cohérente pour les photons électromagnétiques localisés et pour toutes les particules électromagnétiques élémentaires conformément aux équations de Maxwell, ce qui permet finalement de trouver naturel que tous les atomes sont faits au niveau subatomique de particules élémentaires séparées et localisées stabilisées dans divers états de résonance de moindre action et que l'énergie électromagnétique libre est quantifiée au niveau subatomique, même si nous la traitons comme une onde continue à notre niveau macroscopique.

1.3. Deux percées majeures récentes

Dans les années 1930 déjà, Louis de Broglie proposait l'hypothèse d'une possible structure interne potentiellement quantifiée d'un photon électromagnétique localisé au niveau subatomique qui serait conforme aux équations de Maxwell, mais dont l'élaboration, de son propre aveu, ne semblait pas possible dans le cadre restreint de la géométrie à 4 dimensions de l'espace-temps de Minkowski:

> *"... la non-individualité des particules, le principe d'exclusion et l'énergie d'échange sont trois mystères intimement reliés : ils se rattachent tous trois à l'impossibilité de représenter exactement les entités physiques élémentaires dans le cadre de l'espace continu à trois dimensions (ou plus généralement de l'espace-temps continu à quatre dimensions). Peut-être un jour, en nous évadant hors de ce cadre, parviendrons-nous à mieux pénétrer le sens, encore bien obscur aujourd'hui, de ces grands principes directeurs de la nouvelle physique." ([27], p. 273).*

Deux développements récents ont cependant permis d'élaborer cette structure électromagnétique interne du photon localisé proposée par de Broglie en parfaite conformité avec les équations de Maxwell, et de constater éventuellement que toutes les particules élémentaires stables massives et chargées électriquement dont sont constitués les atomes au niveau subatomique pouvaient aussi être décrites de la même manière conforme avec les équations de Maxwell.

Le nouvel éclairage apporté par ces récents développements sur la nature de l'énergie électromagnétique fondamentale a ensuite permis de recentrer selon cette nouvelle perspective l'essentiel des conclusions tirées par le passé à partir de l'ensemble des données expérimentales recueillies à ce jour concernant le niveau subatomique. Ces conclusions révisées ont ensuite été expliquées dans une vingtaine d'articles séparés, chacun desquels analyse un aspect spécifique de la question, et qui seront donnés en référence au cours de cette synthèse finale.

1.4. La première percée majeure

Le premier de ces deux développement fut l'élaboration d'une géométrie plus étendue de l'espace, fondée sur la relation triplement orthogonale que Maxwell associa aux trois aspects fondamentaux de l'énergie électromagnétique dont la lumière est constituée au niveau subatomique, soit ses aspects électrique et magnétique perçus comme étant perpendiculaires l'un à l'autre et s'induisant mutuellement en un mouvement cyclique transversal d'oscillation stationnaire de l'énergie que ces champs mesurent, par rapport à la direction de mouvement de cette énergie dans le vide, soit une direction de mouvement de cette énergie qui est perpendiculaire à la direction d'oscillation transversale stationnaire de l'énergie représentée par ces deux champs (**Figure 1.1**).

La géométrie trispatiale (**Figure 1.3**) nécessaire à l'élaboration de l'équation LC découlant de l'hypothèse de de Broglie ([15], [8] Chapitre 6) en conformité avec la solution de Maxwell (**Figure 1.1**) fut formellement présentée à l'événement CONGRESS-2000 en juillet 2000 à l'Université d'état de Saint-Pétersbourg [28].

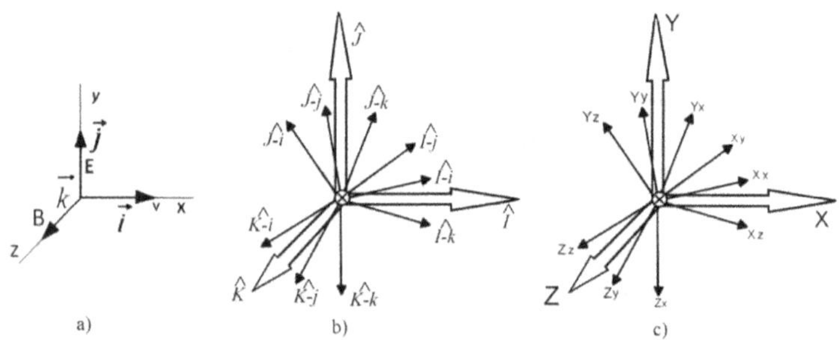

Figure 1.3: Ensemble des vecteurs majeurs et mineurs applicables à la géométrie trispatiale.

Cette géométrie plus étendue de l'espace au niveau subatomique est complètement décrite à la Référence [10], mais peut se résumer brièvement de la manière suivante. La méthode consiste à augmenter géométriquement chacun des 3 vecteurs électromagnétiques linéaires standard i, j et k (**Figure 1.3-a**), applicables à l'espace normal, les transformant en 3 espaces vectoriels 3D pleinement développés (**Figure 1.3-b**), chacun de ces trois espaces, maintenant identifiés comme étant les espaces X, Y et Z (**Figure 1.3-c**), chaque espace demeurant perpendiculaire aux deux autres et les trois demeurant connectés via leur point d'origine commun.

Ce centre commun peut maintenant être compris comme servant de *point de passage* situé au centre de chaque quantum électromagnétique localisé au niveau subatomique, à travers lequel la *substance-énergie* de la particule serait libre de circuler entre les trois espaces comme entre des vases communicants, de manière à permettre l'établissement d'une oscillation transversale stationnaire de la moitié de l'énergie de la particule entre ses aspects *E* et *B* , c'est-à-dire, entre les deux espaces-YZ, ainsi qu'un partage à parts égales de l'énergie totale de la particule entre le demi-quantum d'énergie oscillant transversalement des champs *E* et *B* dans le double-complexe-transversal-YZ, et demi-quantum d'énergie unidirectionnelle du momentum qui réside dans l'espace-X.

Pour visualiser mentalement le mouvement de l'énergie dans ce complexe géométrique trispatial à 9 dimensions mutuellement orthogonales, il suffit d'imaginer chacun des 3 ensembles de vecteurs mineurs *i*, *j* et *k* de la **Figure 1.3-b** comme s'ils étaient les tiges (baleines) repliées de 3 parapluies métaphoriques. Cela permet d'ouvrir mentalement à volonté n'importe lequel d'entre eux, un à la fois, jusqu'à pleine expansion orthogonale pour observer et décrire mathématiquement le comportement de l'énergie dans cet espace 3D pleinement déployé pendant chaque phase du mouvement oscillatoire. Les **Figures 1.3-b** et **1.3-c** montrent les dimensions des 3 espaces à demi déployées pour permettre une identification unique claire de chacun des 9 axes orthogonaux internes résultants.

1.5. *La deuxième percée majeure*

Le deuxième développement se produisit quelques années plus tard, en 2003, lorsque Paul Marmet publia un article important décrivant une relation nouvellement perçue entre l'augmentation progressive de l'intensité du champ magnétique transversal d'un électron en cours d'accélération et l'augmentation simultanée de sa masse transversalement mesurable [29], qui permit ensuite de clairement distinguer l'énergie variable du momentum de l'électron qui augmente aussi pendant son accélération, de l'énergie aussi variable de l'incrément de son champ magnétique transversal, et aussi de séparer clairement ces deux quantités variables d'énergie de la quantité d'énergie invariante constituant la masse au repos de l'électron, tel que décrit dans un article publié en 2007 dans la même journal "*International IFNA-ANS Journal*", de l'Université d'État de Kazan ([30], [8] Chapitre 4).

Cette découverte permit ensuite d'observer que toutes les particules élémentaires chargées constituant les atomes possèdent exactement la même structure électromagnétique LC interne dans cette géométrie spatiale plus étendue, accompagnée d'une énergie porteuse, impliquant une énergie de momentum et une énergie de champ magnétique transversale, qui se structurent de manière identique à la structure électromagnétique interne décrite par l'équation LC précédemment développée pour décrire le photon localisé à double-particule de l'hypothèse de de Broglie ([15], [8] Chapitre 6) ([31], [8] Chapitre 11) ([32], [8] Chapitre 14) ([33], [8] Chapitre 12), ce qui permit ensuite d'établir leurs équations LC trispatiales respectives, tel que résumé à la Référence ([10], Voir aussi Chapitre 2) comme nous le verrons plus loin.

Notons ici que cette structure électromagnétique LC interne est également applicable à toutes les particules électromagnétiques élémentaires chargées électriquement constituant les particules complexes instables, qu'elles soient électriquement neutres ou non, telles les pions, kaons et autres particules complexes éphémères résultant de collisions destructrices entre particules élémentaires ([34], [8] Chapitre 19).

Nous étudierons cependant ici seulement les particules stables constituant la structure stable des atomes du tableau périodique et de leurs noyaux, ainsi que les positons et les photons électromagnétiques en mouvement libre, car tous les partons instables générés par collisions destructrices ne jouent aucun rôle dans l'établissement et la stabilité de l'univers, étant donné que sans exception, ils se désintègrent presque instantanément en libérant leur excès d'énergie en des séquences d'étapes bien connues [35], jusqu'à ce que tout ce qui en reste s'avère être l'une ou l'autre, ou plusieurs de l'ensemble très restreint des particules élémentaires stables chargées électriquement et massives dont les atomes sont constitués ([34], [8] Chapitre 19).

Mais il faut d'abord prêter attention à une erreur typographique dans l'Équation (M-7) de l'article de Marmet qui rend difficile une perception claire que sa dérivation est véritablement sans faille. Pour que sa séquence de raisonnement ininterrompue soit rendue évidente, sa dérivation jusqu'à l'Équation (M-7) à partir de l'équation de Biot-Savart sera complètement détaillée ici. La suite de sa dérivation jusqu'à l'Équation (M-23) demeure ensuite facile à suivre directement dans son article [29] et est de plus clairement expliquée et analysée dans un autre article récemment publié ([10], Voir aussi le Chapitre 2).

Quoique la deuxième partie de son article débutant avec la Section 7 concerne une hypothèse personnelle sur une possible structure interne de l'électron, qui est bien sûr sujette à discussion, la première partie de son article n'est d'aucune manière hypothétique, mais élabore plutôt une dérivation sans faille à partir de l'équation de Biot-Savart, elle-même établie directement à partir de données expérimentales qui peuvent être facilement réobtenues à volonté, conduisant à l'établissement d'une nouvelle Équation (son équation M-23) qui semble ne laisser planer aucun doute, pour citer Marmet lui-même, que "*l'augmentation de la soi-disant masse relativiste* [de l'électron en cours d'accélération] *n'est en fait rien de plus que la masse du champ magnétique généré, dû à la vélocité de l'électron*" [29]:

$$\frac{\mu_0 \left(e^-\right)^2}{8\pi} \frac{1}{r_e} \frac{v^2}{c^2} = \frac{M_e}{2} \frac{v^2}{c^2} \tag{M-23}$$

Pour éviter toute confusion dans la numérotation des équations du présent article, les équations provenant directement de l'article de Marmet seront précédées du préfixe "M-" suivi du numéro de cette équation dans l'article original [29] afin que le lecteur puisse les localiser directement dans son article original.

L'Équation (M-23) laisse entrevoir de nombreuses possibilités qui n'ont jamais été considérées auparavant, dont la plus importante est qu'elle met en lumière une inconsistance entre la théorie de la Relativité Restreinte (RR) et l'électromagnétisme qui ne pouvait pas être remarquée autrement, car l'idée même que l'énergie qui augmente progressivement le champ magnétique transversal d'un électron en cours d'accélération, tel que calculé avec les équations de l'électromagnétisme, pourrait être la même énergie qui peut aussi être expérimentalement mesurée comme étant sa masse transversale augmentant avec sa vélocité, telle que calculable avec les équations de la mécanique relativiste, est absente de la RR pour une raison qui sera mise en évidence plus loin.

Le premier indice laissant supposer qu'un quantum d'énergie unique pourrait être responsable à la fois de l'augmentation du champ magnétique transversal de l'électron et de l'augmentation relativiste de sa masse mesurable transversalement, est établie par le fait bien connu que le champ magnétique, tel que mesuré autour d'un fil conduisant un courant électrique stable, qui est constitué bien sûr d'électrons circulant tous à la même vitesse et dans la même direction dans ce fil, est orienté perpendiculairement, c'est-à-dire transversalement, par rapport à la direction de mouvement des électrons, ce dont rend compte la loi de Biot-Savart, tel que mis en perspective par Marmet au début de son article [29].

Un point important doit déjà être mis en évidence, concernant l'habitude acquise depuis Maxwell de penser à la relation familière triplement orthogonale de l'énergie électromagnétique comme impliquant des *champs* électrique et magnétique perpendiculaires l'un à l'autre, et qui seraient en même temps perpendiculaires à la direction de mouvement de l'énergie.

C'est un fait rarement mentionné dans les ouvrages de référence que le concept du *champ électrique* introduit par Gauss n'avait pour fonction que de *représenter conceptuellement* l'interaction coulombienne d'une manière *géométrique et mathématique idéalisée* comme diminuant omnidirectionnellement vers zéro à distance infinie, en fonction de la règle de l'inverse du carré de la distance, à partir d'une valeur maximale située à l'endroit ponctuel ou se trouverait dans l'espace la charge de test unique qui demeure dans l'équation de Coulomb lorsque la deuxième charge est retirée de l'équation, tel que remis en évidence dans un article récent [25]. Ce concept idéalisé fut ensuite aussi conceptualisé géométriquement et mathématiquement pour représenter sous forme d'un *champ magnétique*, l'aspect magnétique de l'énergie électromagnétique.

Il sera donc important pour la suite de cette analyse de garder en tête l'intension originale de Gauss que ces *champs* soient considérés seulement comme des *outils géométriques et mathématiques idéalisés* destinés seulement à *représenter* l'énergie réelle qui est sensée exister physiquement, et que c'est l'énergie électromagnétique elle-même qui existe réellement qui s'auto-structurerait physiquement, pour ainsi dire, selon cette double configuration perpendiculaire résultant de son oscillation électromagnétique transversale, soit une oscillation qui est orientée transversalement par rapport à l'énergie unidirectionnelle de momentum qui soutient son mouvement dans l'espace.

Il en résulte que l'énergie transversale elle-même que la dérivation de Marmet identifie comme rendant compte simultanément de l'augmentation du champ magnétique transversal et de l'augmentation de la masse relativiste transversale [36] de l'électron en cours d'accélération, ne peut donc être orientée que perpendiculairement par rapport à la direction de mouvement des électrons dont la circulation génère le courant stable mesurable via l'équation de Biot-Savart.

Cela signifie bien sûr que l'énergie qui supporte le momentum en augmentation d'un électron en cours d'accélération, calculable à l'aide de l'équation de la mécanique relativiste $\Delta K = \gamma m_o v^2/2$, ne peut en aucun cas être la même l'énergie qui supporte perpendiculairement son champ magnétique en augmentation, calculable à l'aide de l'équation de Biot-Savart, cette dernière correspondant présumément à l'énergie de l'incrément de masse transversale calculable avec l'équation de la mécanique relativiste $\Delta E=\Delta mc^2= (\gamma m_o c^2 - m_o c^2)$, car il est physiquement et vectoriellement impossible qu'un unique quantum d'énergie puisse se déplacer dans ces deux directions perpendiculaires simultanément, et aussi parce que la quantité totale de seulement une de ces deux quantités d'énergie est insuffisante pour rendre compte à elle seule à la fois de l'augmentation de son momentum longitudinal et de l'augmentation simultanée de son champ magnétique transversal orienté perpendiculairement pour toute vitesse donnée.

D'autre part, la première équation de Maxwell (Annexe B), qui est en fait l'équation de Gauss déjà mentionnée pour le champ électrique, et qui redevient la simple équation de Coulomb lorsqu'une seconde charge est introduite dans le *champ idéalisé* de la charge de test, révèle que la quantité d'énergie totale induite dans chaque charge en accélération correspond soit à deux fois l'énergie du momentum longitudinal $\Delta K=\gamma m_o v^2/2$, ou à deux fois l'énergie de l'incrément de masse-relativiste/champ-magnétique transversal $\Delta E=\Delta m_m c^2$. En fait, ceci révèle que les deux quantités d'énergie sont toujours égales par structure et que cette somme ne peut être constituée que de leur induction simultanée, dont ΔE_{total} rend aussi compte de l'incrément de champ magnétique transversal de l'électron en cours d'accélération, les deux quantités constituant alors la quantité totale d'énergie requise pour rendre compte de l'augmentation simultanée de la vélocité et du champ magnétique transversal associé, soit $\Delta E_{total}= \Delta K + \Delta m_m c^2 =\gamma m_o v^2/2 + (\gamma m_o c^2 - m_o c^2)$, tel que démontré à la Référence ([10], Voir aussi le Chapitre 2).

Il faudrait donc plutôt parler en réalité de deux *demi-quanta* d'énergie constituant un unique quantum d'énergie induite. Le fait que ce quantum d'énergie total calculé avec l'équation de Coulomb varie d'une manière infinitésimalement progressive en fonction de l'inverse de la distance entre deux particules chargées, démontre aussi que cette énergie varie adiabatiquement, et ceci, uniquement en fonction de l'inverse des distances séparant toutes les particules chargées les unes des autres en vertu de l'interaction coulombienne, qu'elles soit ou non en mouvement.

Un indice supplémentaire supportant la conclusion que ces deux demi-quanta d'énergie doivent exister simultanément, est que pour même pouvoir calculer l'incrément du champ magnétique ΔB associé à toute vitesse d'un électron en cours d'accélération à l'aide de la forme généralisée de l'équation de Marmet (M-7) établie à la Référence ([30], [8] Chapitre 4), c'est la longueur d'onde de cette double quantité d'énergie procurée par l'équation de Coulomb qui doit être utilisée pour obtenir cette valeur ΔB correcte de l'incrément transversal de champ magnétique de l'électron en mouvement, ce qui sera démontré justement avec l'Équation (1.9) plus loin.

1.6. Contexte historique de l'élaboration de la théorie de la Relativité Restreinte (RR)

Mais le fait même que ces deux demi-quanta d'énergie sont toujours égaux en quantité, a initialement créé une confusion dans la communauté en l'absence de cette nouvelle information qui est disponible seulement depuis la récente dérivation de Marmet. Cette confusion a fait considérer qu'une quantité égale à un seul de ces deux demi-quanta était la quantité totale d'énergie induite pendant le processus d'accélération relativiste de l'électron, et un désaccord célèbre s'ensuivit parmi les théoriciens du début du 20ième siècle.

Par exemple, Minkowski [2], Lorentz [37] et Einstein [38] par exemple, associèrent ce demi-quantum d'énergie strictement au momentum, soit une conclusion qui fait partie intégrante de la théorie de la Relativité Restreinte (RR), alors qu'Abraham [39], Poincaré [40] et Planck [41] associèrent le demi-quantum d'énergie de mouvement mesuré à une augmentation de la masse transversale mesurable.

1.7. La conclusion de Minkowski, Lorentz et Einstein

En consultant un article célèbre de Max Planck datant de 1906 [41], il peut être noté qu'il réfère à l'énergie constituant la masse d'un électron en mouvement $E=\gamma m_o c^2$ par les termes *"lebendige Kraft"* (Voir son commentaire suite à l'Équation 8, page 140 de son texte, identifiant cette énergie par le terme "L"), qui se traduit en français dans la communauté de la physique fondamentale par les termes *"force cinétique"*, (ou *"force vibrante"* ou *"force vive"* pour une traduction littérale de l'allemand), ce qui met en perspective qu'au début du 20e siècle, la différence entre le concept de *force*, telle la force calculable à l'aide de l'équation de Coulomb ou à l'aide de l'équation fondamentale d'accélération des masses $F=ma$, que nous conceptualisons comme ayant les dimensions de *joules par mètre* ([14], [8] Chapitre 13), et le concept *d'énergie induite par l'interaction coulombienne*, qui s'obtient en multipliant la force de Coulomb par la distance entre deux charges, que nous conceptualisons comme ayant seulement la dimension *joules* ([14], [8] Chapitre 13), n'était pas encore clairement établi; ces deux notions étant apparemment encore non clairement différenciées. La seule référence au momentum dans son texte est "*Impulskoordinaten*" ("*coordonnées du momentum*"), qu'il n'y associe pas à l'énergie qui le supporte en contexte du débat en cours à ce moment, et ceci au moment historique même où le débat autour de l'introduction de la RR faisait rage.

Par comparaison, dans la communauté de la physique fondamentale germanique de nos jours, le momentum "*Impuls*" est immédiatement conceptualisé comme étant une quantité d'énergie cinétique "*kinetische Energie*" se déplaçant dans une direction vectorielle précise, comme dans les communautés physiques d'autres langues. Peu nombreux sont ceux de nos jours qui ont pleinement conscience qu'au début du 20e siècle, les plus grandes avancées de la physique fondamentale ont été faites en Europe, et que les articles originaux ont été écrits majoritairement en allemand, mais aussi en français et en italien, et que certains de ces articles fondateurs n'ont toujours pas été formellement traduits en anglais, contrairement à la croyance populaire, et certains très tardivement. Par exemple, le texte d'un exposé séminal d'Herman Minkowski de 1907 "*Das Relativitätsprinzip*" ne fut traduit en anglais que très récemment en 2012 par Fritz Lewertoff [2]. Pratiquement tous les écrits de Louis de Broglie, dont l'ensemble de l'oeuvre vient tout juste d'être traduit en russe, n'a pas encore été traduit en anglais. Il est donc important de consulter les articles formels dans leur langue originale pour s'assurer de l'exactitude des versions traduites, et surtout pour bien mettre en perspective l'étendue plus restreinte de l'ensemble des connaissances établies à l'époque et sur lesquelles reposait leur rédaction.

En analysant l'article de Lorentz de 1904 [37] qui introduisit le concept de la relativité par l'introduction du facteur γ dans les équations de la mécanique classique, ce qui incita Planck à écrire son article de 1906 précédemment cité [41], il peut être constaté que le concept de la force de Coulomb y est clairement défini, mais que l'énergie du momentum relativiste de l'électron y est calculé de la manière qui nous vient tous intuitivement à l'esprit initialement, c'est-à-dire en ajoutant le facteur γ à l'équation cinétique initiale classique de Newton $K=m_o v^2/2$; mais qu'il ne modifie pas cette équation pour incorporer le demi-quantum d'énergie transversale qui supporte l'incrément correspondant de son champ magnétique, tel que décrit à la Référence ([42], [8] Chapitre 5), ou alternativement, qu'il ne multiplie pas la force obtenue au moyen de l'équation de Coulomb par la distance entre les deux charges pour obtenir l'énergie adiabatique totale induite dans chacune des charges par l'interaction coulombienne à cette distance, tel que décrit à la Référence ([10], Voir aussi le Chapitre 2).

Il faut donc prendre pleinement conscience que si deux des plus grands découvreurs de l'époque, soit Planck et Lorentz, n'avaient pas fait le lien ontologique qui nous est maintenant évident entre l'interaction coulombienne et l'induction d'énergie cinétique dans les particules chargées, ainsi que le lien entre cette énergie induite électromagnétiquement et l'énergie cinétique qui cause le mouvement des corps massifs selon la perspective procurée par la mécanique classique/relativiste, soit des corps macroscopiques dont la masse ne peut être constituée que la somme des masses de ces particules élémentaires chargées électriquement, cela signifie nécessairement par extension que cette relation n'était pas encore clairement établi dans l'ensemble de la communauté scientifique de l'époque, aussi inattendu que cela puisse nous sembler aujourd'hui.

Il demeure tout de même étonnant que les grand découvreurs de cette époque aient pu établir de manière si précise les équations de la mécanique classique/relativiste sans avoir pu bénéficier du recul que nous avons maintenant après un siècle supplémentaire d'expérimentation, qui permet maintenant de clairement percevoir cette relation entre la soi-disant *force de Coulomb*, obtenue en multipliant la charge unitaire de l'équation du champ électrique établie par Gauss $E= e/4\pi\varepsilon_o d^2$ [17] par une seconde charge e, qui agit selon la loi de l'inverse du carré de la distance entre des charges électriques $1/d^2$, soit $F=e{\cdot}E= e^2/4\pi\varepsilon_o d^2$ ([25] Équation (4)), et la quantité d'*énergie cinétique adiabatique* ([43], [8] Chapitre 2) que cette force induit dans ces charges électriques en fonction de l'inverse simple de la distance qui les sépare $1/d$, soit $E=d{\cdot}F= e^2/4\pi\varepsilon_o d$ ([25] Équation (4)), qui sont des concepts qu'il semblait difficile de clairement distinguer l'un de l'autre à travers le brouillard d'incertitude qui entourait encore les relations entre ces concepts électromagnétiques qui n'étaient pas à ce moment en processus d'exploration méthodique, et qui ne le sont toujours pas de nos jours (voir Section suivante), et le concept classique de *masse*, qui relevait de la mécanique classique, et qui était encore considérée comme n'ayant aucun lien avec l'électromagnétisme à ce moment, sauf par Einstein lui-même, mais sans qu'il l'associe à la gravitation à ce moment, comme nous le verrons aux Sections 1.7.1 et 1.7.3.

C'est ce qui explique pourquoi le concept de *force* n'a pas été spécifiquement incorporé à la RR pour justifier l'augmentation de l'énergie d'une masse en mouvement ou en accélération, et aussi pourquoi la notion même de *force* est tout simplement absente de la théorie de la Relativité Générale (RG), dans laquelle elle est remplacée comme cause ontologique de l'existence de l'énergie par un mouvement inertiel des corps massifs, mouvement supposément causé par une *courbure* de *l'espace-temps*, ce qui a empêché que l'équation de Coulomb, qui est fondé sur le concept d'une *force* associée à l'accélération de particules électriquement chargées, soit conceptuellement associé à l'accélération de la *masse* de l'électron selon cette perspective, car aucun lien n'est fait dans cette théorie entre le concept de *masse classique* et le fait que tous les corps massifs macroscopiques ne peuvent être constitués que de particules élémentaires massives électriquement chargées ([11], Voir aussi le Chapitre 3), comme il sera mis en perspective plus loin.

Aussi étrange que cela puisse paraître, plus d'un siècle après les expériences déterminantes de Kaufmann avec des électrons accélérant jusqu'à des vitesses relativistes [36], aucun concept d'augmentation du champ magnétique de la masse de l'électron en cours d'accélération n'existe en RR, ce qui fait sembler normal selon cette théorie que seulement l'énergie du momentum augmente avec la vitesse, soit une vitesse en apparence causé par une théorique *accélération inertielle*.

1.7.1 L'intéressant cas de l'affirmation d'Albert Einstein concernant l'électromagnétisme

Il peut sembler paradoxal, comme on vient de l'affirmer, que le concept de *force* ne semble pas avoir été incorporé à la RR pour la raison que le concept classique de *masse* était considéré comme sans rapport avec l'électromagnétisme à cette époque, puisque nous venons d'apprendre par la Référence [5], qu'Einstein a apparemment compris indirectement mais correctement la relation entre la force d'accélération qui s'applique à la charge invariante de l'électron, et la force d'accélération qui s'applique à sa masse au repos invariante, comme le démontre son Équation (2), précédemment mentionnée dans l'Avant-propos:

$$(2) \qquad m\frac{\mathrm{d}^2 x}{\mathrm{d}t^2} = e\mathbf{E}_x \qquad\qquad ([5],\ \text{p. 143})$$

En effet, il se trouve que $\mathrm{F} = m\dfrac{\mathrm{d}^2 x}{\mathrm{d}t^2}$ est l'une des nombreuses représentations mathématiques de l'équation fondamentale d'accélération *F=ma*, tel que souligné à la Référence ([25] Section 27), et $\mathrm{F} = e\mathbf{E}_x$ est l'une des nombreuses représentations mathématiques de l'équation de Coulomb tel que mis en perspective à la Section 1.7. Voir également la Référence ([25] Équation (4), reproduite ici pour plus de commodité:

$$F = e\mathbf{E} = \frac{e^2}{4\pi\varepsilon_0 r^2} \qquad \text{([25] Équation (4))}$$

en raison du fait que le symbole du champ électrique (E) a été défini par Gauss comme étant égal à la définition suivante en supprimant l'une des charges de l'équation de Coulomb:

$$\mathbf{E} = \frac{e}{4\pi\varepsilon_0 r^2} \qquad \text{([25] Équation (3))}$$

Évidemment, lorsque la charge manquante est réintroduite comme Einstein le fit à la Référence ([5] Équation (2)), l'équation de force de Coulomb complète est rétablie.

Or, Einstein ne précise pas comment il a initialement dérivé cette égalité entre ces deux équations de force éprouvées, si bien qu'elles finissent par s'établir axiomatiquement *de facto* comme étant une *force unique* applicable simultanément à la masse au repos d'un électron et à sa charge invariante. Il semblerait donc qu'il ait réellement posé cette égalité sous forme d'un axiome en 1910, ce qui était coutumier de sa part pour établir les fondements de ses raisonnements, tels les axiomes de base de sa théorie de la Relativité Restreinte précédemment établie. Voir les Sections 3.4 et 3.5 pour plus de détails à ce sujet.

Mais il se trouve qu'une dérivation mathématique démontrant que toutes les équations de force classiques ne sont que des représentations alternatives de l'équation d'accélération $F=ma$ de Newton à la Référence ([44], [8] Chapitre 7), démontre clairement que l'hypothèse que faisait Einstein en posant l'Équation (2) était complètement justifiée.

Maintenant, à partir du commentaire d'introduction d'Einstein précédant son Équation (2), tel que cité dans l'Avant-propos, bien qu'il relie la charge de l'électron au champ E, il est loin d'être évident qu'il relie plus clairement que ses collègues le symbole E du champ électrique à la sous-définition détaillée que Gauss voulait qu'il représente, soit l'équation de Coulomb amputée d'une charge.

En comparaison, voir avec l'équation (3.3) de quelle manière la même équation d'accélération de Newton est directement établie comme étant égale à l'équation de Coulomb dans les manuels d'introduction à la physique standard, cette fois sans la relier à l'équation de Gauss du champ électrique telle que combinée dans l'équation de Lorentz avec la charge manquante pour obtenir à nouveau l'équation de Coulomb, ce qui est un état de fait qui empêche la plupart des étudiants de voir la relation directe entre l'équation de Gauss et l'équation standard de Coulomb.

En fait, après des décennies de discussions avec des centaines de physiciens, j'ai observé que très peu d'entre eux conceptualisent habituellement le champ E comme étant aussi directement lié à l'équation de Coulomb même lorsqu'une deuxième charge est impliquée, comme dans l'équation de force de Lorentz ($F = q(E + v \times B)$), et il semblerait que c'était déjà le cas au début du 20ème siècle, puisque les physiciens semblent généralement préférer conceptualiser l'électromagnétisme du point de vue des champs potentiels.

Ceci est d'ailleurs confirmé par le texte même de l'article d'Einstein [5] lorsqu'il déclare:

"...on s'habitua à considérer les champs électrique et magnétique comme des entités dont l'interprétation mécanique était superflue. On en vint ainsi à regarder ces champs dans le vide comme des états particuliers de l'éther, n'exigeant pas une analyse plus approfondie."

Nulle part dans son article la loi de Coulomb n'est mentionnée ni associée au champ électrique ou aux particules chargées électriquement. Le mouvement des charges électriques y est mentionné, en accord avec H.A. Lorentz, comme étant strictement dû à leurs interactions avec le champ électrique:

"Une particule chargée en mouvement par rapport à l'éther est assimilable à un élément de courant; les actions du champ électromagnétique sur la particule et les réactions de cette dernière sur le champ sont les seuls liens qui lient la matière à l'éther. Dans celui-ci, là où l'espace n'est pas déjà occupé par une particule, les intensités du champ électrique et magnétique sont exprimées par les équations de Maxwell pour l'éther libre, si l'on suppose que les équations sont rapportés à un système d'axes immobile par rapport à l'éther."

Tout bien considéré, on peut conclure que l'identité directe qu'Einstein percevait dès 1910 entre l'équation d'accélération fondamentale de Newton appliquée à la masse au repos d'un électron et l'équation d'accélération de la charge unitaire de l'électron soumis à un champ électrique, est probablement ce qui l'a finalement convaincu que la gravitation doit suivre le schéma de l'électromagnétisme.

1.7.2. L'objection étonnamment incohérente d'Archibald Wheeler

Examinons maintenant la justification citée dans l'Avant-propos que Wheeler a fournie pour son refus de considérer la conclusion d'Einstein comme ayant pu être une piste de recherche potentiellement valable, s'autoproclamant apparemment aussi comme parlant au nom de toute la communauté, sans que personne ne proteste: "*Cette thèse, nous ne pouvons l'accepter, et la communauté de la physique, à juste titre, ne l'accepte pas.*" ([7], p. 391).

Malheureusement, il n'a pas fourni de référence au texte spécifique d'Einstein dans lequel ce dernier aurait "*prétendu*" que la gravitation suit le modèle de l'électromagnétisme. Il s'agit donc d'une recherche toujours en cours au moment de la publication de ce livre

De manière assez inattendue, juste avant de formuler son rejet de la possibilité que la gravitation puisse suivre le modèle de l'électromagnétisme, Wheeler oppose une version totalement invalide de l'équation de Coulomb:

$$\mathbf{F}_{electr} = e_1 e_2 / r^2 \qquad\qquad \text{([7] Équation (7.1.2))}$$

à l'équation gravitationnelle valide:

$$\mathbf{F}_{grav} = - G m_1 m_2 / r^2 \qquad\qquad \text{([7] Équation (7.1.2))}$$

et conclut ensuite que cette comparaison visiblement erronée disqualifie complètement l'électromagnétisme comme sujet d'étude potentiellement prometteur à la recherche d'une possible correspondance qui le relierait à la gravitation.

Cette version de l'équation de Coulomb est invalide pour la simple raison que Wheeler a oublié, ou est-ce même concevable, ne savait pas, que pour être dimensionnellement valide, cette équation doit impliquer la constante de proportionnalité de Coulomb (voir l'Équation (2.18) et le commentaire associé, au Chapitre 2):

$$k_e = \frac{1}{4\pi\varepsilon_0} \text{ (Constante électrostatique de Coulomb)}$$

$$(2.18)$$

Même a priori, les dimensions de la force pouvant être obtenues à partir de la version erronée de Wheeler de l'équation de Coulomb sont manifestement incohérentes, se résolvant *en coulombs au carré par mètres carrés* (C^2/m^2), alors qu'il est bien établi qu'une force ne peut être exprimée qu'en newtons (N), qui se résolvent à leurs dimensions élémentaires *joules par mètre* (j/m), qui sont les dimensions pouvant être obtenues à partir de l'équation de Coulomb uniquement si la constante de Coulomb est impliquée : $F_{electr} = k_e\, e_1 e_2 / r^2$ et qui sont identiques aux dimensions de la force obtenue à partir de l'équation gravitationnelle correctement posée.

Il est donc tout à fait remarquable et inattendu qu'une erreur aussi flagrante dans un ouvrage de référence si populaire [7], qui a servi de justification pour refuser d'explorer un domaine aussi fondamentalement important que l'électromagnétisme à la recherche d'une relation possible avec la gravitation, ne semble pas avoir attiré l'attention de la communauté des physiciens, en particulier à la lumière de, et en opposition à, la recommandation spécifique du plus célèbre physicien du XXe siècle, et aussi que ce type d'erreur dans une équation aussi simple est susceptible d'attirer l'attention immédiate de toute personne ayant des compétences minimales en mathématiques.

1.7.3. La solution qu'Einstein cherchait peut-être

Un point de grand intérêt concernant la recherche d'Einstein visant à associer la gravitation à l'électromagnétisme apparaît en ce qui concerne l'équation gravitationnelle correctement formulée à laquelle fait référence Wheeler, c'est-à-dire l'Équation (7.1.2) de la Référence [7] mentionnée précédemment.

Ayant directement relié l'équation de force électrostatique de Lorentz à l'équation d'accélération fondamentale de Newton au moyen de l'Équation (2) ([5], p. 143), il ne fait aucun doute qu'Einstein cherchait également à relier directement l'équation gravitationnelle à ces deux premières équations de force.

Il se trouve que cette égalité directe entre ces trois équations a été mathématiquement établie à la Référence ([44], [8] Chapitre 7, Équation (7.48)) précisément en ce qui concerne la masse au repos invariante et la charge invariante de l'électron, conformément à l'égalité établie par Einstein entre les deux premières équations de force classiques avec son Équation (2). De plus, il a été démontré à la même référence que les 5 équations de force classiques peuvent être dérivées les unes des autres au moyen de la forme généralisée de l'équation de Coulomb qui a été développée à la Référence ([30], [8] Chapitre 4, Équation (4.11)):

$$F = G_p \frac{M_p \bullet m_e}{r_0^{\,2}} = k \frac{e^2}{r_0^{\,2}} = e\mathbf{vB} = e\alpha\mathbf{E} = m_e a = 8.23872180\,7\text{E}-08\,\text{N} \qquad ([44]\ \text{Équation (48)})$$

Ce dénominateur commun que l'équation de Coulomb se trouve à être en permettant de relier toutes les équations de force classiques *est ce qui permet de relier mathématiquement l'énergie adiabatique induite en permanence dans toutes les particules chargées élémentaires par la force de Coulomb à toutes les équations de force classique, et par conséquent à la gravitation,* dans les Sections 1.26 et 1.27 plus loin, tel qu'établi à la Référence ([43], [8] Chapitre 2).

1.8. La conclusion de Planck, Poincaré et Abraham

Tel que mentionné précédemment, Abraham [39], Poincaré [40] et Planck [41] associèrent le demi-quantum d'énergie de mouvement mesuré à une augmentation de la masse transversale mesurable, sans cependant faire aucune la relation avec l'augmentation transversale simultanée du champ magnétique associé. Selon cette perspective, le momentum d'une masse en mouvement ne possède pas d'existence physique, mais est considéré comme une impulsion se propageant dans un éther sous-jacent qui propulserait la masse, ce qui fait aussi sembler normal de ce second point de vue que seulement le demi-quantum d'énergie de la masse transversale augmente avec la vitesse.

Ce désaccord entre les positions d'Einstein, Minkowski et Lorentz d'une part, et de Poincaré, Abraham et Planck d'autre part, est toujours l'objet de discussions sans fin dans la communauté. Dans les deux cas, aucune relation n'est établie avec la double quantité d'énergie révélée par l'équation de Coulomb comme étant ontologiquement induite simultanément par l'interaction coulombienne dans l'électron en cours d'accélération; et ni l'une ni l'autre de ces solutions ne laisse même soupçonner que les deux demi-quanta pourraient augmenter simultanément.

Par conséquent, une prise de conscience claire de l'existence simultanée de ces deux demi-quanta orientés perpendiculairement l'un par rapport à l'autre, à la lumière de la découverte de Marmet et en relation avec l'équation de Coulomb, est donc nécessaire pour qu'une harmonisation complète de la mécanique classique/relativiste et de l'électromagnétisme puisse être réalisée.

1. 9. *Les Principes axiomatiques absolus*

Revenons un moment sur ce *brouillard d'incertitude* déjà mentionné qui entourait les concepts de force de Coulomb et d'énergie induite par cette force lors de l'élaboration de la théorie de la Relativité Restreinte au début du 20ième siècle.

Au fil de l'histoire, avant que l'étendue des connaissances accumulées du moment n'ait permis d'identifier les constantes absolues dans la Nature sur lesquelles des théories auraient pu être fondées pour expliquer les processus observables dans la réalité objective, la méthode utilisée pour fonder ces théories consistait à établir des *principes* axiomatiques absolus servant de points de repère permettant de fonder solidement des explications rationnelles au sujet de la nature de l'énergie, de la masse, des charges électriques, etc. Ces principes ont fini par devenir des *dogmes idéalisés* que la communauté scientifique adopta comme étant des références considérées fiables pour fonder les théories qui étaient en cours de développement, tels le Principe de conservation de l'énergie, le Principe d'exclusion de Pauli, les Principes d'action stationnaire et de moindre action, etc.

La plupart de ces Principes sont des Principes idéalisés *positifs*, tel le Principe de conservation de l'énergie, qui n'admet par définition aucune exception, mais qui ne décourage pas activement la recherche concernant de possibles limitations de leur portée ou de la validité même d'un tel principe quant à son applicabilité à la réalité physique, qui aurait pu être moins bien comprise lorsqu'il fut initialement formulé.

En effet, dans le cas de ce dernier principe, par exemple, l'étendue actuelle des connaissances permet maintenant de mieux définir sa portée par rapport à la réalité physique, parce que nous pouvons observer que le Principe de conservation de l'énergie reste valable pour un système tant qu'un tel système déjà stabilisé dans un état d'équilibre d'action stationnaire retourne à cet état après avoir été perturbé, mais que s'il est amené à varier de manière à se stabiliser axialement dans un état de moindre action moins énergétique ou plus énergétique que l'état d'action stationnaire initial, ce changement ne peut être que de nature adiabatique ([43], [8] Chapitre 2).

C'est précisément le cas des sondes spatiales qui sont éloignées de la Terre et lancées sur des trajectoires de moindre action d'échappement du Système solaire, par exemple, comme nous le verrons plus loin ([45], [8] Chapitre 16) [46] [47] [48]. Lorsque de tels systèmes se stabilisent dans un tel nouvel état d'équilibre axial d'action stationnaire, le principe de conservation de l'énergie s'applique de nouveau, mais en référence à ce nouvel état d'équilibre axial d'action stationnaire. En effet, les masses dont ces sondes sont constituées ne retrouveront jamais l'état d'action stationnaire axial qui était le leur avant leur lancement.

En réalité, tous les états d'action stationnaire permis dans la réalité objective font partie d'une hiérarchie d'états d'équilibre électromagnétique stationnaires distribués axialement, allant des états stationnaires de l'ordre de grandeur subatomiques jusqu'à ceux de l'ordre de grandeur astronomique, dont la corrélation hiérarchique détaillée reste à établir complètement, et la seule manière pour une particule élémentaire ou une masse plus grande de passer axialement de l'un de ces états d'équilibre stationnaire à un autre est via une trajectoire de moindre action impliquant une changement adiabatique de son énergie porteuse. Cette hiérarchie d'états stationnaires sera examinée plus loin, mais revenons pour le moment au thème principal de la présente section, soit les principes axiomatiques absolus établis historiquement.

Parmi l'ensemble des dogmes axiomatiques *positifs* établis historiquement, s'en trouve un cependant, soit le concept rejeté *de facto d'action-à-distance*, aussi nommé de manière dérogatoire *action-fantôme-à-distance* (*spooky-action-at-a-distance*), qui est universellement associé de manière injustifiée à la soi-disant *force* de Coulomb, soit un dogme qui est *négatif* et *absolu*, en ce sens qu'il a activement découragé toute recherche dans la communauté pour tenter d'étudier et comprendre la nature de l'interaction coulombienne, en dépit du fait qu'elle sous-tend directement la première équation de Maxwell, soit l'équation de Gauss pour le champ électrique telle que décrite précédemment, et qui est universellement acceptée comme valide.

Le malentendu qui a apparemment conduit à l'idée même d'une soi-disant *action-à-distance* en référence à la *force* de Coulomb, semble avoir été que cette soi-disant *force* était associée au concept d'une *attraction*, tel que définie dans la théorie gravitationnelle macroscopique de Newton, au lieu d'être associée à un *processus d'induction d'énergie, dont la moitié soutient un momentum unidirectionnel* dans les particules chargées électriquement au niveau subatomique, et qu'une supposée *attraction* entre particules chargées de signes électriques opposés était à tort considérée comme étant due à une *force attractive*, au lieu d'être compris comme un mouvement *propulsé par une énergie de momentum unidirectionnelle* d'une particule électriquement chargée vers une autre particule électriquement chargée de signe opposé; et qu'une *répulsion* supposée à tort être due à une *force répulsive* entre particules chargées de même signe, s'avère en réalité être un mouvement d'une particule chargée électriquement s'éloignant d'une autre particule chargée électriquement de même signe, *propulsé par une énergie de momentum unidirectionnelle*, sans qu'absolument *aucune force* ne soit impliquée, tel qu'analysé à la Référence ([11], Voir aussi le Section 3.17).

Le concept d'interaction coulombienne ayant maintenant été sommairement redéfini sous une forme plus conforme à la réalité, et pour prendre une certaine distance par rapport au concept de *force* newtonienne, qui est utile au niveau macroscopique, mais qui est par contre trompeur pour traiter des particules élémentaires massives et chargées au niveau subatomique, l'expression *interaction coulombienne* sera généralement utilisée pour la suite de cet article au lieu de l'expression trompeuse *force de Coulomb*.

Cent ans après que Lorentz, Planck, Einstein, de Broglie et Schrödinger, pour ne citer que quelques-uns des scientifiques extraordinairement dévoués de l'époque qui ont révolutionné la physique fondamentale au début du XXe siècle, il semble que nous en savons maintenant suffisamment à propos du niveau subatomique pour en finir avec ces principes et dogmes axiomatiques absolus, en identifiant clairement les limites physiques de leur application, comme dans le cas du Principe de conservation de l'énergie, ou en supprimant simplement ceux qui s'avèrent en fin de compte avoir été des obstacles mal avisés à la recherche, tel le concept d'*action-à-distance*, en raison de l'insuffisance initiale des connaissances disponibles au sujet de la nature réelle de l'interaction de Coulomb, par exemple, dont nous savons maintenant qu'elle est la cause de l'induction adiabatique simultanée des deux demi-quanta perpendiculaires d'énergie, maintenant correctement identifiés, dans toutes les particules élémentaires chargées existantes, soit une interaction Coulombienne dont la nature reste encore à comprendre clairement.

1.10. *Noms inappropriés donnés à certains états et processus*

Les noms mêmes donnés dans le passé à certaines caractéristiques et processus stables observés des particules élémentaires, avant que la nature électromagnétique de l'énergie dont sont constituées leurs masses de repos invariantes soit comprise, ont aussi largement contribué à la confusion persistante dans la communauté quant à la nature réelle de ces caractéristiques et processus.

Par exemple, la limite inférieure d'intégration de l'énergie de la masse au repos de l'électron au moyen de la méthode mathématique d'intégration sphérique a été nommée à tort *le rayon classique de l'électron*, symbolisé par r_e, ce qui tend constamment à faire *penser* à de nombreux chercheurs que cette valeur représente peut-être un rayon physique réel possible de la masse de l'électron, au sens mécanique classique ([30], [8] Chapitre 4).

Un autre terme beaucoup plus insidieux est le terme "*spin*" choisi pour désigner la polarité magnétique relative des électrons en interaction mutuelle et de leur interaction avec les sous-composants électromagnétiques des nucléons, qui induit la croyance tout à fait inexacte qu'une rotation transversale de la masse des électrons doit être impliquée pendant ces états d'interaction ([49], [8] Chapitre 9).

L'utilisation de ces termes est si généralisée qu'il est probable qu'une modification de ces termes entraînerait encore plus de confusion, mais la nature réelle des états et des processus auxquels il est fait référence devrait être clairement documentée dans des référentiels officiels comme le *NIST* [50] et le *CRC Handbook of Chemistry and Physics* [51], par exemple.

1.11. L'induction simultanée des deux demi-quanta d'énergie

Cette prise de conscience de l'existence simultanée des deux demi-quanta d'énergie, mutuellement perpendiculaires l'un à l'autre, qui sont induits en permanence dans toute particule élémentaire chargée, qu'elle soit en mouvement ou non, et dont la quantité varie progressivement en fonction de l'inverse des distances séparant chaque particule chargée de toutes les autres, permet dorénavant d'établir au niveau subatomique une structure électromagnétique interne du quantum d'énergie qui supporte à la fois l'augmentation du momentum unidirectionnel et du champ magnétique transversal de toute particule élémentaire chargée en cours d'accélération, qui est identique à celle suggérée par Louis de Broglie dans les années 1930 pour les photons électromagnétiques localisés ([15], [8] Chapitre 6); et ceci, en complète conformité avec les équations de Maxwell, mais d'une manière qui n'est pas en contradiction avec la manière dont l'énergie électromagnétique en mouvement libre est traitée mathématiquement avec succès au niveau macroscopique du point de vue de la théorie des ondes continues de Maxwell.

1.12. Description de la dérivation de Marmet de l'Équation (M-1) jusqu'à l'Équation (M-6)

En électromagnétisme, l'équation de Biot-Savart est possiblement l'équation la plus facile à confirmer expérimentalement car elle décrit seulement le champ magnétique cylindrique transversal uniforme et invariant généré par un courant électrique stable continu circulant dans un fil électrique rectilinéaire [19].

Fondant son raisonnement sur le fait observé expérimentalement pendant les expériences effectuées dans les accélérateurs de particules à haute énergie que le champ magnétique d'un électron en cours d'accélération augmente malgré le fait aussi observé que sa charge unitaire demeure constante peu importe sa vélocité, Marmet a réussi, en réduisant théoriquement à un seul électron le courant circulant dans un fil, à dériver l'Équation (M-23) à partir de l'équation de Biot-Savart, ce qui permet de démontrer que l'augmentation de la masse relativiste mesurable transversalement de l'électron en cours d'accélération, ne peut être que directement associée à l'augmentation de son champ magnétique transversal.

Finalement, l'Équation (M-24), qui émerge directement de l'Équation (M-23), établit directement que la moitié de l'énergie constituant la masse au repos invariante de l'électron est aussi représentable sous forme d'un champ magnétique, présumément aussi transversal par analogie, et serait donc en réalité une quantité invariante d'énergie faisant partie de la masse au repos de l'électron qui serait aussi physiquement orientée transversalement:

$$\frac{\mu_0 \left(e^-\right)^2}{8\pi} \frac{1}{r_e} = \frac{M_e}{2} \tag{M-24}$$

Cette caractéristique du champ magnétique intrinsèque de la masse au repos de l'électron, ainsi que de nombreuses autres que la découverte de Marmet permet enfin de mettre en corrélation selon une nouvelle perspective de mutuelle cohérence, sera analysée plus loin, ainsi que l'aspect *dépendance-à-la-vélocité* du champ magnétique transversal en augmentation de l'électron en cours d'accélération, ainsi que les développements ultérieurs auxquels l'Équation (M-23) conduit. Mais abordons d'abord la question de l'obstacle présenté par l'Équation (M-7).

Il débuta sa dérivation en introduisant la forme suivante de l'équation de Biot-Savart (M-1), dans laquelle le champ magnétique cylindrique transversal qui apparaît autour d'un fil métallique rectilinéaire lorsqu'un courant électrique stable y circule, est représenté comme étant perpendiculaire à la direction du courant dans le fil, tel qu'illustré dans la **Figure 1.1** de son article [29], c'est-à-dire, comme étant perpendiculaire à l'axe le long duquel le courant I est représenté graphiquement comme se déplaçant:

$$d\vec{B} = \frac{\mu_0\, I}{4\pi}\frac{d\vec{s} \times d\vec{u}}{r^2} \qquad \text{(M-1)}$$

Il redéfinit ensuite le courant I en quantifiant la charge de l'électron à sa valeur unitaire invariante (e=1.602176462E-19 C), ce qui permet de remplacer le symbole général variable Q de la charge dans la définition de I par le nombre discret d'électrons dans un Ampère:

$$I = \frac{dQ}{dt} = \frac{d(Ne^-)}{dt} \qquad \text{(M-2)}$$

Puisque la vélocité des électrons dans un conducteur est constante si le courant I demeure constant, l'élément temps dt peut aussi être remplacé par sa définition traditionnelle dx/v:

$$\text{puisque } v = \frac{dx}{dt} \text{ , alors } dt = \frac{dx}{v} \qquad \text{(M-3)}$$

En remplaçant dt dans la définition de I précédemment établie avec l'Équation (M-2) par sa définition équivalente établie avec l'Équation (M-3), il obtint:

$$I = \frac{d(Ne)}{dt} = \frac{d(Ne^-)v}{dx} \qquad \text{(M-4)}$$

Il introduisit ensuite la version scalaire de l'équation de Biot-Savart:

$$dB = \frac{\mu_0 I}{4\pi r^2}\sin(\,\theta\,)dx \qquad \text{(M-5)}$$

En remplaçant I dans l'Équation (M-5) par sa nouvelle définition établie avec l'Équation (M-4), le facteur temps est aussi éliminé de l'équation de Biot-Savart, ce qui peut être fait en contexte sans affecter la valeur du champ magnétique considéré puis qu'il demeure constant par définition puisque le courant demeure constant:

$$dB = \frac{\mu_0 I}{4\pi r^2}\sin(\,\theta\,)dx = \frac{\mu_0}{4\pi r^2}\frac{d(Ne^-)v}{dx}\sin(\,\theta\,)dx = \frac{\mu_0 v}{4\pi r^2}\sin(\,\theta\,)\,d(Ne^-) \qquad \text{(M-5a)}$$

En résumé, l'Équation (M-6) de Marmet se présente maintenant comme suit, impliquant maintenant une somme de charges unitaires quantifiées, représentée par le facteur Ne^-, en plus d'être désarrimée du facteur temps, puisque l'intensité du champ magnétique demeure stable tant que le courant demeure stable, peu importe le temps écoulé:

$$dB = \frac{\mu_0 v}{4\pi r^2}\sin(\,\theta\,)\,d(Ne^-) \qquad \text{(M-6)}$$

1.13. L'Équation (M-7) erronée publiée par erreur

Nous atteignons maintenant l'équation qui ne semble pas émerger logiquement de la séquence sans faille qui a conduit jusqu'à l'Équation (M-6), et qui est susceptible d'avoir causé une perte d'intérêt injustifiée à continuer la lecture de la part de chercheurs potentiellement intéressés, ce qui pourrait expliquer pourquoi cet article n'a pas attiré plus d'attention jusqu'à maintenant:

$$\text{Équation (M-7) incorrecte:} \quad dB_i = \frac{N\,\mu_0\,e^-\,v}{4\pi\,r^2}\,d(Ne^-) \qquad \text{(M-7)}$$

Il semble aussi que Paul Marmet n'a pas pris conscience de cette erreur typographique pendant les 2 années séparant La publication de l'article en 2003 et son décès en 2005, ce qui pourrait expliquer pourquoi il n'a pas produit une note d'*erratum* pour rectifier cette erreur d'édition, car il est absolument certain qu'il avait dérivé la forme correcte suivante de l'Équation (M-7), que nous allons maintenant correctement ré-établir, puisqu'il a utilisé cette forme correcte pour la suite de sa dérivation:

$$\text{Équation (M-7) correcte:} \quad B_i = \frac{\mu_0\,e^-\,v}{4\pi\,r^2} \qquad \text{(M-7)}$$

1.14. Rétablissement de la forme correcte de l'Équation (M-7)

Tel qu'analysé par Marmet dans son texte explicatif entre les Équations (M-6) et (M-7), deux variables de l'Équation (M-6) vont maintenant se réduire à la valeur constante 1 par structure, dû à la réduction du nombre d'électrons à un seul exemplaire dans l'Équation (M-7), auquel cas la distribution de la charge et du champ magnétique deviennent par structure isotropes et sphériquement centrées sur l'emplacement localisé de ce seul électron, au lieu d'être conceptuellement distribuées respectivement linéairement pour la charge et en orientation cylindrique transversale perpendiculairement à la direction du courant pour le champ magnétique, comme dans l'équation initiale de Biot-Savart. Voici donc comment l'équation correcte (M-7) peut être dérivée de l'Équation (M-6).

Tout d'abord, le terme N de l'Équation (M-6) deviendra égal à 1 dans l'Équation (M-7) puisqu'un seul électron y est pris en compte, et le terme $d(Ne^-)$ deviendra donc $d(e^-)$, ce qui constitue la première étape dans le passage de l'Équation (M-6) vers la forme correcte de l'Équation (M-7):

$$dB_i = \frac{\mu_0 v}{4\pi r^2}\sin(\theta)\, \mathrm{d(e^-)} \qquad\text{(M-6a)}$$

Étant donné qu'un seul électron est considéré, il devient impossible de déterminer conceptuellement une direction de distribution continue de la charge électrique, car aucun axe de distribution ne peut maintenant être défini. Par conséquent, le facteur "sin (θ)" lié à cette distribution linéaire, désormais inexistante, disparaît également de l'équation. Nous avons donc maintenant:

$$dB_i = \frac{\mu_0\, v}{4\pi r^2}\, \mathrm{d(e^-)} \qquad\text{(M-6b)}$$

Puisque la charge e de l'électron est invariante est devient donc une constante numérique, le calcul d'une dérivée pour l'Équation (M-6b) n'a plus de sens. Par conséquent, les deux occurrences de l'opérateur de dérivée d disparaissent de l'Équation (M-6b), et nous aboutissons finalement à l'équation réelle que Marmet entendait de toute évidence publier comme Équation (M-7):

$$B_i = \frac{\mu_0 v}{4\pi r^2}\, \mathrm{e^-} \qquad\text{(M-6c)}$$

qu'il réarrangea ensuite sous la forme suivante qu'il utilisa pour la suite de sa dérivation conduisant à l'Équation (M-23):

$$\text{Équation (M-7) correcte:}\quad B_i = \frac{\mu_0\, \mathrm{e^-}\, v}{4\pi r^2} \qquad\text{(M-7)}$$

C'est ainsi que Marmet a réussi à modifier l'équation de Biot-Savart représentant le champ magnétique macroscopique cylindrique statique et uniforme généré par un courant électrique stable circulant dans un fil métallique rectilinéaire, pour représenter l'incrément subatomique du champ magnétique transversal théoriquement sphérique associé à la vitesse d'un unique électron, centré sur sa position ponctuelle mobile lors de son mouvement à vitesse constante, représenté par l'Équation (M-7).

Selon la mécanique de mouvement de l'énergie électromagnétique permise par la géométrie trispatiale étendue qui sera clarifiée plus loin, cette vitesse constante de tous les électrons dans le flux en circulation dans le fil métallique est due au fait que chaque électron est individuellement *propulsé*, pour ainsi dire, par une quantité d'énergie de momentum orientée longitudinalement ΔK, égale par structure à la quantité d'énergie orientée transversalement qui constitue l'incrément transversal du champ magnétique associé ΔB, ces deux quantités existant physiquement séparément de l'énergie constituant la masse au repos invariante de l'électron.

Selon cette perspective, il s'avère que le champ magnétique transversal stable et apparemment stationnaire et uniforme *dB* de l'Équation (M-1) de Biot-Savart, mesurable autour du fil métallique, est simplement la somme des champs magnétiques transversaux individuels des électrons en mouvement, chaque électron entraînant avec lui son champ magnétique local. Étant donné que tous les électrons du flux se déplacent dans la même direction et à grande proximité les uns des autres, leurs champs magnétiques individuels se retrouvent tous *de facto* contraints de s'aligner en orientation mutuelle de spin magnétique parallèle en raison de l'inflexible relation triplement orthogonale *électrique / magnétique / direction-de-mouvement-dans-l'espace* de l'énergie électromagnétique, à laquelle est soumise l'énergie de chaque particule électromagnétique élémentaire; ce qui explique que l'ensemble des champs magnétiques individuels de tous les électrons en circulation dans le fil est orienté dans la même direction transversale autour du fil, ce qui résulte en l'établissement de ce champ magnétique macroscopique cylindrique transversal mesurable comme étant stable en tout point de la longueur d'un fil dans lequel circule un courant constant. C'est ce que l'équation de Biot-Savart mesure. Et c'est pourquoi réduire le courant à un seul électron permet de définir l'Équation (M-7) qui peut rendre compte de l'incrément du champ magnétique subatomique lié à la vitesse d'un seul électron.

Il faut mentionner ici que le même alignement parallèle magnétique forcé des spins magnétiques d'électrons non-pairés dans des matériaux ferromagnétiques est également ce qui fait en sorte que leurs champs magnétiques transversaux individuels s'additionnent pour devenir mesurables à notre niveau macroscopique sous forme d'un unique champ magnétique macroscopique tel qu'analysé aux Références ([49], [8] Chapitre 9) ([52], [8] Chapitre 10), et qui est formellement décrit à la Référence [51]. Cela confirme que l'établissement de tous les champs magnétiques mesurables macroscopiquement, qu'ils soient dynamiques ou statiques, ne peut être dû qu'au même processus subatomique, c'est-à-dire l'alignement parallèle forcé du spin magnétique de l'énergie des quanta électromagnétiques élémentaires impliqués.

Nous verrons plus loin comment l'équation de Marmet (M-7) a été généralisée pour calculer l'incrément de champ magnétique de tout quantum électromagnétique localisé, conduisant ensuite à des formes généralisées permettant de calculer la vitesse de toute particule électromagnétique massive élémentaire chargée, en combinant le champ magnétique intrinsèque invariant *B* de sa masse au repos avec le champ magnétique variable *ΔB* de cette énergie de mouvement induite par l'interaction coulombienne dans les particules massives chargées électriquement.

La suite de la dérivation de Marmet jusqu'à sa conclusion déterminante représentée par l'équivalence (M-26) est disponible dans son article [29] et est également analysé en détail au début de la Référence ([10], Voir le Chapitre 2):

$$\textbf{masse relativiste} \equiv \textbf{masse magnétique} \qquad \text{(M-26)}$$

1.15. Les implications de la découverte de Marmet

La première conséquence majeure qui découle de l'établissement de l'Équation (M-23) concerne l'établissement d'équations qui permettent de calculer les vitesses relativistes des particules chargées et massives élémentaires sans aucun besoin d'utiliser le facteur γ de Lorentz.

1.16. Calcul des vitesses relativistes sans le facteur γ de Lorentz

Considérant de nouveau l'Équation (M-23), puisque c constitue *une limite asymptotique de vitesse* que l'électron ne peut pas physiquement atteindre, alors lorsque v tend vers c, $M_e/2$ semble par conséquent tendre vers une limite asymptotique d'incrément de masse transversale égale à 4,55469094E-31 kg, correspondant à son incrément de champ magnétique transversal qui semble donc à première vue ne pas pouvoir être physiquement dépassé, mais nous verrons plus loin que ce n'est pas le cas:

$$\frac{\mu_0 \left(e^-\right)^2}{8\pi} \frac{1}{r_e} \frac{v^2}{c^2} = \frac{M_e}{2} \frac{v^2}{c^2} \qquad \text{(M-23)}$$

À ce stade de l'analyse, l'Équation (M-23) peut donc être formulée comme suit pour représenter l'incrément transversal de *masse-relativiste/champ-magnétique* de l'électron:

$$\Delta m_{m(v \to c)} = \frac{\mu_0 e^2}{8\pi r_e} \frac{v^2}{c^2} = \frac{m_e}{2} \frac{v^2}{c^2} \qquad \text{(1.1)}$$

À contrario, lorsque v tend vers zéro dans l'Équation (M-23), son incrément de champ magnétique transversal tend aussi vers zéro. Et lorsque cette vélocité approche zéro, le ratio v^2/c^2 révèle que la quantité d'énergie de l'incrément transversal du champ magnétique devient négligeable et que ce ratio peut alors être éliminé de l'équation, ce qui laisse encore une partie de la masse au repos invariante d'un électron comme étant représentée par un champ magnétique, ce qui semble révéler finalement que exactement la moitié de l'énergie constituant la masse au repos invariante de l'électron serait aussi la source de son champ magnétique intrinsèque invariant, tel que représenté par l'Équation (M-24), soit une conclusion qui sera confirmée plus loin par l'établissement de l'Équation LC (1.30) conforme aux équations de Maxwell qui révèle la structure électromagnétique interne réelle de l'énergie de masse au repos des électrons qui fut préalablement établie dans la géométrie trispatiale en relation avec l'hypothèse de de Broglie (**Figure 1.3**):

$$M_{e\_magnetqu\ e(v\to 0)} = \frac{\mu_0 \left(e^-\right)^2}{8\pi} \frac{1}{r_e} \frac{v^2}{c^2} = \frac{\mu_0 \left(e^-\right)^2}{8\pi} \frac{1}{r_e} = \frac{M_e}{2} \tag{M-24}$$

L'Équation (M-7), d'autre part, peut être formulée comme suit pour représenter l'incrément du champ magnétique transversal correspondant, destiné à représenter la même quantité d'énergie croissante mesurable comme l'incrément transversal de masse représenté par l'Équation (1.1), qui s'ajoute à celle du champ magnétique invariant de la masse au repos de l'électron, calculable avec l'Équation (M-24):

$$\Delta B_{(v\to c)} = \frac{\mu_0\, e\, v}{4\pi\, r^2} \tag{1.2}$$

Comme première étape pour confirmer que les Équations (1.1) et (1.2), sont toutes les deux des représentations de la même quantité d'énergie orientée transversalement par rapport à la direction du mouvement de l'électron en cours d'accélération, résolvons d'abord l'Équation (1.1) pour une vitesse relativiste bien connue, c'est-à-dire la vitesse 2187647.561 m/s liée à l'énergie du momentum de l'orbite de repos de Bohr dans sa théorie sur l'atome d'hydrogène (2.179784832E-18 j), qui se trouve aussi à être l'énergie moyenne réelle procurée par la fonction d'onde de la Mécanique Quantique pour l'orbitale de l'état fondamental de l'électron dans l'atome d'hydrogène. Cette vitesse confirmera immédiatement que l'Équation (1.1) fournit l'incrément correct de masse relativiste:

$$\Delta m_m = \frac{\mu_0 e^2 v^2}{8\pi\, r_e c^2} = \frac{\mu_0 e^2 \left(2187647.561\right)^2}{8\pi\, r_e c^2} = 2.425337715E-35\,\text{kg} \tag{1.3}$$

A l'aide de l'Équation (1.2), qui est, gardons-le bien en mémoire, l'Équation (M-7) de Marmet, il faut maintenant calculer l'augmentation du champ magnétique transversal liée à cette même vitesse relativiste de l'électron. Pour ce faire, il faut définir la valeur de la deuxième variable de l'Équation (1.2), soit la valeur de r;

et il ne peut pas être présumé d'amblée qu'elle aura la même valeur que r_e de l'Équation (1.1), qui est une constante connue comme étant le *rayon classique de l'électron*, utilisé dans cette équation en relation avec la masse de repos de l'électron.

Dans le cas de l'Équation (1.1), soit l'Équation (M-23) de Marmet combinant une définition électromagnétique de la masse de l'électron à sa définition de la mécanique classique/relativiste, un examen attentif montre que l'incrément de masse-relativiste/champ-magnétique ne peut qu'augmenter de manière synchrone avec le rapport de vitesses v^2/c^2, c étant invariant et v pouvant varier de zéro à asymptotiquement proche de c, ce qui, tel que mentionné précédemment, semble révéler que l'incrément théorique de masse-relativiste/champ-magnétique transversal maximum possible d'un électron en mouvement libre semble ne pas pouvoir tendre vers l'infini tel que traditionnellement anticipé, mais tendrait plutôt à devenir asymptotiquement proche d'une valeur égale à la moitié de la masse au repos invariante de l'électron ($\Delta m_m = m_o/2 = 4{,}55469094E\text{-}31$ kg, correspondant au demi-quantum d'énergie transversale induite de $4.09355207E\text{-}14$ j).

Souvenons-nous que l'équation de Marmet (M-23) définit l'incrément de masse-relativiste/champ-magnétique comme étant strictement dépendant de la valeur de la moitié invariante de l'énergie de masse au repos de l'électron qui définit son champ magnétique intrinsèque invariant. Mais une conversion sous forme électromagnétique de l'équation classique de l'énergie cinétique de Newton $K = mv^2/2$ complétée par sa correction pour incorporer l'énergie magnétique transversale identifiée par Marmet et qui faisait défaut dans l'équation de Newton ([42], [8] Chapitre 5), démontre finalement qu'à mesure que le champ magnétique transversal augmente, toute augmentation supplémentaire de cet incrément transversal de masse-relativiste/champ-magnétique ne dépend pas uniquement de la moitié de l'énergie de la masse au repos de l'électron, comme l'équation non-relativiste (M-23) le suggère, mais dépend en fait de la quantité totale d'énergie transversale momentanément accumulée, soit la somme de l'énergie constituant la masse du champ magnétique intrinsèque de l'électron $m_e c^2/2$ plus l'énergie de l'incrément de masse transversale momentanément accumulée $\Delta m_m c^2$.

Cela signifie que la masse relativiste mesurable transversalement d'un électron en cours d'accélération $m_{relativiste}$ est toujours égale à $m_o + \Delta m_m$, ce qui a permis d'établir que cette somme est toujours égale à la masse au repos invariante de l'électron multipliée par le facteur gamma bien connu γm_o qui a été établi il y a plus d'un siècle ([42], [8] Chapitre 5). C'est ce qui permet de calculer toute vitesse relativiste sans utiliser le facteur gamma (facteur de Lorentz).

Par exemple, la gamme entière des vitesse relativiste d'un électron peut être calculée avec l'équation suivante dérivée à la Référence ([42], [8] Chapitre 5), en rendant E égal à 8.18710414E-14 j, soit l'énergie de la masse au repos invariante de l'électron, et en rendant K égal à la somme de l'énergie de l'incrément de masse-relativiste/champ-magnétique transversal $\Delta m_m c^2$ plus l'énergie de momentum correspondante ΔK que nous savons maintenant toujours être égale par structure à $\Delta m_m c^2$, soit $K = \Delta K + \Delta m_m c^2$:

$$v = c\frac{\sqrt{4E \cdot K + K^2}}{2E + K} \tag{1.4}$$

Cette équation peut également être convertie en une forme utilisant les longueurs d'ondes des énergies impliquées ([42], [8] Chapitre 5), permettant le même calcul de toute la gamme des vitesses relativistes de l'électron strictement à partir des longueurs d'onde des énergies impliquées:

$$v = c\frac{\sqrt{4\lambda \cdot \lambda_C + \lambda_C{}^2}}{2\lambda + \lambda_C} \tag{1.5}$$

A partir de cette équation, le facteur gamma a été directement dérivé tel qu'analysé à la Référence ([42], [8] Chapitre 5), apportant ainsi la preuve de la validité de la dérivation de Marmet qui a permis l'élaboration de ces équations.

1.17. Une cause plus fondamentale que la vitesse pour l'induction de l'énergie du momentum et du champ magnétique transversal

Revenons maintenant aux corrélations qui doivent être faites entre les Équations (1.1) et (1.2). Nous observons dans la définition électromagnétique de la masse de l'Équation (1.1), que c'est le *rayon classique* de l'électron r_e qui relie cette équation au concept de masse. Dans le cas de l'Équation (1.2), qui émerge strictement de l'électromagnétisme, il est également clair que le champ magnétique transversal ne peut augmenter que selon le même ratio de vitesses, car la démonstration de Marmet révèle clairement que le demi-quantum d'énergie représenté par l'incrément de masse Δm_m de l'Équation (1.1) est le même demi-quantum énergie orientée transversalement qui est aussi décrit par l'incrément de champ magnétique transversal ΔB; mais la valeur que r doit avoir dans l'Équation (1.2) pour que l'énergie correspondant à cette augmentation de

ΔB puisse varier de manière cohérente de zéro jusqu'à la limite asymptotique constituée de la somme de l'énergie du demi-quantum classique de la masse au repos de l'électron 4.09355207E-14 j plus l'énergie momentanément accumulée de *ΔB*, n'est pas clairement établie. Pour comprendre quelle valeur doit être utilisée, il faut maintenant comprendre la relation entre r_e utilisé dans l'Équation (1.1) et la masse de l'électron, ou plus précisément sa relation avec l'énergie constituant la masse de repos invariante de l'électron.

Dans un article publié en 2007 dans le même journal international IFNA-ANS de l'Université d'état de Kazan ([30], [8] Chapitre 4), qui décrit une première vague de conclusions découlant de la découverte de Marmet, il fut clairement établi que r_e est en réalité simplement la limite inférieure d'intégration sphérique de l'énergie constituant la masse au repos invariante de l'électron ($E=m_ec^2$ =8.18710414E-14 j), et que r_e s'avère être en réalité *l'amplitude transversale d'oscillation électromagnétique* de l'énergie constituant la masse au repos mesurable de l'électron, qui est obtenue en multipliant la longueur d'onde de Compton de l'électron par la constante de structure fine α, et en les divisant par 2π, tel que déterminé à la Référence ([31], [8] Chapitre 11):

$$r_e = \frac{\lambda_C \, \alpha}{2\pi} = 2.817940285\mathrm{E}-15 \, \mathrm{m} \tag{1.6}$$

Par conséquent, et par similarité, la valeur de r qui doit être utilisée dans l'Équation (1.2) devrait donc aussi être celle de *l'amplitude transversale d'oscillation électromagnétique* de l'énergie induite au rayon de Bohr (4.359743805E-18 j), dont *la longueur d'onde électromagnétique longitudinale* serait (λ=4.556335256E-8 m) si elle se déplaçait à la vitesse c, mais qui doit déjà être multipliée par α pour la convertir en *la longueur d'onde longitudinale de de Broglie* correspondant, pour cette énergie, à la longueur de l'orbite de Bohr, dont le rayon est (r_B=5.291772083E-11 m), en gardant à l'esprit que ce rayon reste valable en Mécanique Quantique puisqu'il est exactement égal à la distance moyenne de résonance axiale de l'électron à l'intérieur du volume défini par l'équation d'onde de Schrödinger pour l'électron captif dans l'orbitale fondamentale de l'atome d'hydrogène ([10], Voir aussi le Chapitre 2):

$$r_B = \alpha \, r = \frac{\alpha \, \lambda}{2\pi} = \frac{\lambda_B}{2\pi} = 5.291772083 \, \mathrm{E}-11 \, \mathrm{m} \tag{1.7}$$

Par similarité avec la méthode utilisée avec l'Équation (1.6) pour définir *l'amplitude transversale d'oscillation électromagnétique* de l'énergie de la masse au repos de l'électron en multipliant *la longueur d'onde électromagnétique longitudinale* λ_C de cette énergie par α, il y a donc lieu de multiplier aussi *la longueur d'onde longitudinale de de Broglie* λ_B définie à l'Équation (1.7) pour l'énergie induite au rayon de Bohr r_B de nouveau par α pour enfin atteindre la valeur *transversale* αr_B de *l'amplitude transversale de l'oscillation électromagnétique* de l'énergie induite au rayon de Bohr (αr_B=3.861592641E-13 m), qui permet maintenant d'établir l'intensité de l'incrément de champ magnétique transversal *ΔB* qui devient mesurable comme s'ajoutant, pour la vitesse considérée, au champ magnétique transversal invariant de la masse au repos de l'électron. Calculons maintenant le champ magnétique correspondant à la vitesse relativiste 2187647.561 m/s et à cette valeur de r=αr_B avec l'Équation (1.2):

$$\varDelta \mathbf{B} = \frac{\mu_0\, e v}{4\pi\left(\alpha\, r_B\right)^2} = \frac{\mu_0\, e\left(2187647.561\right)}{4\pi\left(\alpha \times 5.291772083E - 11\right)^2} = 235047.0405\,\text{T} \qquad (1.8)$$

Il est intéressant de noter en passant que r_e, tel que calculé avec l'Équation (1.6), n'est éloignée que d'une multiplication supplémentaire par α de la valeur de αr_B, telle qu'établi à la Référence ([53], [8]), ce qui laisse entrevoir une possible séquence de résonances axiales établissant une séquence d'états d'équilibres stables d'action stationnaire dont l'unité de progression axiale serait la constante de structure fine α, tel que mis en perspective à la même référence.

Pour confirmer la validité de la valeur obtenue avec l'Équation (1.8), qui est aussi mesurable comme un incrément transversal de masse magnétique $\varDelta m_m$ avec l'Équation (1.3), calculons-la avec l'Équation (1.9), qui est la version généralisée de l'Équation (M-7) de Marmet et qui fut établie dans l'article de 2007 ([30], [8] Chapitre 4). Contrairement à l'Équation (M-7), il peut être observé que cette forme généralisée ne nécessite pas l'utilisation de la vitesse de la particule pour obtenir l'intensité de son incrément de champ magnétique transversal.

Seulement *la longueur d'onde électromagnétique longitudinale* de l'énergie porteuse totale de l'électron est requise, soit l'énergie de son momentum plus l'énergie transversale représentable soit comme un incrément de masse magnétique $\varDelta m_m$ ou comme un incrément de champ magnétique *ΔB*. Puisque l'énergie totale induite à l'orbite de Bohr est (E=4.359743805E-18 j), sa *longueur d'onde électromagnétique longitudinale* est donc (λ=hc/E=4.556335256E-8 m), et nous obtenons avec cette équation généralisée la même valeur qu'avec l'Équation (1.8):

$$\varDelta \mathbf{B} = \frac{\mu_0\, \pi\, e c}{\alpha^3 \lambda^2} = \frac{\mu_0\, \pi\, e c}{\alpha^3\left(4.556335256\ E - 8\right)^2} = 235051.7346\ \text{T} \qquad (1.9)$$

Nous observons donc que sans aucun besoin d'impliquer une vitesse quelconque, l'équation généralisée (1.9) fournit en Tesla exactement la même densité d'énergie de l'incrément de champ magnétique transversal que l'équation initiale (M-7) de Marmet, dérivée initialement de l'équation de Biot-Savart dans laquelle l'intensité de l'incrément du champ magnétique transversal *semble dépendre* de la vitesse de la particule, étant donné que dans l'équation de Biot-Savart dont elle est dérivée, l'intensité de l'incrément du champ magnétique varie strictement en fonction de la vitesse des électrons en circulation dans le fil.

La question fondamentale qui vient maintenant à l'esprit est la suivante, en considérant l'Équation (1.9): "*Comment se fait-il qu'il soit possible de calculer l'intensité correcte de l'incrément du champ magnétique transversal variable dépendant 'supposément' de la vitesse d'un électron en mouvement, sans que cette vitesse soit utilisée pour le calculer ?*"

1.18. Augmentation de l'énergie du momentum et du champ magnétique transversal sans augmentation de vitesse

Cette différence entre l'Équation (M-7), qui nécessite l'utilisation d'une vitesse pour calculer l'intensité de l'incrément du champ magnétique transversal de l'électron en mouvement, et sa version généralisé utilisée pour résoudre l'Équation (1.9), qui n'a nul besoin de cette vitesse attire l'attention sur une cause plus fondamentale que le mouvement comme cause possible de l'induction d'énergie dans un électron.

C'est un fait établi depuis toujours en mécanique classique, par observation directe, que l'énergie cinétique traditionnellement nommée "*moment cinétique*" ("*energy-momentum*" en anglais) d'une masse macroscopique en mouvement dépend strictement de sa vitesse, et que cette énergie est considérée être la seule énergie liée au mouvement qui existe en plus de celle constituant la masse au repos d'un corps massif. L'augmentation de l'énergie de ce moment cinétique d'une masse macroscopique en cours d'accélération est donc définie en mécanique classique comme pouvant augmenter recilinéairement, potentiellement sans limite, seulement dû à l'augmentation de sa vélocité, elle-même sensée pouvoir aussi augmenter sans limite.

Cette définition du moment cinétique d'une masse macroscopique en cours d'accélération est aussi admise en Relativité Restreinte avec cette différence que l'énergie du momentum y est définie comme augmentant selon une courbe non-rectilinéaire confirmée comme étant correcte, aussi potentiellement sans limite à mesure que la vitesse approche d'une limite asymptotique correspondant à la vitesse de la lumière, vitesse considérée comme impossible à atteindre par un corps massif. La confirmation de l'exactitude de l'équation $K=m_oc^2(\gamma\text{-}1)$ de la Relativité Restreinte n'a cependant jamais été faite à l'aide de masses macroscopiques en mouvement car nous ne possédons pas la technologie requise pour accélérer des masses macroscopiques jusqu'à des vitesses relativistes, mais plutôt à l'aide de la masse subatomique de l'électron, avec laquelle l'exactitude de cette équation fut confirmée par les premières expériences de Kaufmann [36].

Tel que mis en perspective précédemment dans ce chapitre, il faut bien comprendre que lors de l'élaboration de la théorie Relativité Restreinte, le fait que la masse au repos invariante de l'électron m_o=9.10938188E-31 kg est aussi le siège de sa charge électrique unitaire invariante e=1.602176462E-19 C n'avait pas encore rendu évident que l'interaction Coulombienne, qui induit l'énergie du momentum et du champ magnétique transversal dans toutes les particules chargée électriquement telles les électrons strictement en fonction de l'inverse de la distance qui les sépare, et ceci même si cette distance ne varie pas, l'induit *de facto* en même temps par rapport à la masse de ces particules chargées et massives, puisque la charge et la masse de l'électron sont deux caractéristiques de la même particule.

Considérant que les masses de tous les corps macroscopiques ne peuvent être que de la somme des masses subatomiques des particules élémentaires massives dont ils sont constitués, comment réconcilier alors le fait qu'une augmentation du champ magnétique d'une masse macroscopique en accélération semble n'avoir jamais été détectée, alors qu'une telle augmentation est facilement mesurable pour un électron en cours d'accélération, tel qu'abondamment démontré expérimentalement depuis les premières expériences de Kaufmann [36], soit des expériences qui fournissent de plus la confirmation expérimentale de la croissance non-rectilinéaire de la quantité d'énergie du momentum de la masse de électron en cours d'accélération, vers cette quantité présumée théoriquement infinie que laisse entrevoir la limite asymptotique imposée par la vitesse limite de la lumière ?

En fait, de tels incréments de masse-relativiste/champ-magnétique de masses macroscopiques pourraient bien avoir été détectés pour des vitesses beaucoup plus faibles que celles qui sont typiques de l'électron, mais ayant été considérés comme des "anomalies" ou rationalisés autrement, au lieu d'avoir été reconnus comme tels, du fait que la théorie de la Relativité Restreinte, sur laquelle toutes les analyses d'effets relativistes sont actuellement fondées, ne reconnaît pas son existence, tel que déjà mis en perspective, et comme nous allons maintenant l'observer à partir de données expérimentales.

1.19. Les trajectoires "anormales" des sondes spatiales Pioneer 10 et 11

Tel que déjà mentionné, il faut prendre conscience ici qu'il n'a jamais été possible à ce jour d'accélérer une masse macroscopique à des vitesses comparables à celles auxquelles des électrons sont typiquement accélérés au niveau subatomique, qui furent suffisantes pour confirmer l'accroissement non-rectilinéaire de l'énergie de leur momentum dont la RR rend compte, et qui sont aussi suffisantes pour confirmer l'accroissement simultané de l'énergie de leur champ magnétique transversal, dont la RR ne tient pas compte.

Les plus grandes vélocités atteintes par des projectiles macroscopiques lancés dans l'espace ont actuellement été atteintes par les sondes spatiales Pioneer 10 et Pioneer 11, de masses approximatives respectives rendues disponibles par la NASA de 258 kg et 258.5 kg, telles que mesurées avant lancement. Leurs vélocités ont varié grandement tout au long de leurs trajectoires, avec des pointes de 132000 km/h (36667 m/s) pour Pioneer 10, soit sa pointe de vitesse lors de son accélération finale par fronde gravitationnelle à l'aide de Jupiter, et de 175000 km/h (48611 m/s) pour Pioneer 11, soit sa pointe de vitesse lors de son accélération finale par fronde gravitationnelle à l'aide de Saturne.

Nous analyserons ici plus spécifiquement les vitesses d'échappement des deux sondes. Le lecteur pourra faire lui-même les calculs pour les vitesses de pointe précédemment mentionnées, qui révéleraient l'augmentation de masse qui expliquerait les pointes de vitesse soi-disant *anormales* [48] observées lors de ces phases d'accélération des deux sondes, ainsi que lors des phases similaires de toutes les autres sondes spatiales soumises a une accélération par fronde gravitationnelle, et qui laissent perplexe et sans explication l'ensemble de la communauté astrophysique, car la théorie de la RR qui sert actuellement de fondement à toute analyse de ces trajectoires est incapable d'en rendre compte.

Ces deux sondes spatiales ont respectivement atteint des vitesses d'échappement de 51682 km/h (14356 m/s) et 51800 km/h (14389 m/s). C'est-à-dire des vitesses 150 fois plus faible que la vitesse théorique de 2187647.561 m/s de l'électron sur l'orbite théorique de Bohr, vitesse à laquelle l'incrément de son champ magnétique transversal commence à peine à être expérimentalement mesurable (voir Équation (1.3)).

Ce qui est remarquable à propos des trajectoires de ces sondes, de même qu'à propos de celles de toutes les autres sondes spatiales lancées à travers le système solaire, est qu'une anomalie systématique non expliquée a été notée. Sans exception, elles se comportent comme si elles étaient légèrement plus massives que leurs masses mesurées avant leur départ de la Terre, démontrant une accélération négative systématique de l'ordre d'environ 8E-6 m/s en direction du Soleil [46] [47] [48].

Mais comme le mentionne Rainer W. Kühne dans une note publiée en 1998, la forte publicité faite à propos de ces deux cas laisse l'impression générale que ce problème ne concerne que les sondes lancées par l'homme [54], mais il est bien connu dans la communauté astrophysique que les trajectoires des planètes Uranus, Neptune et Pluton démontrent aussi des anomalies systématiques semblables, ainsi que de nombreuses comètes déjà étudiées en 1998, telles Halley, Encke, Giacobini-Zinner et Borelli, dont les trajectoires subissent une déviation systématique d'origine inconnue.

Étant donné la compréhension procurée maintenant par la découverte de Marmet, même avec les relativement faibles vitesses des sondes spatiales Pioneer 10 et 11 par rapport aux vitesses typiquement relativistes de l'électron, il devient facile de calculer cet incrément transversal d'énergie de la masse-relativiste/champ-magnétique, qui augmente l'inertie transversale de ces deux sondes, car nous avons maintenant la certitude par structure que la quantité d'énergie transversale induite en même temps que celle de leur momentum est toujours égale à cette dernière. Les caractéristiques des deux sondes étant pratiquement identiques, nous utiliserons les paramètres de Pioneer 10 pour analyser cette situation.

Ainsi, avec m=258 kg et v=14356 m/s, nous obtenons d'abord l'énergie du momentum de Pioneer 10 pour cette vitesse d'échappement:

$$\Delta K = mc^2\left(\frac{c}{\sqrt{c^2 \text{-} v^2}} - 1\right) = 2.658722735\text{E}10\,\text{j} \qquad (1.10)$$

Étant donné que l'énergie de Δm_m est égale par structure à ΔK, nous obtenons alors pour Pioneer 10 un incrément transversal de masse-relativiste/champ-magnétique de:

$$\Delta m_m = \frac{\Delta K}{c^2} = 2.958228\text{E}-7\,\text{kg} \qquad (1.11)$$

Une si légère augmentation d'inertie transversale semble à première vue insuffisante pour expliquer à elle seule l'accélération négative systématique d'environ 8E-6 m/s vers le Soleil de ces sondes spatiales lancées sur des trajectoires d'échappement du système solaire, mais la proposition devient beaucoup plus probable si on y ajoute l'augmentation adiabatique de la masse au repos de chaque sonde due à la phase initiale de leurs trajectoires qui les éloignèrent initialement de la masse incommensurablement plus grande de la Terre, soit une augmentation de masse au repos adiabatique qui a été facilement observée lors de la fameuse expérience de Hafele et Keating [55] où une horloge atomique a été soulevée à seulement 10 km de la surface de la Terre, mais a été interprétée à tort comme confirmant une variation de la vitesse d'écoulement du temps ([45], [8] Chapitre 16), là encore uniquement à la lumière de la théorie de la Relativité Générale (RG), qui ne tient pas compte de l'interaction coulombienne ni du fait que les masses macroscopiques sont faites exclusivement de particules chargées électriquement. Cette augmentation adiabatique des masses au repos sera mise en perspective électromagnétique correcte à la Section 1.27.

1.20. *Intensité maximale de champ magnétique transversal*

Revenons maintenant à la comparaison entre l'équation généralisée (1.9) et l'Équation (1.8), qui est en fait l'Équation (M-7) de Marmet. Nous observons que l'Équation (1.9) fournit la même densité d'énergie de champ magnétique en Tesla que l'Équation (M-7), mais ne nécessite qu'une seule variable et non deux comme l'Équation (M-7), c'est-à-dire seulement la *longueur d'onde électromagnétique longitudinale* du quantum énergétique concerné, sans avoir à associer cette énergie avec la vitesse de l'électron.

C'est ce qui rend cette équation de champ magnétique générale et appropriée pour calculer le champ magnétique intrinsèque de toute particule électromagnétique élémentaire, qu'elle soit en mouvement ou non. Par exemple, le champ magnétique intrinsèque $\boldsymbol{B}_e$ invariant de l'électron, qui représente la moitié de l'énergie de sa masse invariante au repos, peut être calculé comme suit, en utilisant la longueur d'onde de Compton de l'électron, impliquant également la constante de structure fine qui établit l'amplitude de l'oscillation électromagnétique transversale de cette énergie:

$$\mathbf{B}_e = \frac{\mu_0\,\pi\,e\,c}{\alpha^3 \lambda_C{}^2} = \frac{\mu_0\,\pi\,e\,c}{\alpha^3\left(2.426310215\,E\text{-}12\right)^2} = 8.289000221E13\,\mathrm{T} \tag{1.12}$$

Bien sûr, ce nombre demeure généralement dépourvue de sens sans une confirmation solide qu'il représente réellement une *quantité* physiquement existante, soit une confirmation qui pourrait être obtenue en démontrant que la vitesse relativiste $v = 2187647.561$ m/s, lié à la densité d'énergie de l'incrément champ magnétique tel que calculée avec l'Équation (1.9), par exemple, peut en réalité être calculée en fournissant uniquement la longueur d'onde électromagnétique de l'énergie associée en tant que variable unique dans une équation ne comportant d'autre part que des constantes physiques fondamentales.

Une telle confirmation peut en effet être obtenue au moyen de l'équation suivante, bien connue dans le milieu des accélérateurs à haute énergie, qui permet de calculer la vitesse relativiste en ligne droite d'un électron accéléré par des champs électrique et magnétique externes d'égales intensités:

$$v = \frac{\mathbf{E}}{\mathbf{B}} \qquad (1.13)$$

La valeur appropriée pour le champ $\boldsymbol{B}$ composite requis est établie de manière simple en additionnant les Équations (1.9) et (1.12), tel qu'analysé à la Référence ([30], [8] Chapitre 4), calculées ici à l'aide de la longueur d'onde longitudinale de l'énergie induite à l'orbite de Bohr (λ=4,556335256E-8 m), pour définir l'intensité du champ $\boldsymbol{\Delta B}$ externe requis, et de la longueur d'onde longitudinale de Compton de l'électron (λ_C=2,426310215E-12 m) pour tenir compte du champ magnétique interne invariant $\boldsymbol{B_e}$ de la masse au repos de l'électron:

$$\mathbf{B} = \mathbf{B}_e + \Delta\mathbf{B} = \frac{\mu_0\,\pi e c}{\alpha^3 \lambda_C{}^2} + \frac{\mu_0\,\pi e c}{\alpha^3 \lambda^2} = \frac{\mu_0\,\pi e c}{\alpha^3}\frac{\left(\lambda^2 + \lambda_C{}^2\right)}{\lambda^2 \lambda_C{}^2} = 8.289000246\text{E}13\,\text{T} \qquad (1.14)$$

Une solution de l'Équation (1.13) nécessite également bien sûr d'établir la définition d'un champ $\boldsymbol{E}$ composite qui doit être mis en équilibre avec ce champ $\boldsymbol{B}$ composite. L'équation générale correspondante pour ce champ $\boldsymbol{E}$ a également été établie dans la Référence ([30], [8] Chapitre 4), grâce à une reformulation de l'équation de Coulomb établie dans même article, une reformulation qui fut analysée en profondeur à la Référence ([10], Voir aussi le Chapitre 2) et qui permet de calculer l'énergie en oscillation transversale qui génère et maintient l'incrément du champ magnétique oscillant correspondant dans les particules électromagnétiques élémentaires, quel que soit l'état de mouvement de moindre action ou d'équilibre électromagnétique d'action stationnaire dans lesquels elles se retrouvent captives dans les structures atomiques:

$$E = \int_{a_0}^{\infty} \frac{1}{4\pi\,\varepsilon_o} \frac{e^2}{\left(\alpha\,\lambda/2\pi\right)^2} \cdot dr = 0 - \frac{1}{4\pi\,\varepsilon_o} \frac{e^2\,2\pi}{\alpha\,\lambda} = \frac{e^2}{2\,\varepsilon_o\alpha\lambda} \tag{1.15}$$

Cette forme particulière de l'équation de Coulomb permet en effet de calculer l'énergie de tout quantum électromagnétique uniquement à partir de sa longueur d'onde, sans avoir à utiliser la constante de Planck:

$$E = hf = \frac{e^2}{2\,\varepsilon_o\alpha\lambda} \tag{1.16}$$

Tel que mentionné à la Sous-section 1.7.3, cette forme de l'équation de Coulomb a également permis d'unifier toutes les équations de forces classiques dans la Référence ([44], [8] Chapitre 7), en démontrant que l'équation d'accélération fondamentale $F=ma$ peut être dérivée de chacune d'entre elles, ce qui prouve en réalité que l'interaction coulombienne est le dénominateur commun de toutes les équations de force classiques.

L'équation générale du champ E correspondant à l'équation générale (1.9) du champ B a donc été établie comme suit à la Référence ([30], [8] Chapitre 4), résolue ici en utilisant la longueur d'onde longitudinale de l'énergie induite à l'orbite de Bohr (λ=4.556335256E-8 m), pour l'harmoniser avec la valeur du champ ΔB obtenue avec l'Équation (1.9):

$$\Delta\mathbf{E} = \frac{\pi e}{\varepsilon_0\alpha^3\lambda^2} = 7.046673727\text{E13 N/C} \tag{1.17}$$

Par conséquent, le champ E_e invariant lié à l'autre moitié de l'énergie constituant la masse au repos invariante de l'électron peut être établi avec la longueur d'onde longitudinale de l'électron Compton comme suit:

$$\mathbf{E}_e = \frac{\pi e}{\varepsilon_0\alpha^3\lambda_C^{\ 2}} = 6.029331754\text{E10 N/C} \tag{1.18}$$

Mais, contrairement au champ magnétique composite B de l'Équation (1.14) qui doit être utilisé pour calculer la vitesse relativiste de l'électron avec l'Équation (1.13), et qui est obtenu à partir de la simple addition du champ B_e intrinsèque invariant de l'électron et de l'incrément de champ magnétique ΔB associé à sa vitesse, le champ E composite correspondant, impliquant les champs E_e et ΔE des Équations (1.17) et (1.18), ne peut pas être obtenu de cette façon simple, car la combinaison du dipôle électrique qui induit le champ ΔE accompagnateur, qui est orienté perpendiculairement dans l'espace-Y électrostatique par rapport au champ monopolaire E_e de la masse au repos de l'électron, implique un produit vectoriel pour être combiné avec le champ E_e, tel que clarifié à la Référence ([31], [8] Chapitre 11). Tel qu'établi à la Référence ([30], [8] Chapitre 4), ce champ composite E, impliquant ici aussi à la fois la longueur d'onde longitudinale de l'énergie de l'orbite de repos de Bohr (λ = 4,556335256E-8 m) et la longueur d'onde longitudinale de Compton de l'électron (λ_C=2.426310215E-12 m), aura la valeur suivante:

$$E = \frac{\pi e}{\varepsilon_0 \alpha^3} \frac{\left(\lambda^2 + \lambda_C{}^2\right)\sqrt{\lambda_C\left(4\lambda + \lambda_C\right)}}{\lambda^2 \lambda_C{}^2 \left(2\lambda + \lambda_C\right)} = 1.813341121 \text{ E20 N/C} \qquad (1.19)$$

À l'aide de l'Équation (1.13), la vitesse relativiste exacte et bien connue d'un électron dont le champ magnétique est augmenté d'une quantité ΔB sera alors obtenue si cette vitesse n'est pas contrecarrée par l'état d'équilibre électromagnétique local, à l'aide des valeurs calculées avec les Équations (1.14) et (1.19):

$$v = \frac{E}{B} = \frac{1.81334112 \quad 1\text{E20}}{8.28900024 \quad 6\text{E13}} = 2{,}187{,}647. \quad 566 \text{ m/s} \qquad (1.20)$$

Un calcul avec l'Équation (1.9) pour le champ ΔB et avec l'Équation (1.17) pour le champ ΔE avec toute longueur d'onde longitudinale de l'énergie porteuse de l'électron montrera mathématiquement qu'en les combinant avec les champs B_e et E_e qui représentent l'énergie de la masse au repos invariante de l'électron obtenu avec les Équations (1.12) et (1.18) pour résoudre finalement l'Équation (1.13), que toutes les vitesses relativistes allant jusqu'à la limite asymptotique de la vitesse de la lumière peuvent être obtenues pour toute particule élémentaire massive telle l'électron, et ceci, pour une raison très mécanique qui est clairement mise en lumière à la Référence ([42], [8] Chapitre 5).

1.21. *Séparation de l'énergie porteuse de l'électron de celle de sa masse au repos*

Tel qu'analysé à la Référence ([30], [8] Chapitre 4), le progrès le plus significatif résultant de la dérivation de Marmet fut la possibilité nouvelle de clairement séparer la quantité d'énergie invariante constituant la masse au repos de l'électron de l'énergie adiabatique variable supportant son mouvement et son incrément de masse-relativiste/champ-magnétique transversal. Après analyse, cette énergie adiabatique variable porteuse de l'électron s'avéra posséder la même structure électromagnétique interne que Louis de Broglie proposait pour le photon électromagnétique à double particules dans les années 1930 ([15], [8] Chapitre 6) [27] [53], tel que décrit mathématiquement avec l'Équation (1.21), et symbolisé graphiquement avec la **Figure 1.4**, en conformité avec l'interprétation de Maxwell, selon laquelle la composante électromagnétique de l'énergie d'un photon localisé doit être orientée transversalement par rapport à l'énergie de son momentum, et être captive d'un mouvement d'oscillation stationnaire la faisant transiter cycliquement entre un état correspondant à son champ électrique et un état correspondant à son champ magnétique.

C'est ce qui a justifié l'utilisation du terme "*photon-porteur*" pour nommer l'énergie porteuse de l'électron, ou celle de toute autre particule chargée élémentaire dans les articles qui décrivent les diverses conséquences de l'intégration de la découverte de Marmet à la théorie électromagnétique d'une part et à la mécanique classique/relativiste d'autre part, qui a pour conséquence que leurs équations peuvent dorénavant être dérivées les unes des autres ([10], Voir aussi le Chapitre 2).

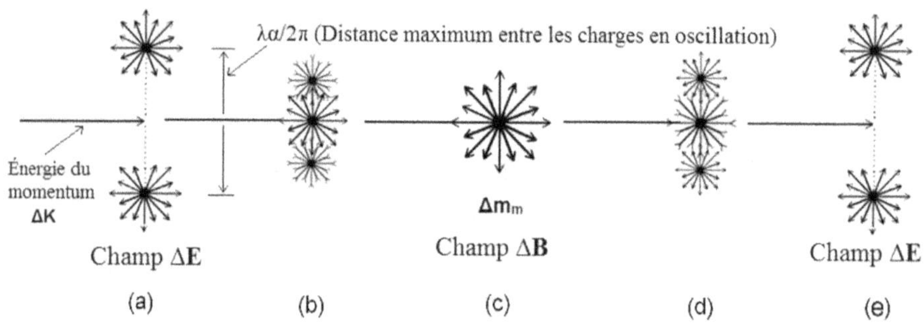

Figure 1.4: Représentation du cycle d'oscillation transversal du demi-quantum d'énergie électromagnétique du photon-porteur de l'électron et de son demi-quantum de momentum unidirectionnel qui propulse ce demi-quantum transversal en plus d'aussi propulser le quantum complet de l'énergie de la masse au repos invariante de l'électron (ce dernier non illustré).

L'équation LC du photon à double-particule de de Broglie ainsi établie de la seule manière permise dans la géométrie trispatiale proposée à l'événement Congress-2000 [28], tel que formellement publié à la Référence ([15], [8] Chapitre 6) en complète conformité avec les équations de Maxwell, permettait déjà de calculer à partir de la longueur d'onde de l'énergie d'un photon électromagnétique, l'énergie maximale du champ magnétique intrinsèque d'un photon structuré selon l'interprétation initiale de Maxwell selon laquelle les deux champs s'induisent mutuellement, tel qu'établi à la Référence ([53], [8]):

$$E = \frac{hc}{2\lambda} + \left[\frac{e^2}{2C_\lambda} \cos^2(\omega t) + \frac{L_\lambda i_\lambda^2}{2} \sin^2(\omega t) \right] \qquad (1.21)$$

où

$$E_{\mathbf{E}(\text{max})} = \frac{e^2}{2C_\lambda} \qquad \text{et} \qquad E_{\mathbf{B}(\text{max})} = \frac{L_\lambda\, i_\lambda^{\,2}}{2} \tag{1.22}$$

et

$$C_\lambda = 2\varepsilon_0 \alpha\lambda \qquad L_\lambda = \frac{\mu_0 \alpha\lambda}{8\pi^2} \qquad i_\lambda = \frac{2\pi\, ec}{\alpha\lambda} \tag{1.23}$$

La dérivation de Marmet, pour sa part, a permis d'établir à la Référence ([30], [8] Chapitre 4) les équations des champs électrique et magnétique généralisées déjà mentionnées qui correspondent directement aux représentations de leur énergie sous forme de capacitance et d'inductance telles qu'illustrées avec les Équations (1.22),:

$$\mathbf{E} = \frac{\pi e}{\varepsilon_0 \alpha^3 \lambda^2} \qquad \mathbf{B} = \frac{\mu_0 \pi ec}{\alpha^3 \lambda^2} \tag{1.24}$$

et aussi d'établir *le volume isotrope stationnaire théorique* permettant de calculer la densité maximale d'énergie de chacun de ces deux champs s'induisant mutuellement:

$$V = \frac{\alpha^5}{2\pi^2} \frac{\lambda^3}{} \tag{1.25}$$

ce qui permit de redéfinir à la Référence ([15], [8] Chapitre 6) l'équation LC initialement élaborée à la Référence ([30], [8] Chapitre 4) sous une forme utilisant les représentations par champs $\mathbf{E}$ et $\mathbf{B}$ plus familières, ce qui confirmait que le photon électromagnétique localisé tel que le concevait de Broglie et l'énergie porteuse de l'électron possèdent effectivement la même structure électromagnétique interne, soit la moitié orientée longitudinalement, maintenant son momentum et l'autre moitié orientée transversalement, définissants ses champs $\mathbf{E}$ et $\mathbf{B}$ s'induisant mutuellement, cette moitié d'énergie transversale propulsée dans l'espace par l'énergie unidirectionnelle de son momentum:

$$E = \left(\frac{hc}{2\lambda}\right) + \left[2\left(\frac{\varepsilon_0 \mathbf{E}^2}{4}\right)\cos^2(\omega t) + \left(\frac{\mathbf{B}^2}{2\mu_0}\right)\sin^2(\omega t)\right]V \tag{1.26}$$

1.22. Conversion de l'énergie électromagnétique en particules élémentaires chargées et massives

Nous avons la preuve expérimentale depuis les expériences de Carl David Anderson en 1933 [23] que tout photon électromagnétique d'énergie 1.022 MeV ou plus, généré comme sous-produit du rayonnement cosmique, se déstabilisera en frôlant un noyau atomique, et se transformera en une paire de particules élémentaires massives, qui sont un électron et un positon, dont les masses au repos égales de 0,511 MeV/c^2 sont constituées chacune de 0,511 MeV de l'énergie du photon en cours de déstabilisation. Toute énergie supérieure à cette quantité spécifique de 1.022 MeV que le photon avait avant la conversion est alors exprimée sous forme de l'énergie unidirectionnelle de momentum et de l'énergie électromagnétique transversale associée partagée également entre les deux particules élémentaires massives, ce qui les fait s'éloigner l'une de l'autre avec une vitesse correspondant à cette énergie de momentum ([31], [8] Chapitre 11).

L'équation suivante permet de décrire la manière dont l'énergie du photon incident se distribue entre les deux particules chargées et massives générées, en associant l'équation de Coulomb à l'équation de masse au repos de la mécanique classique ([10], Voir aussi le Chapitre 2). Notons en passant que les charges opposées de l'électron et du positon n'ont aucune signification en mécanique classique/relativiste, et que considérées selon leur seule caractéristique de masse, elles sont identiques, ce qui permet de construire l'équation de la manière suivante:

$$E_{\left(\frac{1}{\lambda_1} \geq \frac{1}{2\lambda_C}\right)} = \frac{e^2}{2\varepsilon_o\alpha}\frac{1}{\lambda_1} = 2\left(\Delta K + \Delta m_m c^2 + m_0 c^2\right) \tag{1.27}$$

où

$$\left(\Delta K + \Delta m_m c^2\right) = \frac{e^2}{2\varepsilon_o\alpha}\frac{1}{\lambda_2} \quad \text{dans laquelle} \quad \frac{1}{\lambda_2} = \frac{1}{2}\left(\frac{1}{\lambda_1} - \frac{1}{2\lambda_C}\right) \tag{1.28}$$

Dans l'Équation (1.27), m_o représente les masses au repos individuelles identiques de l'électron et du positon, et λ_1 est la longueur d'onde électromagnétique du photon incident en cours de déstabilisation, alors que dans l'Équation (1.28), λ_2 est la longueur d'onde de l'énergie résiduelle en excès de l'énergie de 1.022 MeV qui vient de se convertir en les masses au repos invariantes des deux particules, après séparation de cette énergie résiduelle en parts égales entre les deux particules maintenant séparées.

Plus intéressant encore, une expérience menée en 1997 à l'accélérateur linéaire de Stanford (SLAC), soit l'expérience #e144, a confirmé qu'en convergeant deux faisceaux de photons électromagnétiques suffisamment concentrés vers un seul point dans l'espace, l'un des faisceau impliquant des photons électromagnétiques dépassant le seuil de 1.022 MeV, des paires électron/positon massifs ont été générées sans qu'aucun noyau atomique massif ne soit à proximité [24]. Cette dernière expérience ouvre une perspective entièrement nouvelle sur l'origine possible de l'univers, telle qu'analysé à la Référence ([56], [8] Chapitre 17).

L'intérêt de la géométrie trispatiale développée à partir de l'expansion sous forme de 3 espaces vectoriels perpendiculaires émergeant de la relation triplement orthogonale du produit vectoriel des vecteurs $\boldsymbol{E}$ et $\boldsymbol{B}$ fondamentaux de l'électromagnétisme (**Figure 1.3**), est que le harnais vectoriel plus complet qui est maintenant applicable à l'Équation (1.26) de la manière suivante, tel qu'analysé à la Référence ([15], [8] Chapitre 6), a permis d'établir pour la première fois à la Référence ([31], [8] Chapitre 11) une mécanique claire de conversion de l'énergie d'un photon électromagnétique de 1.022 MeV ou plus, orientée seulement partiellement perpendiculairement à l'énergie de son momentum, en la quantité d'énergie invariante complètement orientée transversalement constituant la structure interne des masses au repos m_o individuelles de l'électron et du positon représentés à l'Équation (1.27), soit l'équation suivante:

$$E\,\vec{I}\,\vec{i} = \left(\frac{hc}{2\lambda}\right)_X \vec{I}\,\vec{i} + \left[\begin{array}{l} 2\left(\dfrac{\varepsilon_0 \mathbf{E}^2}{4}\right)_Y (\,\vec{J}\,\vec{j},\vec{J}\,\overleftarrow{j}\,)\cos^2(\omega t) \\[2ex] + \left(\dfrac{\mathbf{B}^2}{2\mu_0}\right)_Z \overleftrightarrow{K}\,\sin^2(\omega t) \end{array}\right] V \tag{1.29}$$

se convertissant en les deux équations suivantes pour représenter la structure électromagnétique interne des masses au repos de l'électron et du positon:

$$m_{e_0}\,\vec{0} = \frac{V_m}{c^2}\left\{\left[\frac{\varepsilon_0 \mathbf{E}^2}{2}\right]_Y \vec{J}\,\vec{i} + \left[\begin{array}{l} 2\left(\dfrac{\varepsilon_0 \mathbf{V}^2}{4}\right)_X (\,\vec{I}\,\vec{j},\vec{I}\,\overleftarrow{j}\,)\cos^2(\omega t) \\[2ex] + \left(\dfrac{\mathbf{B}^2}{2\mu_0}\right)_Z \overleftrightarrow{K}\sin^2(\omega t) \end{array}\right]\right\} \tag{1.30}$$

et

$$m_{p_0}\,\vec{0} = \frac{V_m}{c^2}\left\{\left[\frac{\varepsilon_0 \mathbf{E}^2}{2}\right]_Y \vec{J}\,\overleftarrow{i} + \left[\begin{array}{l} 2\left(\dfrac{\varepsilon_0 \mathbf{V}^2}{4}\right)_X (\,\vec{I}\,\vec{j},\vec{I}\,\overleftarrow{j}\,)\cos^2(\omega t) \\[2ex] + \left(\dfrac{\mathbf{B}^2}{2\mu_0}\right)_Z \overleftrightarrow{K}\sin^2(\omega t) \end{array}\right]\right\} \tag{1.31}$$

dans lesquelles (V_m= 1.497393267E-47 m^3) est *le volume isotrope stationnaire théorique maximum* que l'énergie du champ magnétique intrinsèque de l'électron atteint après avoir évacué l'espace-X au cours du cycle d'induction mutuel de l'énergie qui la force à osciller entre constituer en alternance ce champ magnétique **B** et le champ neutrinique *v*, soit une oscillation qui remplace, dans la structure des particules élémentaires massives ([31], [8] Chapitre 11), l'oscillation entre les champs **B** et **E** caractéristique des photons électromagnétiques ([15], [8] Chapitre 6) et des photons-porteurs des particules élémentaires massives ([31], [8] Chapitre 11) ([32], [8] Chapitre 14):

$$V_m = \frac{\alpha^5 \lambda_C^{\;3}}{2\pi^2} = 1.49739326\ 7E - 47 \text{ m}^3 \text{ et } \mathbf{V} = \frac{\pi(e')}{\varepsilon_0 \alpha^3 \lambda_C^{\;2}} \tag{1.32}$$

Le champ neutrinique *v*, que la géométrie trispatiale permet d'identifier pour la première fois, est présenté à la Référence ([31], [8] Chapitre 11) et est complètement analysé à la Référence ([33], [8] Chapitre 12), qui analyse de plus la mécanique d'émissions des neutrinos dans la géométrie trispatiale. Le *volume isotrope stationnaire théorique* de l'énergie de tout quantum élémentaire fut pour sa part défini à la Référence ([30], [8] Chapitre 4).

Lors du processus de découplage d'un photon électromagnétique de 1.022 MeV ou plus, l'énergie en excès de la quantité exacte de 1.022 MeV qui se convertit en la quantité d'énergie dorénavant invariante constituant les masses séparées d'un électron et d'un positon, conserve la structure LC du photon à double particule incident, mais se sépare mécaniquement en parties égales entre les deux particules massive en cours de séparation tel que représenté aux Équations (1.27) et (1.28) et deviennent leurs *photons-porteurs*, les propulsant en directions opposées dans l'espace à la vitesse correspondant à l'énergie de leur momentum, calculable avec l'Équation (1.20), ou avec l'une des équations électromagnétiques suivantes, développées à la Référence ([42], [8] Chapitre 5):

$$v = c \frac{\sqrt{\lambda_C(4\lambda + \lambda_C)}}{(2\lambda + \lambda_C)} \text{ or } v = c \frac{\sqrt{4EK + K^2}}{2E + K} \tag{1.33}$$

Un point d'intérêt particulier à propos de la deuxième équation (1.33) est que si l'énergie de la masse au repos de l'électron (E dans la deuxième équation) est réduite à zéro (Voir Annexe A), seulement l'énergie du photon-porteur demeure dans l'équation restante et que sa vitesse ne peut alors être que la vitesse de la lumière, confirmant l'identité de sa structure avec celle du photon à double-particule de de Broglie ([15], [8] Chapitre 6) ([42], [8] Chapitre 5).

Il est très facile de vérifier la validité des équations LC (1.30) et (1.31) de l'électron et du positon, car tous leurs termes sont des constantes physiques invariantes très bien connues. Par exemple, en multipliant l'énergie maximum du champ magnétique de l'Équation (1.30) par *le volume isotrope stationnaire théorique* invariant défini à la Référence ([30], [8] Chapitre 4) pour cette quantité d'énergie, nous retrouvons effectivement la moitié de l'énergie de la masse invariante au repos de l'électron, qui correspond à son champ magnétique intrinsèque:

$$\frac{\mathbf{B}^2}{2\mu_0}V_m = \left(\frac{\mu_0\,\pi e c}{\alpha^3 \lambda_C^{\,2}}\right)^2 \frac{\alpha^5 \lambda_C^{\,3}}{2\mu_0\,\,2\pi^2} = 4.093552068\mathrm{E}-14\,\mathrm{j} \qquad (1.34)$$

1.23. Construction de particules complexes stables

Il a été établi depuis longtemps que tous les atomes sont constitués de trois types distincts de sous-composants stables: les électrons, les protons et les neutrons. Tous les trois sont typiquement regroupés sous l'appellation générale *particules élémentaires* dans la communauté, soit une appellation de nature *générale* qui induit une certaine confusion en raison du fait que de ces trois sous-composants, seul l'électron s'est avéré être véritablement élémentaire, c'est-à-dire, que nous avons la confirmation expérimentale qu'il n'est pas constitué de sous-composants plus petits, mais est constitué de manière directement démontrable exclusivement de l'énergie électromagnétique qui constituait la *substance* du photon électromagnétiques dont il est issu, tel que tout juste mis en perspective, et tel qu'analysé en détail à la Référence ([31], [8] Chapitre 11).

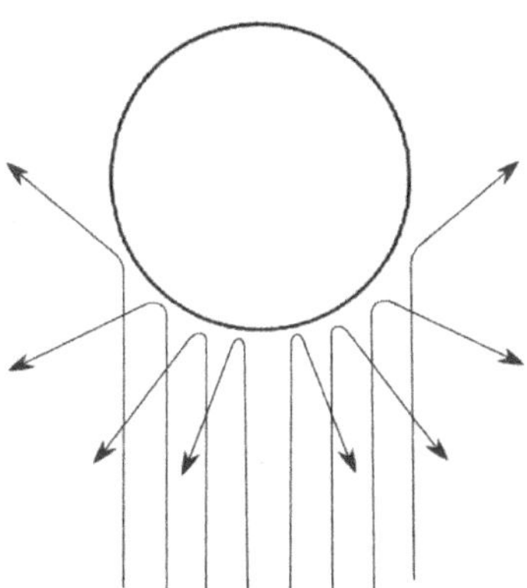

Figure 1.5: Collisions parfaitement élastiques entre électrons incidents et un proton cible.

Les deux autres sous-composants de tous les atomes, soit le proton et le neutron, se sont avérés ne pas être des particules élémentaires chargées et massives de même nature que l'électron, mais plutôt être *des systèmes de telles particules élémentaires* en état d'équilibre électromagnétique stable d'action stationnaire, tout comme le système solaire n'est pas un corps céleste, mais un système de corps célestes stabilisés dans un état d'équilibre stable d'action stationnaire. Historiquement, les premiers soupçons que les protons et neutrons n'étaient pas des particules véritablement élémentaires furent éveillés par la différence de leur comportement par rapport à celui des électrons et positons lors des premières expériences de collisions non-destructrices entre ces particules dans les premiers accélérateurs de particules (**Figure 1.5**).

Pour leur part, les électrons et positons se comportaient pendant les expériences de collisions mutuelles comme s'ils avaient au mieux une présence *quasi-ponctuelle* dans l'espace, c'est-à-dire que dans leurs cas, contrairement aux protons et neutrons, aucune limite en apparence infranchissable n'est détectable par collision à une certaine distance de leurs centres, peu importe à quelle degré de proximité deux électrons ou deux positons s'approchent de leurs centres mutuels lors de collisions véritablement frontales, soit un type de rebond à rebours observé assez rarement, puisque de telles collisions frontales entre électrons ou positons s'apparentent à faire entrer en collision frontale les pointes hautement affûtées d'aiguilles à coudre (**Figure 1.6**).

C'est ce comportement *quasi-ponctuel* des particules véritablement élémentaires lors d'interactions ou collisions mutuelles comme les électrons, les positons et les photons électromagnétiques qui les différentient nettement au niveau subatomique des particules complexes comme le proton et le neutron.

Dans le cas d'interaction entre les particules chargées véritablement élémentaires, des électrons incidents, par exemple, étaient déviés dans des directions convergentes au moment où ils traversaient la position d'un positon se déplaçant dans la direction opposée, ou lorsque des positons incidents croisaient la trajectoire d'un électron se déplaçant dans la direction opposée (**Figure 1.6-a**); ou que des électrons incidents étaient déviés dans des directions divergentes après avoir croisé la position d'un autre électron se déplaçant dans la direction opposée ou lorsque des positons incidents croisaient la position d'un positon se déplaçant dans la direction inverse (**Figure 1.6-b**). Étant donné le comportement quasi-ponctuel des particules impliquées, ce n'est qu'occasionnellement que l'une des particules incidentes se trouvait dans une situation idéale pour entrer directement en collision frontale de manière à rebondir directement à rebours (**Figure 1.6-b**).

Alors que des faisceaux d'électrons et de positons lancés de manière à entrer en interaction frontale les uns avec les autres généraient pratiquement aucun rebond à rebours (**Figure 1.6**), les protons et neutrons faisaient rebondir les particules incidentes (des faisceaux d'électrons ou de positons) dans toutes les directions (**Figure 1.5**), en raison d'un état de répulsion magnétique permanent entre les sous-composants internes chargés du proton et les électrons incidents, tel qu'analysé et décrit à la Référence ([10], Voir aussi la Section 3.21), ce qui révélaient qu'ils occupent un volume mesurable dans l'espace, soit un éventail de rebonds parfaitement élastiques identique à celui qui peut être observée au niveau macroscopique entre deux aimants se repoussant mutuellement ([49], [8] Chapitre 9).

L'étude de l'éventail de ces rebonds à rebours dans les années 1940 et 1950 conduisit à la conclusion que le rayon de ce volume était de l'ordre de 1.2E-15 m pour le proton et le neutron [57], soit un volume qui semblait révéler qu'ils pouvaient être constitués de particules plus petites dont les interactions détermineraient ce volume, tout comme le volume défini par les orbites planétaires déterminent le volume potentiel que le système solaire peut occuper dans l'espace, soit, hypothétiquement à cette époque, des particules électromagnétiques véritablement élémentaires au comportement *quasi-ponctuel* de même nature que l'électron et le positon.

Le premier accélérateur de particule suffisamment puissant pour vaincre la résistance de ce volume du proton à la pénétration d'électrons ou positons suffisamment énergiques, soit le grand accélérateur linéaire de Stanford (SLAC) entra en service en 1966. De 1966 à 1968, une série d'expériences de collisions non-destructives à haute énergie effectuées par M. Breidenbach et al. [21] d'électrons contre des protons a effectivement révélé la présence de trois sous-composants chargés électriquement au comportement *quasi-ponctuel* (**Figure 1.7**), dont l'éventail des déviations des trajectoires des électrons incidents et analyse subséquente ont permis d'établir qu'une charge électrique égale à 1/3 de celle d'un électron doit être associée à l'un des sous-composants et une charge égale aux 2/3 du positon doit être associée aux les deux autres (uud). Pour les neutrons, ces données et analyse subséquente révèlent en revanche une structure composée d'un sous-composant de charge 2/3 positive et de deux sous-composants de charge 1/3 négative (udd).

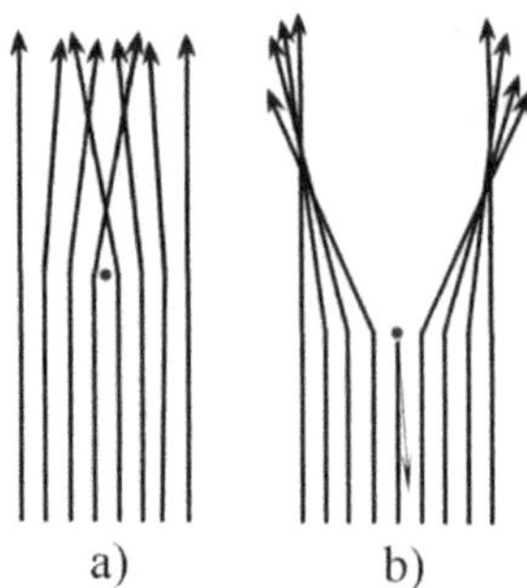

Figure 1.6: Interaction non-destructive entre électrons incidents et positon cible a), et interaction et collision entre électrons incidents et électron cible b), démontrant leur comportement quasi-ponctuel.

De plus, des électrons incidents rebondissant à revers de manière hautement inélastique et expériences subséquentes impliquant aussi des positons ont révélé que les sous-composants chargés 2/3 positifs n'étaient que légèrement plus massifs que les électrons et que le sous-composant chargé 1/3 négatif n'étaient que légèrement plus massifs que les sous-composants chargés positivement ([32], [8] Chapitre 14) [35].

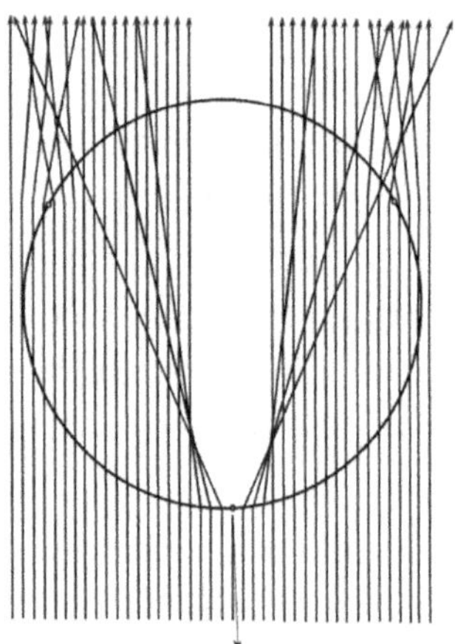

Figure 1.7: Détection de la structure interne collisionable du proton via collisions non-destructives.

Étant donné que ces masses au repos présumément invariantes furent éventuellement confirmées comme étant à peine supérieures à celle de l'électron et du positon [51], combiné au fait que ces sous-composants des nucléons démontrent exactement le même comportement quasi-ponctuel qui caractérise les électrons et les positons, et le fait aussi confirmé que les électrons et positons sont les seules particules élémentaires massives et chargées électriquement qui peuvent être générées à partir de l'énergie électromagnétique libre d'une manière bien comprise et confirmée de manière exhaustive [23] [24], il sembla possible que ces sous-composants des nucléons pourraient être en réalité des positons et des électrons dont les masses et les charges seraient altérées de cette manière par les contraintes électromagnétiques imposées par ces ultimes états d'équilibre électromagnétique d'action stationnaire dans lesquels des électrons et des positons pourraient être capturés, si ces derniers sont véritablement le seul matériau dont la nature dispose pour construire les nucléons.

Cette conclusion explique immédiatement pourquoi aucun de ces sous-composants nucléoniques n'a jamais été observé après avoir été éjecté d'un nucléon en conservant sa charge fractionnaire, car s'ils étaient vraiment à l'origine des électrons et des positons, ils retrouvent naturellement adiabatiquement leurs caractéristiques normales de masse et de charge dès qu'ils échappent aux contraintes électromagnétiques auxquelles ils sont soumis en faisant partie des structures nucléoniques ([34], [8] Chapitre 19).

La géométrie trispatiale a effectivement permis de calculer des masses au repos moyennes précises pour ces sous-composants élémentaires positifs et négatifs des protons et des neutrons, correspondant à une séquence des états de résonance axiales stables associables à une séquence de nombres entiers, qui situe ces masses à l'intérieur de l'éventail de masses expérimentalement estimées possibles dans les deux cas (**Tableau 1.1**), soit une séquence de trois masses qui peuvent être obtenues de l'une des équations possibles pour ce faire, tel l'équation suivante établie à la Référence ([32], [8] Chapitre 14), et qui fut analysée selon une perspective plus générale à la Référence ([34], [8] Chapitre 19), soit une séquence de résonance pour les masses des particules élémentaires stables similaire à la séquence de résonance des orbitales électroniques possibles de l'atome d'hydrogène remarquée pour la première fois par Louis de Broglie au début du 20e siècle ([10], Voir aussi le Chapitre 2) [58]:

$$m_{i[d,u,e]} = \frac{k}{a_0}\left(\frac{3e}{n\alpha c}\right)^2 \quad (n=1, 2, 3) \tag{1.35}$$

où e est la charge unitaire, α est la constante de structure fine, c est la vitesse de la lumière, a_o est le rayon de Bohr, c'est à dire la distance axiale moyenne entre l'orbitale électronique fondamentale de l'atome d'hydrogène et le proton, et k est la constante de Coulomb:

$$k = \frac{1}{4\pi\varepsilon_0} = 8.98755178\ 8E9 \tag{1.36}$$

En effet, les masses obtenues à partir de l'Équation (1.35) se situent directement dans les plages expérimentalement établies à l'intérieur desquelles leur véritable masse au repos doit se situer, c'est-à-dire entre 1 et 5 MeV/c^2 pour la sous-composante positive, et entre 3 et 10 MeV/c^2 pour la sous-composante négative, selon les données expérimentales recueillies [51]. Ces masses au repos précises furent établies par rapport aux distances qui séparent les électrons et positons électromagnétiquement contraints de l'axe coplanaire Y-z autour duquel chaque triade stabilisée est en *rotation/résonance* à l'intérieur de l'espace-Y électrostatique (**Figure 1.3**) tel qu'analysé à la Référence ([32], [8] Chapitre 14).

L'expression *rotation/résonance* est utilisée ici pour mettre clairement en perspective que la même quantité d'énergie est adiabatiquement induite par l'interaction coulombienne dans la masse au repos des électrons et positons électromagnétiquement contraints, qu'ils soient effectivement en rotation sur orbites circulaires autour de l'axe Y-z coplanaire et/ou translation autour de l'axe X-x normal, ou simplement en état de *résonance stationnaire axiale* à ces distances moyennes de ces deux axes Y-z et X-x mutuellement perpendiculaires de *rotation/translation/résonance*.

Notons en passant, qu'à l'époque des expériences de Breidenbach [21], une théorie mathématique élaborée séparément par Murray Gell-Mann et George Zweig fut considérée confirmée par les expériences de Breidenbach, ce qui eu pour résultat que ces positons et électrons électromagnétiquement contraints captifs des structures internes des nucléons furent respectivement nommés "*up quark*" et "*down quark*" à cette époque où la conclusion n'avait pas encore été tirée que ces sous-composants des nucléons pouvaient être de simples positons et électrons dont les caractéristiques de masse et de charge pouvaient être altérées de cette manière par l'intensité des interactions électromagnétiques à si courtes distances à l'intérieur de ces structures.

Tableau 1.1: Séquence des masses en état de résonance axiale des particules élémentaires obtenue à l'aide de l'Équation (1.35).

	Masse au repos	Énergie	Charge	Ref.
Électron ou positon en mouvement libre	9.10938188E-31 kg	0.511 MeV	±1= 1.602176462E-19 C	([31], [8] Chapitre 11)
Positon électromagnétiquement contraint 1 dans le neutron 2 dans le proton	2.049610923E-30 kg	1.1497473 MeV	+2/3= 1.068117641E-19 C	([32], [8] Chapitre 14)
Électron Électromagnétiquement contraint 2 dans le neutron 1 dans le proton	8.198443693E-30 kg	4.59899 MeV	-1/3= 5.340588207E-20 C	([32], [8] Chapitre 14)

Étant donné que la théorie de Gell-Mann et Zweig prévoyait aussi l'existence d'autres particules virtuelles portant aussi le nom de "*quarks*", mais qui n'ont jamais été détectées par collision non-destructives à l'intérieur des nucléons, contrairement aux deux qui furent nommées "*up*" et "*down*", il en résultat une énorme et persistante confusion dans la communauté, alimentée par de multiples références aux théories de Gell-Mann et Zweig, et l'absence presque totale de références aux données expérimentales de Breidenbach *et al.*, ce qui laissa l'impression pendant les décennies suivantes que même les sous-composants effectivement détectés par Breidenbach *et al.* étaient seulement théoriques et que leur existence physique n'avait jamais été confirmée.

La démonstration la plus édifiante de cette confusion est que dans un ouvrage majeur concernant la théorie du champ quantique (QFT) publié en 1993, soit 25 ans plus tard, par un physicien renommé dans la communauté, on retrouve la mention suivante à la Section 1.2 de son ouvrage [59], qui démontre bien qu'il n'avait jamais entendu parler des expériences réalisées par Breidenbach *et al.* vers la fin des années 1960, autrement, il semble évident qu'il en aurait tenu compte:

> *"Ironically, one problem of the quark model was that it was too successful. The theory was able to make qualitative (and often*

*quantitative) predictions far beyond the range of its applicability. <u>Yet the
fractionally charged quarks themselves were never discovered in any
scattering experiment</u>."*

Traduction:

*"Ironiquement, l'un des problèmes du modèle des quark était qu'il avait
trop de succès. La théorie a permis de faire des prédictions qualitatives
(et souvent quantitatives) bien au-delà de son champ d'application.
<u>Pourtant, les quarks eux-mêmes n'ont jamais été découverts lors d'une
expérience de collision</u>."*

Cependant, afin de maintenir la continuité avec toute la littérature qui a
historiquement été produite, nommant les positons et électrons
électromagnétiquement contraints "*quarks up*" et "*quarks down*", incluant les
autres articles de cette série, nous conserverons les symboles "u" (pour "*up*") et
"d" (pour "*down*"), qui les symbolisent historiquement dans toute la littérature
en parlant de sous-composants collisionables aux charges fractionnaires des
nucléons détectés par Breidenbach, soit "*uud*" pour le proton et "*udd*" pour le
neutron.

$$m_U = \frac{E_U}{c^2} = \frac{V_m}{c^2} \left\{ S_U \left[\frac{\varepsilon_0 \mathbf{E}^2}{2} \right]_Y + (2 - S_U) \left[2 \left(\frac{\varepsilon_0 \mathbf{V}^2}{4} \right)_X \cos^2(\omega t) + \left(\frac{\mathbf{B}^2}{2\mu_0} \right)_Z \sin^2(\omega t) \right] \right\} \tag{1.37}$$

$$m_D = \frac{E_D}{c^2} = \frac{V_m}{c^2} \left\{ S_D \left[\frac{\varepsilon_0 \mathbf{E}^2}{2} \right]_Y + (2 - S_D) \left[2 \left(\frac{\varepsilon_0 \mathbf{V}^2}{4} \right)_X \cos^2(\omega t) + \left(\frac{\mathbf{B}^2}{2\mu_0} \right)_Z \sin^2(\omega t) \right] \right\} \tag{1.38}$$

Les équations trispatiales LC des positons électromagnétiquement contraints
(initialement nommés "*quarks up*") et électrons électromagnétiquement
contraints (initialement nommés "*quarks down*") constituant la structure
collisionable des nucléons sont légèrement différentes des Équations (1.30) et
(1.31) qui décrivent les électrons et positons qui ne sont pas sous cette contrainte
électromagnétique, mais sont plutôt en mouvement libre, car la dérive
transversale de l'énergie qui définit l'intensité fractionnaire de leur charge vers
un état magnétique plus intense, qui leur est imposée par le très court rayon de
giration de leurs états d'action stationnaire ([60], [8] Chapitre 8), ne permet pas
une égale densité de leurs états électrique et magnétique, contrairement à l'état
des densités électrique vs magnétique égales par défaut de l'énergie

électromagnétique des électrons et positons se déplacent sur trajectoires rectilinéaires.

Les expressions S_U et S_D sont les constantes de *dérive magnétique* de l'énergie des masses au repos stabilisées des positons et électrons électromagnétiquement contraints, respectivement égales à 2/3 et 1/3 et qui sont analysées et décrites aux Références ([32], [8] Chapitre 14) et ([10], Voir aussi le Chapitre 2).

Il est important de prendre conscience que la somme des masses au repos stabilisées des électrons et positons électromagnétiquement contraints (**Tableau 1.1**) constituant la structure collisionable du proton (uud) ne constitue qu'environ 2% de sa masse totale mesurée, et que cette somme pour le neutron (udd) ne constitue qu'environ 2.4% de sa masse totale mesurée. La différence ne peut être due bien sûr qu'à l'énergie de leurs photons-porteurs respectifs ([32], [8] Chapitre 14), dont l'intensité dépend directement de l'inverse de la distance qui les sépare de l'axe de translation X-x de l'espace-X normal (**Figure 1.3**) par rapport auquel chaque triade est en *translation/résonance*, axe qui est perpendiculaire à l'axe Y-z coplanaire de *rotation/résonance* par rapport auquel sont déterminées les masses au repos et les charges fractionnaires des électrons et positons contraints électromagnétiquement ([32], [8] Chapitre 14).

Comme dans le cas de l'expression "*rotation/résonance*" précédemment mentionnée en relation avec l'axe coplanaire Y-z de l'espace-Y, l'expression "*translation/résonance*" est utilisée ici pour mettre clairement en perspective que la même quantité d'énergie est adiabatiquement induite par l'interaction coulombienne dans chaque photon-porteur des électrons et positons électromagnétiquement contraints à l'intérieur des nucléons, qu'ils soient effectivement en translation sur orbite circulaire autour de l'axe X-x de l'espace-X normal ou simplement en état de résonance axiale stationnaire par rapport à cette distance moyenne de cet axe de translation/résonance, soit un mouvement de résonance orienté perpendiculairement par rapport une telle orbite circulaire.

1.24. *La transposition conceptuelle "translation/résonance"*

La même relation *translation/résonance* s'applique aussi à l'orbitale de repos de l'électron dans l'atome d'hydrogène pour la même raison. En fait, c'est Louis de Broglie qui comprit le premier en 1923 que l'électron ne pouvait être qu'en état de résonance axiale lorsque stabilisé à une distance moyenne du proton dans l'atome d'hydrogène correspondant au rayon de Bohr, même s'il pouvait aussi être perçu comme étant théoriquement en translation sur une orbite fermée autour du proton.

Cette conclusion d'importance majeure fut publiée dans une note dans laquelle il proposait cette première interprétation préliminaire des conditions qui pourraient expliquer la stabilité de l'électron à l'intérieur des structures atomiques ([10], Voir aussi le Chapitre 2), car elle était en harmonie avec la condition de stabilité déterminée par Bohr et Sommerfeld pour une trajectoire parcourue par une masse à vélocité constante [58]. Voici une citation de a conclusion majeure:

"L'onde de fréquence v et de vitesse c/β doit être en résonance sur la longueur de la trajectoire. Ceci conduit à la condition:"

$$\frac{m_o \beta^2 c^2}{\sqrt{1-\beta^2}} T_r = nh \quad (n \text{ étant un nombre entier}) \tag{1.39}$$

C'est d'ailleurs cette conclusion qui donna Schrödinger l'idée de représenter le volume de résonance visité par l'électron dans l'orbitale de repos de l'atome d'hydrogène par une fonction d'onde [18], tel que mis en perspective au Chapitre 2, qui republie l'explication mécanique de la stabilité de l'atome d'hydrogène selon la perspective trispatiale initialement publiée à la Référence [10]. Lorsque de Broglie fit sa découverte cependant, il n'était pas encore compris clairement que la substance même de l'électron était de nature véritablement électromagnétique ([31], [8] Chapitre 11), de même que celle de son photon-porteur, qu'il identifiait intuitivement comme une *onde-pilote* propulsant l'électron, mais dont la nature électromagnétique ne pouvait pas être identifiée à l'époque.

Tel que mentionné précédemment, ce n'est qu'au début des années 1930 qu'il fut expérimentalement confirmé que la substance même de la masse au repos invariante de l'électron n'était rien d'autre que la substance *énergie électromagnétique* d'un photon électromagnétique d'énergie minimale de 1.022 MeV se découplant en une paire de particules massives de masses égales, soit un électron et un positon [23]. Avant cet événement, personne n'avait eu l'occasion d'associer l'énergie électromagnétique à la substance même de la masse des particules élémentaires, et aucune des théories élaborées avant cette observation n'ont pu prendre en compte cette nouvelle découverte dans leur élaboration, ce qui comprend bien sûr les deux théories d'Einstein de la Relativité restreinte et de la Relativité Générale, ainsi que la Mécanique Quantique sous sa forme traditionnelle.

De Broglie associait l'énergie du momentum de l'électron sur l'orbite de Bohr à la constante de Planck et à la mécanique classique, mais comme l'ensemble de la communauté scientifique à cette époque, ne l'avait pas associé à l'interaction coulombienne tel que représenté avec l'Équation (1.16) émergeant de la première équation de Maxwell et n'avait par conséquent pas à sa disposition la conclusion que le demi-quantum d'énergie du momentum de l'électron qui supporterait en théorie longitudinalement le mouvement de l'électron sur son orbite théorique autour du proton est le même qui supporte aussi son mouvement de résonance axial, orienté perpendiculairement par rapport à cette orbite, ainsi que le demi-quantum associé de son énergie électromagnétique orientée transversalement par rapport à cette énergie du momentum, et que l'énergie unidirectionnelle de son momentum ne peut être orienté par structure que vers le proton.

En fait, l'orientation axiale par structure de l'énergie du momentum de l'électron vers le proton n'exclut pas la possibilité que l'électron puisse se déplacer transversalement sur une orbite fermée autour du proton en plus d'osciller simultanément en mode de résonance axiale tel que de Broglie concluait, mais à si courte distance entre l'électron et le proton et à un si intense niveau d'énergie induite, il peut être attendu que le mode de résonance axiale domine nettement. Voir Sections 1.26 et 2.20.

C'est un fait que la constante de Planck associe l'émission d'énergie électromagnétique strictement au facteur temps. Mais cette association de l'induction de l'énergie avec le facteur temps est due au fait que cette constante a été établie via l'analyse des fréquences énergétiques émises lors de la désexcitation des électrons, qui avaient été momentanément excités vers des orbitales métastables plus éloignées des noyaux atomiques, lorsqu'ils retournent à leurs orbitales de repos d'action stationnaire, qui sont toutes des états de résonance directement liés à la fréquence de l'énergie moyenne induite à l'orbitale de repos de l'électron dans l'atome d'hydrogène, considérée comme fondamentale, telle qu'analysée et décrite à la Référence ([34], [8] Chapitre 19), et que l'énergie du quantum d'action de Planck correspond à l'énergie d'un seul cycle de cette fréquence de référence ultime, tel que déterminé ultérieurement par de Broglie:

$$h = m_0 v_B \lambda_B = 6.62606876 \ \text{E} - 34 \ \text{j} \cdot \text{s} \tag{1.40}$$

où m_o est la masse au repos de l'électron, v_B est la vitesse classique de référence de l'orbite de Bohr (2187691.253 m/s) et λ_B est la longueur de l'orbite de Bohr (3.32491846E-10 m), dont le rayon est la constante fondamentale ($a_o=r_o=5.291772083E-11$ m), soit la distance moyenne entre l'orbitale de résonance fondamentale de l'atome d'hydrogène et son noyau, qui définit l'énergie induite à cette distance du proton, soit E_B=4.359743808E-18 j (27.21138346 eV) tel que facilement calculable avec l'équation de Coulomb ([34], [8] Chapitre 19). Sa fréquence est donc de f_B=6.579683921E15 Hz.

Un simple calcul permet de constater qu'à la vitesse v_B, la durée d'un seul cycle de cette fréquence correspond exactement à la longueur de l'orbite de Bohr λ_B, c'est pourquoi multiplier la longueur de cette orbite de référence absolue par la constante de Planck permet d'obtenir l'énergie induite à l'orbite de Bohr de manière aussi précise qu'avec l'équation de Coulomb.

C'est aussi pourquoi l'énergie correspondant à cette fréquence de référence semble correspondre au nombre d'orbites qu'il faut parcourir en une seconde pour soi-disant *accumuler* toute l'énergie induite sur l'orbite de Bohr, ce qui a longtemps créé la perception que cette énergie induite *semble* être distribuée sur tous ces cycles et qu'il faut une seconde pour que toute l'énergie du quantum soit accumulée:

$$E_B = h \cdot f_B = \frac{e^2}{4\pi\,\varepsilon_o r_B} = 4.35974380\ \ 8\text{E-}18\ \ \text{j} \tag{1.41}$$

dans laquelle r_B est le rayon de Bohr, soit 5.291772083E-11 m (voir Équation (1.7)).

Tout comme l'Équation (M-7) de Marmet peut être généralisée de manière à utiliser la *longueur d'onde électromagnétique longitudinale* de toute quantité d'énergie électromagnétique, la même généralisation a été faite aussi pour l'équation de Coulomb à la Référence ([30], [8] Chapitre 4), tel qu'analysé et décrit en détail à la Référence ([10], Voir aussi le Chapitre 2):

$$E = h\nu = \frac{e^2}{2\,\varepsilon_o \alpha\lambda} \tag{1.42}$$

où α est la constante de structure fine (7.297352533E-3). La longueur d'onde longitudinale d'une quantité d'énergie électromagnétique s'obtient par ailleurs à l'aide de l'équation bien connue suivante, la longueur d'onde électromagnétique longitudinale de l'énergie E_B obtenue avec l'Équation (1.41) est donc:

$$\lambda = \frac{hc}{E_B} = 4.556335252\text{E}-8\,\text{m} \tag{1.43}$$

ce qui permet de réobtenir la même quantité d'énergie avec l'Équation (1.42) généralisée déjà obtenue avec l'Équation (1.41) standard:

$$E = h\nu_B = \frac{e^2}{2\,\varepsilon_o \alpha\lambda} = 4.35974380\ \ 8\text{E}-18\ \ \text{j} \tag{1.44}$$

C'est en fait la relation établie avec l'Équation (1.42) entre l'équation standard pour calculer l'énergie des photons et l'équation de Coulomb généralisée qui permet d'effectuer la transposition conceptuelle *translation/résonance* nécessaire pour pouvoir alterner entre l'analyse des états d'énergie quantifiés stables correspondant à l'ensemble des orbitales électroniques et nucléoniques d'action stationnaire des atomes, qui associe la constante de Planck au nombre de cycles théorique que l'électron doit théoriquement parcourir sur l'orbite de Bohr; et qui permet aussi l'analyse de l'induction adiabatique infinitésimalement progressive de l'énergie, qui est fonction constamment active de l'inverse de la distance séparant les particules élémentaires chargées constituant tous les atomes, et qui est induite *perpendiculairement* par structure à tout mouvement orbital, qu'il soit théorique or effectif.

Cette transposition ne diminue aucunement l'utilité de la constante de Planck pour les calculs impliquant l'étude des états d'action stationnaire stables et métastables des diverses orbitales et de l'émission quantifiée de photons de Bremsstrahlung, lors de la désexcitation d'électrons passant d'une orbitale métastable à une orbitale de résonance stable, dont la mécanique d'émission sera analysée plus loin, mais elle permet d'ajouter au bagage d'outils mathématiques les constantes nécessaires pour traiter adéquatement les variations infinitésimalement progressives de la quantité d'énergie induite adiabatiquement dans les photons-porteurs des électrons par interaction coulombienne pendant les séquences de mouvement de résonance axiaux dans lesquels ils sont captifs lorsque stabilisés dans les diverses orbitales d'action stationnaire dans les atomes, tel qu'analysé à la Référence ([10], Voir aussi le Chapitre 2), ainsi que lorsqu'ils sont en mouvement de moindre action libre, c'est-à-dire en cours de mouvement vers ces états axiaux d'action stationnaire stabilisés, tel qu'analysé à la Référence ([43], [8] Chapitre 2).

1.25. Constantes d'induction adiabatique de l'énergie électromagnétique

1.25.1. La constante d'intensité électromagnétique

Tel qu'analysé et décrit à la Référence ([30], [8] Chapitre 4), étant donné que la vitesse de la lumière est constante dans le vide, il peut donc être affirmé que la quantité d'énergie constituant l'énergie d'un photon électromagnétique est inversement proportionnelle à la distance qu'il doit parcourir dans le vide pour qu'un cycle de sa longueur d'onde soit transversalement complété, ce qui peut être représentée par $E=1/\lambda$. Cela signifie qu'en isolant le produit $E\cdot\lambda$ du côté gauche de cette équation, la valeur obtenue sera constant.

Une analyse rapide de l'Équation (1.44) révèle que cette constante peut être définie à partir de l'ensemble familier des constantes électromagnétiques qui définissent aussi l'équation généralisée de Coulomb et de la *longueur d'onde électromagnétique longitudinale* de toute quantité d'énergie électromagnétique (λ):

$$H = E\lambda = \frac{e^2}{2\varepsilon_0\alpha} = 1.98644544 \text{ E} - 25 \text{ j}\cdot\text{m} \tag{1.45}$$

Soit le quantum d'action en joules-mètre (j·m) qui est la contrepartie dissociée du facteur temps du quantum d'action de Planck défini en joules-seconde (j·s), et qui fut nommé "*la constante d'intensité électromagnétique*" à la Référence ([30], [8] Chapitre 4). En divisant maintenant la constante H par la vitesse de la lumière c, il est constaté que la constante de Planck est obtenue, ce qui révèle que $H=hc$ relie directement la constante de Planck à l'électromagnétisme, alors que historiquement, elle est considérée être strictement une constante seulement mesurée, mais non dérivée d'équations électromagnétiques:

$$h = \frac{H}{c} = 6.62606876 \text{ E} - 34 \text{ j}\cdot\text{s} \tag{1.46}$$

Le résultat inattendu de cette relation est que le quantum d'action temporel de Planck peut maintenant être obtenu à partir du même ensemble de constantes électromagnétiques qui définit la constante H en combinant des Équations (1.45) et (1.46), ce qui met à la disposition de la communauté cette nouvelle définition de la constante de Planck, établie uniquement à partir de constantes fondamentales connues, soit une définition dérivée d'équations expérimentalement confirmées qui est actuellement absente autant du "*CRC Handbook of Chemistry & Physics*" [51], que de la liste des constantes du "*National Institute of Standards and Technology* (NIST)" [50]:

$$h = \frac{e^2}{2\varepsilon_0\alpha c} = 6.62606876 \text{ E} - 34 \text{ j}\cdot\text{s} \tag{1.47}$$

1.25.2. La constante d'induction d'énergie électrostatique

Métaphoriquement parlant, la constante de Planck permet l'exploration *horizontale* (c'est-à-dire *translationnelle*) des états orbitaux stables de l'atome d'hydrogène, pour ainsi dire, mais l'Équation (1.41) de Coulomb, qui fournit la même énergie, a été utilisée pour définir *une constante d'induction d'énergie électrostatique* qui permet une exploration *verticale* (c'est-à-dire *axiale*) de l'atome d'hydrogène et de son noyau.

La *constante d'induction d'énergie électrostatique* requise, qui fut nommée K à la Référence ([32], [8] Chapitre 14) et qui pourrait être considérée comme un *quantum d'induction*, a été établie de deux manières différentes. La première méthode émerge de l'analyse de la mécanique de découplage d'un photon d'énergie de 1.022 MeV ou plus dans la géométrie trispatiale, tel qu'établi à la Référence ([31], [8] Chapitre 11), et la seconde méthode consiste à simplement multiplier l'Équation (1.41) par r_B au carré:

$$K = E_B \cdot r_B{}^2 = \frac{e^2 \cdot r_B}{4\pi\,\varepsilon_o} = 1.22085259\ 6\mathrm{E}-38\ \mathrm{j}\cdot\mathrm{m}^2 \tag{1.48}$$

C'est à l'aide de cette constante qu'il a été possible d'entrer dans le noyau hydrogène *verticalement* ou *axialement*, pour ainsi dire, en faisant varier la distance r entre deux particules chargées avec l'équation $E=K/r^2$, et ainsi établir les quantités exactes d'énergie adiabatique induite dans chacun des composants internes du proton et du neutron (**Tableau 1.1**), permettant ainsi d'établir enfin des équations LC trispatiales cohérentes pour l'électron et le positon électromagnétiquement contraints (voir Équations (1.37) et (1.38) précédemment citées) et leurs photons-porteurs, qui déterminent les masses effectives et les volumes mesurés des protons et neutrons, tel qu'analysé à la Référence ([32], [8] Chapitre 14).

1.26. Gravitation

En fait, une telle exploration, *verticale* pour ainsi dire, des structures atomiques et nucléaires induit une conscience aigue de la nature adiabatique de l'énergie induite dans toutes les particules chargées de leurs structures ([34], [8] Chapitre 19) ([43], [8] Chapitre 2), soit une énergie adiabatique qui ne peut que varier de manière infinitésimalement progressive lors de toute variation des distances les séparant; une énergie qui de plus ne dépend aucunement de la vitesse des particules, mais qui manifeste son existence sous forme de cette vitesse chaque fois les circonstances électromagnétiques locales le permettent et demeure pleinement induite même si cette vitesse ne peut pas s'exprimer dû aux contraintes imposées par les états d'équilibre électromagnétique locaux.

Tel qu'analysé aux Références ([10], Voir aussi le Chapitre 2) et ([11], Voir aussi le Chapitre 3), lorsque cette vitesse ne peut pas être exprimée, l'énergie du momentum de chaque particule chargée demeure induite malgré tout et ne peut alors qu'exercer une *pression* dans la direction vectorielle que lui impose l'équilibre électromagnétique local.

Dans les structures atomiques, cette direction vectorielle ne peut être orientée que vers le centre de chaque atome dû à la nature même de l'interaction coulombienne. Dans les accumulations d'atomes constituant des masses plus grandes, la tendance semble être que cette *pression* tend à s'appliquer en direction du centre de masse de ces masses, ce qui devient une évidence flagrante pour des masses comme celle de la Terre, par exemple, à la surface de laquelle tous les objets semblent *attirés* vers son centre de masse. Mais cette supposée *attraction*, ne peut être en fait que la *pression* appliquée par la somme totale des énergies individuelles de momentum de chaque particule chargée constituant chaque objet contre la surface de la Terre, car leur direction vectorielle d'application ne peut être orientée par structure que vers le centre de masse de la Terre ([10], Voir aussi le Chapitre 2) ([11], Voir aussi le Chapitre3).

En résumé, le *poids* d'un objet tel que mesuré à la surface de la Terre ne peut être qu'une mesure de cette *pression* exercée par la somme des énergies individuelles de momentum vectoriellement orientées vers son centre de masse, appartenant à l'ensemble des particules chargées qui constituent la masse mesurable de cet objet. Si cet objet est élevé au dessus du sol et est ensuite laissé libre de se mouvoir, la vitesse permise par cette somme d'énergie de momentum pourra de nouveau s'exprimer jusqu'à ce que son mouvement soit de nouveau bloqué lorsque l'objet rencontre de nouveau la surface de la Terre, auquel point elle exercera de nouveau une pression équivalente à la quantité d'énergie de momentum induite par l'interaction coulombienne à cette distance entre chaque particule chargée de cet objet et chaque particule chargée de la masse de la Terre ([43], [8] Chapitre 2).

Au niveau astronomique, les corps célestes du système solaire semblent captifs d'états de résonance stables d'action stationnaire à des distances moyennes du soleil semblables à celui que de Broglie présumait comme s'appliquant à l'électron dans l'atome d'hydrogène [58], soit un état de résonance axiale limité par des distances minimales et maximales stables très précises à partir de l'astre central, soit leur périhélie et leur aphélie. Ces deux distances limites combinées au rayon moyen de l'orbite elliptique de chaque corps céleste constituent trois repères stables permettant de définir clairement les volumes d'espace visités au fil du temps par chaque corps céleste autour de l'astre central.

Par contre, contrairement au cas de l'atome d'hydrogène, tel qu'analysé à la Référence ([10], Voir aussi le Chapitre 2), pour lequel l'intensité du niveau d'énergie de momentum induite dans l'électron à la distance moyenne du rayon de Bohr favorise nettement un mouvement d'oscillation axiale localisé à haute fréquence plutôt qu'un mouvement translationnel le long de l'orbite de repos théorique de Bohr, le niveau d'énergie adiabatique induit dans chaque particules chargées de la masse du corps céleste à la distance moyenne de l'orbite terrestre étant insuffisant pour générer une telle oscillation axiale à haute fréquence étant donné l'inertie de la masse macroscopique de laquelle chacune de ces particules chargée est captive, favorisant plutôt une stabilisation des corps célestes dans les états de mouvement orbitaux d'action stationnaire observés.

Le volume d'espace visité au fil du temps par chaque corps céleste autour d'un astre central peut évoluer en des formes passablement complexes pour des corps célestes qui ont des satellites, qui induisent des fréquences de battements qui modifient cycliquement les volumes autrement réguliers visités par les corps qui n'ont pas de satellite. En fait, tous les corps stabilisés dans de tels systèmes de résonance axiaux influencent mutuellement chacune de leurs trajectoires et la forme des volumes de résonance qu'ils visitent. C'est d'ailleurs ce type d'interaction, combiné au processus d'occultation de l'astre central lors du passage de ces corps entre cet astre en notre position dans l'espace qui a permis l'identification des nombreuses planètes orbitant des étoiles proches qui ont récemment été découvertes.

Une dynamique électromagnétique similaire définie par la mécanique quantique (MQ) est aussi applicable au niveau subatomique aux particules élémentaires constituant chaque atome dont toutes les masses macroscopiques sont faites, dont nos propres corps. Dans leur cas, cependant, en raison de l'intensité de l'énergie adiabatique induite dans chaque particule élémentaire chargée à des distances aussi courtes entre les particules par rapport à leur inertie, la stabilisation axiale à haute fréquence est nettement favorisée par rapport au mouvement orbital.

Une analyse initiée aux Références ([45], [8] Chapitre 16) et ([61], [8] Chapitre 15), et complétée à la Référence ([11], Voir aussi le Chapitre 3), de la séquence en ordre décroissant d'intensité des divers états d'équilibre électromagnétiques d'action stationnaire dans lesquels les particules élémentaires peuvent se stabiliser, démontre que tous les cas possibles d'application de force traditionnellement réparties entre 4 forces fondamentales: 1) *Interaction forte*, 2) *Interaction faible*, 3) *Force électromagnétique*, et finalement 4) *Force gravitationnelle*; ne peuvent être que quatre niveaux quantifiés d'intensité d'interaction coulombienne correspondant aux divers niveaux d'énergie de ces états d'équilibre d'action stationnaire.

Tout comme il a semblé raisonnable de conserver les termes "*up*" et "*down*" pour désigner les positons et électrons électromagnétiquement contraints à l'intérieur des structures nucléoniques afin de maintenir la cohérence avec l'ensemble de la littérature publiée précédemment, il semble également raisonnable pour la même raison de conserver le concept *d'attraction* facile à appréhender pour identifier les cas individuels d'interaction coulombienne entre deux particules chargées électriquement de signes opposés. Ainsi donc, pour faciliter l'établissement d'une image mentale des divers ordres de grandeur d'application de l'interaction électrostatique entre ces particules élémentaires, le terme "*attracteur*" a été défini à la Référence ([45], [8] Chapitre 16), concrétisant l'idée qu'un *attracteur-individuel-inverse-du-carré-de-la-distance* serait en action entre chaque paire de ces particules élémentaires dans l'univers. Pour raison de simplicité donc, toute occurrence du concept mentalement facile à visualiser d'une attraction électrostatique entre une paire de particules chargées de signes électriques opposés dans l'univers est nommée "*attracteur*" dans le **Tableau 1.2**.

Il devient maintenant possible de séparer le gradient d'interaction coulombienne en quatre plages d'intensités, dont les limites correspondent au diverses plages d'intensité de résonance d'action stationnaire qui peuvent être identifiées dans la nature (**Tableau 1.2**). Tel que mis en perspective à la Référence ([45], [8] Chapitre 16), le niveau le plus intense est déterminé par les états de résonance caractérisant les électrons et positons électromagnétiquement contraints en interaction formant la structure collisionable interne des nucléons, correspondant à la traditionnelle *interaction forte*. Le deuxième niveau s'applique aux états de stabilisation des nucléons à l'intérieur des noyaux d'atomes, correspondant à la traditionnelle *interaction faible*. Le troisième niveau s'applique aux états de résonance électroniques à l'intérieur des atomes et molécules, ainsi qu'entre les atomes et molécules en contact direct les uns avec les autres dans toute accumulation de matière, correspondant à la traditionnelle *force électromagnétique*. Et enfin, un quatrième et dernier niveau d'intensité s'applique à tout atome, molécule et masse plus grande dans un état de chute libre de moindre action, incluant ceux qui sont captifs dans des orbites d'action stationnaires au niveau astronomique, et correspond à la traditionnelle *force gravitationnelle*.

Tableau 1.2: Plages quantifiées d'interaction coulombienne (Voir Référence ([45], [8] Chapitre 16)).

Tableau des attracteurs électrostatiques		
Nom	**Portée**	**Force « traditionnelle » associée**
Attracteur primaire	Entre électrons et positons électromagnétiquement contraints à l'intérieur d'un proton ou d'un neutron	Forte
Attracteur secondaire	Entre électrons et positons électromagnétiquement contraints appartenant à différents protons et neutrons dans un noyau	Faible
Attracteur tertiaire	Entre chaque électron captif et chaque positon électromagnétiquement contraint d'un noyau et entre chaque électron et chaque positon électromagnétiquement contraint des noyaux des autres atomes de toute accumulation de matière	Électromagnétique
Attracteur emporaire local	Entre les demi-photons à l'intérieur d'un photon	Électromagnétique
Attracteur temporaire éloigné	Entre tout demi-photon et chacune des particules chargées hétérostatiques du reste de l'univers	Électromagnétique
Attracteur quaternaire	Entre chaque particule élémentaire chargée d'un atome et chaque particule hétérostatique en chute libre relative du reste de l'univers	Gravité

Ces divers niveaux d'intensité d'induction d'énergie porteuse adiabatique par interaction coulombienne, dont l'une des composantes majeures est l'incrément d'énergie électromagnétique transversal, correspondant à un incrément variable de masse adiabatique induite en permanence qu'elle procure pour chaque particule chargée qui existe, peut alors être associé directement aux 4 forces du Modèle Standard tel que mis en perspective à la Référence ([45], [8] Chapitre 16); soit quatre forces qui s'avèrent finalement être de simples représentations alternatives des divers niveaux d'intensité d'application d'une seule et unique *force*, soit l'interaction coulombienne sous-jacente d'induction adiabatique d'énergie, tel qu'analysé à la Référence ([11], Voir aussi le Chapitre 3).

1.27. *Expansion / compression des nucléons en fonction de l'intensité du gradient gravitationnel*

Le fait que le demi-quantum d'énergie adiabatique du momentum qui est induit de manière permanente par l'interaction coulombienne dans chaque électron soit orienté axialement vers le centre de chaque atome pris isolément, et que cette énergie ne peut s'exprimer que sous forme d'une pression orientée vers le centre de l'atome lorsqu'elle ne peut pas s'exprimer sous forme d'une vitesse, tel qu'analysé et décrit à la Référence ([10], Voir aussi le Chapitre 2), a aussi pour conséquence que lorsque des atomes s'accumulent pour former des masses plus grandes, la résultante vectorielle de l'ensemble des interaction entre les électrons et les noyaux accumulés à grande proximité tendra à orienter la direction d'application de ces demi-quanta de momentum vers le centre de telles masses, résultant en une addition des leurs pressions individuelles vers le centre de ces masses.

Lorsque ces accumulations d'atomes deviennent suffisantes pour former des masses macroscopiques, l'augmentation de pression qui en résulte par addition à mesure que la profondeur augmente dans ces corps ne peut que résulter en une contraction forcée des orbitales électroniques extérieures de leurs atomes vers chacun leur noyaux, tell que mis en perspective à la Référence ([45], [8] Chapitre 16) et analysé en profondeur à la Référence ([43], [8] Chapitre 2).

Il est bien vérifié que la chaleur augmente en fonction de la profondeur dans la masse de la Terre [62]. Or, Il est aussi très bien compris par ailleurs que la chaleur dans les masses macroscopiques n'est pas autre chose qu'une augmentation de l'énergie des électrons des atomes, une augmentation qui, lorsqu'elle excède certains niveaux spécifiques à chaque atomes force les électrons des couches extérieures des atomes impliqués à sauter vers une orbitale métastable plus éloignée du noyau de chaque atome. Ces niveaux étant extrêmement instables, ces électrons retournent presque instantanément vers leur orbitale stable d'action stationnaire en émettant alors un photon de Bremsstrahlung qui évacue l'énergie (c'est-à-dire la chaleur) accumulée sous forme d'un photon électromagnétique, dont la mécanique d'émission sera analysée à la prochaine section.

Dans le cas de l'augmentation de chaleur avec la profondeur dans une masse planétaire comme celle de la Terre, il est bien établit que cette augmentation est de nature adiabatique [62], et qu'elle ne peut que coïncider avec une augmentation adiabatique d'énergie par compression des orbitales électroniques des atomes vers leurs noyaux centraux, car c'est la plus grande proximité qui en résulte entre les électrons et les noyaux qui fait en sorte que l'interaction coulombienne induise cet excès d'énergie en fonction de l'inverse de la distance séparant les électrons des noyaux.

Cependant, étant donné que les atomes sont en contact direct dans ces masses et que cette pression est constante, cette énergie adiabatique en excès ne peut donc pas s'évacuer par émission de photons électromagnétiques et augmente simplement avec la profondeur à mesure que les électrons captifs des couches externes des atomes s'approchent de plus en plus des noyaux à mesure que la profondeur augmente dans la masse, jusqu'à atteindre la température estimée d'environ 5100 degrés Kelvin au centre de la Terre [62], tel qu'analysé à la Référence ([43], [8] Chapitre 2).

Au centre des masses proto-stellaires en formation, par exemple, suite à une accumulation suffisante d'hydrogène interstellaire, cette compression des orbitales électroniques fait en sorte que les électrons des atomes d'hydrogène atteignent finalement la distance au proton qui coïncide avec l'induction d'une énergie porteuse dans chaque électron atteignant le seuil critique de découplage de 1.022 MeV pour ceux qui sont au centre même de la masse proto-stellaire, point auquel le découplage en paires électron-positon est forcé par la proximité immédiate des charges résonant à haute fréquence du proton, entraînant la formation de neutrons avec émission d'énormes quantités d'énergie de Bremsstrahlung qui déclenchent et maintiennent ensuite la réaction en chaîne de fusion nucléaire dans les étoiles, tel qu'analysé à la Référence ([45], [8] Chapitre 16).

Un effet secondaire de la contraction des orbitales électroniques vers les noyaux au fil de l'augmentation de la profondeur dans les masses macroscopiques telles les masses planétaires, est que ces noyaux atomiques s'approchent les uns des autres de plus en plus, ce qui diminue les distances entre eux, intensifiant ainsi l'interaction coulombienne entre les noyaux atomiques.

Il en résulte une augmentation de la *traction* vers l'extérieur impliquant l'interaction coulombienne sur l'ensemble des charges de chaque nucléons des divers noyaux, qui force une augmentation des distances de *translation/résonance* de chaque triade par rapport à leur l'axe central X-x de *translation/résonance* de l'espace-X, diminuant la quantité d'énergie adiabatique induite dans leurs photons-porteurs, diminuant ainsi la masse effective de l'ensemble des nucléons à mesure que la profondeur augmente dans les masses macroscopiques, tel qu'analysé aux Références ([32], [8] Chapitre 14) ([45], [8] Chapitre 16).

Par contre, lorsque de petites masses sont éloignées de la surface de la Terre, l'effet contraire ne peut que se produire par structure, car l'énergie des photons-porteurs des électrons et positons électromagnétiquement contraints des noyaux des atomes constituant de telles petites masses ne peut qu'augmenter suite à l'augmentation des distances entre eux et l'ensemble des particules élémentaires chargées de la masse de la Terres, ce qui résulte en une contraction des distances internes de *translation/résonance* de chaque triade de telles petites masses par rapport à leur axe X-x de l'espace normal suite à l'affaiblissement de l'interaction coulombienne entre les charges de ces petites masses et celles de la Terre.

Cette contraction des orbitales nucléoniques à l'intérieur des nucléons des noyaux d'atomes constituant de telles petites masses s'éloignant de la Terre, ne peut que résulter en une contraction proportionnelle des couches électroniques de ces atomes, dont la conséquence mesurable est l'augmentation de l'énergie adiabatique induite à ces distances plus courtes entre les électrons captifs et les noyaux, et par conséquent, une augmentation de la fréquence électromagnétique des photons de Bremsstrahlung émis par les électrons momentanément excités jusqu'à une orbitale métastable plus éloignée du noyau, lorsqu'ils se désexcitent presque instantanément en retournant à leurs orbitales d'action stationnaire.

Ce ne peut d'ailleurs être que cette augmentation de masse des noyaux d'atomes avec l'augmentation d'altitude au dessus de la surface de la Terre qui explique réellement l'augmentation de la fréquence de photons de Bremsstrahlung utilisés dans une horloge atomique pendant l'expérience de Hefele et Keating [55] mentionnée précédemment, voulant qu'elle démontrait supposément une accélération du rythme de l'écoulement du *temps* avec l'altitude, alors considérée comme une *preuve* de la validité de la RR ([45], [8] Chapitre 16); conclusion tirée avant que soit mis en perspective la nature adiabatique de l'énergie du momentum et du champ magnétique transversal induite en permanence dans chaque particule élémentaire chargée.

En réalité, de telles horloges atomiques, dont la précision dépend de la fréquence de photons de Bremsstrahlung émis par des électrons en cours de désexcitation, demeurent précises dans la mesure où elles ne sont pas déplacées de l'endroit où elles ont été calibrées. Tout déplacement axial dans le gradient gravitationnel ou changement de son état de mouvement, tel une utilisation dans un satellite en orbite, par exemple, exige une recalibration qui tient compte de l'équilibre électromagnétique local.

Finalement, les *anomalies* systématiques observées à propos des trajectoires de toutes les sondes spatiales, particulièrement publicisées dans le cas des sondes Pioneer 10 et 11 et de leurs trajectoires d'échappement du système solaire, qui se comportent systématiquement dans l'espace profond comme si elles étaient légèrement plus massives que lorsque mesurées au sol avant leur lancement, trouvent aussi une explication logique suite au fait précédemment analysé que les masses au repos des nucléons et des masses macroscopiques ne peuvent que varier par structure en conséquence de tout déplacement axial dans le gradient gravitationnel.

Il ne fait donc aucun doute que les *anomalies* des trajectoires elliptiques d'Uranus, de Neptune et de Pluton, ainsi que des comètes Halley, Encke, Giacobini-Zinner, Borelli et autres, qui subissent des déviations systématiques d'origine inconnue tel que mentionné par R.W. Kühne [54], et en fait, l'ensemble des trajectoires elliptiques des planètes du système solaire, gagneraient à être reconsidérées en regard de cette variabilité de leurs masses au repos en fonction de leur oscillation axiale dans le gradient gravitationnel du soleil, et de la variation de leur champ magnétique transversal en fonction de leur vitesse variable sur leur trajectoires elliptiques.

1.28. *La mécanique d'émission de photons de Bremsstrahlung*

Maintenant que les principales conclusions tirées par le passé à partir des données expérimentales déjà accumulées à propos des particules élémentaires ont été remises en perspective à la lumière de l'interprétation initiale de Maxwell, de l'hypothèse de de Broglie et de la dérivation de Marmet dans le cadre plus étendu de la géométrie trispatiale, voyons maintenant la mécanique d'émission de photons de Bremsstrahlung que cette géométrie permet d'établir, soit une mécanique d'émission que de Broglie et Schrödinger cherchaient à établir déjà dans les années 1920, mais qui suscita peu d'intérêt dans la communauté de l'époque, dû à l'absence de piste potentielle de résolution à explorer à ce moment ([10], Voir aussi le Chapitre 2).

Pour ce faire, nous analyserons le cas spécifique d'un électron en cours de capture par un proton pour former un atome d'hydrogène, dont l'état d'équilibre final stable de moindre action, plus précisément descriptible comme étant un état d'action *stationnaire*, a été analysé à la Référence ([10], Voir aussi le Chapitre 2). Avant de passer à la description de la mécanique d'émission proprement dite, il y a lieu de mettre en perspective quelques valeurs numériques à propos de l'inertie des différentes quantités d'énergie impliquées.

Immédiatement avant sa capture et sa stabilisation à la distance moyenne de l'orbitale de repos par rapport au proton (a_o=5.291772083E-11 m), l'électron aura atteint la vitesse relativiste de 2187647.561 m/s, soutenue par la quantité précise d'énergie de momentum ΔK que son photon-porteur aura accumulée à cette distance en accélérant vers le proton ([43], [8] Chapitre 2):

$$E_K = \Delta K = m_o c^2 (\gamma - 1) = 2.179784832\text{E-}18 \text{ j} \qquad (1.49)$$

Cette vitesse génère *l'inertie vers l'avant* de la quantité d'énergie de momentum (13,6 eV) qui provoquera sa propre évacuation sous forme d'un photon électromagnétique de Bremsstrahlung lorsque le mouvement avant de l'électron sera brusquement stoppé net dans son mouvement, comme première étape de l'établissement de son état orbital stable d'action stationnaire. En plus de l'inertie vers l'avant procurée par cette énergie de momentum, l'inertie totale de l'électron incident impliquera également l'inertie vers l'avant de la quantité totale d'énergie constituant le demi-quantum transversal du photon-porteur ainsi que celle de sa masse au repos invariante ($E=m_o c^2$=8.18710414E-14 j), qui ne seront pas évacuées pendant le processus de stabilisation:

$$E_e = \Delta K + \Delta m_m c^2 + m_0 c^2 = 8.187540114\text{E} - 14 \text{ j} \qquad (1.50)$$

L'Équation (1.50) est en fait la nouvelle équation trispatiale d'énergie-momentum qui vient en remplacement de l'équation d'énergie-momentum (2.41) traditionnellement associée à la RR (Voir Section 3.5.1, ainsi que l'Annexe A). D'autre part, l'*inertie stationnaire* du proton vers lequel l'électron accélère dépend d'une quantité beaucoup plus importante d'énergie:

$$E_p = m_p c^2 = 1.503277307\text{E-}10 \text{ j} \qquad (1.51)$$

Le ratio bien connu des inerties des deux composantes en interaction sera alors bien sûr:

$$\frac{E_e}{E_p} = \frac{1}{1836.054891} \qquad (1.52)$$

On peut observer que l'inertie vers l'avant de l'électron incident est inférieure par 4 ordres de grandeur par rapport à l'inertie stationnaire du proton, dont les champs magnétiques sont la composante qui stoppera le mouvement de l'électron, en interagissant en contre-pression par rapport aux champs magnétiques de l'électron incident, en conséquence de l'alignement parallèle répulsif de spins magnétiques parallèles mutuels imposé par structure, tel que clairement mis en perspective à la Référence ([10], Voir aussi la Section 2.20).

Mais la disproportion factuelle entre l'inertie vers l'avant de l'énergie du momentum de l'électron et l'inertie stationnaire du proton est immensément plus grande.

$$\frac{E_K}{E_p} = \frac{1}{6896448149} \tag{1.53}$$

Ce ratio révèle que tandis que l'inertie vers avant de l'électron incident sera contrée par l'inertie stationnaire près de 2000 fois sa propre inertie, l'inertie vers l'avant de l'énergie du momentum de l'électron entrant ΔK, qui sera évacuée du système électron-proton pendant le processus d'arrêt, sera contrée par une inertie stationnaire près de 69 millions de fois sa propre inertie vers avant alors que l'électron arrive à une fraction importante de la vitesse de la lumière. Ce ratio met bien en perspective avec quelle instantanéité le mouvement vers l'avant de cette énergie de momentum vers le proton se trouvera contrée pendant le processus d'arrêt.

Cependant, contrairement à l'énergie du momentum d'un objet en mouvement frappant un mur à notre niveau macroscopique, par exemple, dont nous savons expérimentalement qu'elle sera communiquée au mur lorsque l'objet le frappera, nous savons aussi expérimentalement que l'énergie du momentum de l'électron incident ne sera pas communiquée au proton, mais sera éjectée du système électron-proton sous forme d'un photon électromagnétique détectable et mesurable d'énergie 2.179784832E-18 j, de longueur d'onde 9.113034513E-8 m et de fréquence 3.289710552E15 Hz, se déplaçant à la vitesse de la lumière.

La question de comprendre de quelle manière la séparation et l'éjection de ce photon de Bremsstrahlung se déroule mécaniquement est en suspens depuis que Louis de Broglie et Erwin Schrödinger ont commencé à étudier ce processus dans les années 1920 ([10], Voir aussi le Chapitre 2), mais n'était pas vraiment possible de le faire avant que la géométrie trispatiale maxwellienne plus étendue de l'espace décrite précédemment soit élaborée et présentée en 2000 lors de l'événement Congress-2000 [28].

Cette nouvelle géométrie spatiale permet maintenant de comprendre que bien que l'électron et son photon-porteur soient soudainement stoppés dans leur mouvement en direction du proton lors de leur brusque capture à distance moyenne de l'orbitale de repos dans l'atome d'hydrogène, le mouvement vers l'avant de l'énergie de son momentum ΔK, calculée avec l'Équation (1.49), n'est pas stoppé dans son mouvement vers l'avant *à l'intérieur* de la structure trispatiale interne du photon-porteur de l'électron (**Figures 1.3-a** et **1.3-b**), dont les trois espaces séparés de sa configuration trispatiale interne se comportent *comme des vases communicants* ([15], [8] Chapitre 6), soit une inertie vers l'avant de la totalité de l'énergie des photons électromagnétiques qui fut confirmée par la preuve photoélectrique de Einstein, soit en contexte $E=\Delta K+\Delta m_m c^2$.

La clé pour comprendre pourquoi le mouvement du demi-quantum d'énergie de momentum ΔK du photon-porteur de l'électron n'est pas stoppé à l'intérieur même du photon-porteur lorsque ce dernier est lui-même stoppé dans son mouvement vers l'avant concerne l'étape (c) de son cycle électromagnétique trispatial, tel que représenté par la **Figure 1.4**, qui est l'étape, pendant le cycle d'oscillation transversal du demi-quantum $\Delta m_m c^2$, pendant lequel toute son énergie transversale atteint son volume maximal dans l'espace-Z magnétostatique (**Figure 1.3**).

La manière dont l'énergie du momentum ΔK de l'électron capturé passe d'abord dans l'espace Z, lorsque sa propre inertie vers l'avant le force à traverser la zone de jonction centrale quasi-ponctuelle qui relie les trois espaces, par laquelle l'énergie de la particule transite librement dans son propre complexe trispatial; et est ensuite éjectée à rebours sous forme d'une impulsion magnétique pendant la phase électrique du cycle d'oscillation transversale du photon-porteur (**Figure 1.4-e**), lorsque les deux charges séparées se comportent dans l'espace-Y, pendant le processus d'arrêt de l'électron, comme une antenne dipôle de longueur fixe [63], peut être résumée par une séquence en quatre étapes illustrée par la **Figure 1.8**.

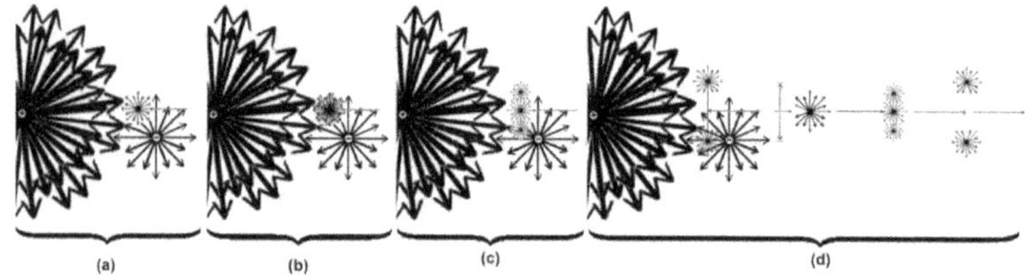

Figure 1.8: Représentation de la mécanique d'émission d'un photon de Bremsstrahlung.

La **Figure 1.8-a** représente l'électron accompagné de son photon-porteur atteignant intérieurement l'étape **1.4-c** (**Figure 1.4-c**) de son cycle d'oscillation transversale, alors que ses deux champs magnétiques entrent en collision avec le champ magnétique relativement énorme du proton, pendant qu'ils se repoussent mutuellement par alignement de spin magnétique parallèle, tel qu'analysé à la Référence ([10], Voir aussi le Chapitre 2).

La **Figure 1.8-b** représente la deuxième étape du processus d'éjection, et illustre la séquence d'arrêt réelle, car le complément complet de l'énergie de momentum ΔK=2.179784832E-18 J vient d'être forcé dans l'espace-Z par sa propre inertie vers l'avant, qui double momentanément la quantité d'énergie constituant le champ magnétique du photon-porteur incident, un doublement qui est représenté graphiquement par une densité visuelle accrue de la sphère magnétique du photon porteur:

$$2 \cdot \Delta \mathbf{B} = 2 \cdot \frac{\mu_0 \pi e c}{\alpha^3 \lambda^2} = 470103.4692 \text{T} \tag{1.54}$$

où λ=4.556335256E-8 m, qui est la longueur d'onde du photon-porteur de l'électron au tout début du processus d'arrêt provoqué par la répulsion magnétique entre son champ magnétique et celui du proton.

En l'occurrence, ce doublement momentané du champ magnétique du photon-porteur de l'électron au moment ou il commence à être capturé dans l'orbitale de repos de l'atome d'hydrogène devrait pouvoir être détecté sous forme d'un pic d'intensité magnétique enregistrable, coïncidant avec l'émission du photon de Bremsstrahlung, ce qui confirmerait directement la mécanique actuelle d'émission de photons.

Quelque chose d'autre a peut-être déjà attiré l'attention du lecteur dans la **Figure 1.8-b**. Bien que l'énergie du momentum résidant initialement dans l'espace-X, représentée par la flèche pointant vers la gauche menant à la sphère magnétique du photon-porteur dans la **Figure 1.8-a**, ait tout juste été mentionnée comme ayant été forcée de traverser jusque dans l'espace-Z par sa propre inertie vers l'avant pour s'ajouter à l'énergie magnétique déjà présente calculée avec l'Équation (1.54), une flèche identique est toujours présente à la **Figure 1.8-b**. Cela nécessite une explication supplémentaire, car il ne s'agit pas d'une erreur de représentation, car étant donné que l'électron et le proton sont chargés électriquement en opposition, l'interaction coulombienne ne permet pas par structure qu'aucune énergie de momentum ne soit induite dans le photon-porteur d'un électron à cette distance du proton, tel que mis en perspective à la Référence ([43], [8] Chapitre 2).

De plus, la Référence ([52], [8] Chapitre 10) met clairement en perspective qu'une distinction claire doit être faite entre un *mouvement de rotation ou de translation mécaniquement induit non compensé* et un *mouvement de rotation ou de translation induit électrostatiquement ou gravitationnellement compensé en permanence*. Un tel mouvement *non compensé* caractérise l'état d'un satellite lancé sur orbite inertielle métastable autour de la terre par exemple, ou tout objet mis artificiellement en rotation à notre niveau macroscopique au moyen d'une unique impulsion initiale. L'orbite d'un tel satellite finit toujours par se dégrader causant son écrasement, et la rotation d'un tel objet finit toujours par s'arrêter, contrairement à l'orbite *compensée en permanence* de la Terre par exemple, et sa rotation naturellement *compensée en permanence*. Compte tenu de la claire corrélation précédemment établie entre les mouvements de translation ou de rotation et les états de résonance d'action stationnaire, la capture et stabilisation d'un électron dans l'orbitale de résonance d'action stationnaire de l'atome d'hydrogène appartiennent de toute évidence à la catégorie *compensé en permanence*, tel que mis en perspective à la Référence ([43], [8] Chapitre 2).

Puisque la quantité d'énergie du momentum ΔK induite par l'interaction de Coulomb à cette distance précise du proton ne peut en aucun cas être différente de 13,6 eV, on peut conclure que lorsque la quantité initiale d'énergie du momentum ΔK est évacuée de l'espace-X vers l'espace-Z, une quantité de remplacement de 13.6 eV d'énergie cinétique de momentum ΔK doit être adiabatiquement induite de manière synchrone par l'interaction coulombienne permanente dans l'espace-X, une énergie dont la direction vectorielle d'application sera désormais exprimée sous forme d'une *pression stationnaire* exercée vers le proton, augmentant, pour ainsi dire, la contre-pression permanente établie entre les champs magnétiques alignés en spins magnétiques parallèle ([10], Voir aussi la Section 2.20). Cela signifie que momentanément, le photon-porteur impliquera temporairement 40,8 eV d'énergie incluant momentanément le champ magnétique à double intensité, jusqu'à ce que les 13,6 eV temporairement transférés dans l'espace-Z soient évacués sous forme d'un photon électromagnétique séparé de la manière suivante.

La **Figure 1.8-c** représente la mise en place de l'antenne dipôle métaphorique qui émettra l'énergie excédentaire de 13.6 eV sous forme d'un photon électromagnétique. Lorsque le champ magnétique du photon-porteur atteint son état de *présence* maximale dans l'espace-Z, comme le montre la **Figure 1.8-b**, le champ électrique dipolaire correspondant est tombé à zéro *présence* dans l'espace-Y du photon-porteur, ce qui correspond aux deux barres d'une antenne dipolaire de longueur fixe devenant neutres lorsqu'aucun courant alternatif n'est fourni à l'antenne [63].

Lorsque l'énergie magnétique représentée à la **Figure 1.8-c** commence naturellement à entrer dans l'espace-Y électrostatique du photon-porteur, elle s'accumule dans cet espace sous forme de deux charges opposées se déplaçant en directions opposées sur le plan Y-y/Y-z ([15], [8] Chapitre 6) ([34], [8] Chapitre 19), si bien que les deux charges opposées atteignent éventuellement leur valeur maximale autorisée pour l'énergie transversale du champ E, qui, à ce moment précis, ne peut dépasser la valeur moyenne maximale de 2.179784832E-18 J (13,6 eV) autorisée à cette distance entre le proton chargé positivement et l'électron chargé négativement, qui, combinée à la valeur égale de l'énergie du momentum autorisée nouvellement induite, *exercent une pression stationnaire* de la part de l'électron contre le champ magnétique du proton, et qui est adiabatiquement maintenue par l'interaction de Coulomb à cette distance moyenne.

C'est cette limite maximale d'énergie du champ E imposée par l'interaction coulombienne qui fait en sorte que la distance soudainement maximisée entre les deux charges dans l'espace-Y agit de la même manière que les deux tiges d'une antenne dipôle momentanément de longueur fixe, ce qui permet que l'énergie initialement forcée dans l'espace-Z en provenance de l'espace-X, commence à s'accumuler dans l'espace-Y en surchargeant le dipôle de longueur maintenant momentanément maximisée et fixe de l'espace-Y, ce qui entraîne l'émission par le dipôle de l'énergie excédentaire de 13.6 eV sous forme d'une impulsion magnétique dans l'espace-Z magnétostatique, de la même manière que des impulsions électromagnétiques sont émises par une antenne dipôle très normale à notre niveau macroscopique, tel que représenté par la **Figure 1.8-d**.

La question se pose ici de savoir pourquoi l'électron ne s'éloigne pas simplement du proton comme il est universellement connu qu'il le fait lorsque précisément cette quantité d'énergie ΔK=2.179784832E-18 J qu'il possède déjà lui est fournie par un photon électromagnétique incident, soit le cas qui sera analysé dans la prochaine et dernière Section de ce chapitre. La réponse est très simple dans le présent cas, et elle est fournie en prenant simplement conscience que toute la séquence pratiquement instantanée représentée par la **Figure 1.8** se produit alors que *l'inertie vers l'avant* de la quantité totale d'énergie constituant la masse au repos invariante de l'électron et son photon-porteur applique sa pression maximale contre le champ magnétique du proton, éliminant momentanément toute possibilité que l'électron soit éjecté à ce moment précis et éliminant aussi toute possibilité pour que la distance entre l'électron et le proton varie durant ce processus de freinage si bref.

Immédiatement après avoir été chassé jusque dans l'espace-Z par le dipôle électrique de l'espace-Y, la première chose qui arrivera à l'énergie expulsée sera le transfert de l'espace-Z vers l'espace-X de la moitié de son énergie à l'intérieur d'un nouvel ensemble trispatial de vases communicants, pour construire le demi-quantum d'énergie du momentum qui commencera alors à propulser le photon naissant à la vitesse de la lumière, dans la première étape du rétablissement de l'équilibre électromagnétique trispatial naturel. Une fois que les deux demi-quanta d'énergie auront atteint leurs niveaux d'énergie longitudinaux et transversaux égaux par défaut, tels que déterminés selon l'hypothèse de de Broglie et suite à la dérivation de Marmet, l'énergie de son champ magnétique transversal B commencera naturellement à osciller transversalement en passant dans l'espace-Y pour induire le champ E correspondant, initiant ainsi l'oscillation électromagnétique transversale stable du nouveau photon de Bremsstrahlung, se déplaçant maintenant librement à la vitesse de la lumière, tel que représenté avec **Figure 1.8-d** ([15], [8] Chapitre 6).

Notons ici que bien que le processus complet ait pris un temps considérable à décrire, la séquence réelle des étapes impliquées dans le freinage de l'électron jusqu'à l'arrêt complet momentané, lors de sa capture par un proton, doit être pratiquement instantanée, en raison de la vitesse de l'électron entrant, combinée avec le fait que la séquence entière doit définitivement être complétée pendant le demi-cycle fugace de l'oscillation électromagnétique transversale du photon-porteur débutant avec son alignement magnétique parallèle (**Figure 1.4-c**) par rapport à l'orientation du spin du champ magnétique du proton, et finissant avec la séparation maximale des charges du champ **E** (**Figure 1.4-e**) tel que représenté au début de la **Figure 1.8-d**; l'ensemble de la séquence se produisant, tel que mentionné précédemment, pendant que l'inertie de la quantité totale d'énergie constituant la masse au repos invariante de l'électron et la masse momentanément invariante de son photon-porteur applique une pression maximale contre le champ magnétique du proton ([10], Voir aussi la Section 2.20).

1.29. La mécanique d'absorption de photons électromagnétiques

Aussitôt après que le photon de Bremsstrahlung ait été émis, *l'inertie vers l'avant* de la masse/champs-électromagnétiques invariante de l'électron et du demi-quantum de masse/champs-électromagnétiques variable de son photon-porteur, due à leur vitesse d'arrivée, sera remplacée par leur *inertie stationnaire* par défaut, à laquelle s'ajoute la *pression vers l'avant adiabatiquement variable* fournie par l'énergie du demi-quantum de momentum ΔK nouvellement induit du photon-porteur, qui est orientée en permanence vers le proton, et qui interagissent conjointement en contre-pression par rapport à *l'inertie stationnaire*, mais néanmoins *oscillante*, de la masse/champs-électromagnétiques beaucoup plus grande du proton, laquelle interaction établit et maintient l'électron sur sa trajectoire de résonance axiale dans le volume d'espace d'action stationnaire décrit par l'équation de Schrödinger [18], tel que décrit à la Référence ([10], Voir aussi la Section 2.20).

Maintenant que seulement la *pression vers l'avant* permanente de l'énergie du momentum ΔK récemment adiabatiquement induite empêche l'électron de s'échapper, et que la *pression momentanée* qui fut initialement exercée vers le proton due à *l'inertie vers l'avant* des champs électromagnétiques de l'électron et de son photon-porteur, qui a initialement empêché l'énergie transversale du champ E du photon-porteur de l'électron de dépasser sa valeur initiale de 2.179784832E-18 j, et qui n'est plus en action, après avoir provoqué l'émission du photon de Bremsstrahlung, tel que décrit à la section précédente; toute énergie provenant de l'extérieur du système électron-proton peut maintenant être capturée par le dipôle électrique de l'espace-Y du photon-porteur, vraisemblablement agissant encore comme une antenne dipôle, mais dont la longueur peut maintenant varier, et sera distribuée en portions égales entre les deux demi-quanta du photon-porter, dans la mesure où le rayon de giration magnétique de l'électron dans l'atome d'hydrogène le permettra ([60], [8] Chapitre 8).

L'augmentation résultante du volume de résonance axiale que l'électron visitera en conséquence, amènera l'électron à sauter éventuellement jusqu'à une orbitale métastable autorisée plus éloignée du proton avant de retourner presque immédiatement vers l'orbitale de repos, émettant alors un photon de Bremsstrahlung qui évacuera l'énergie excessive correspondante, ou à s'échapper complètement du proton si l'énergie fournie venant de l'extérieur du système électron-proton atteint le niveau d'échappement de ΔK=2.179784832E-18 j, soit par accumulation progressive, soit par collision avec un photon incident d'énergie 2.179784832E-18 j.

Tous les cas possibles d'émission et d'absorption d'énergie doivent bien sûr être expliqués et documentés dans le contexte de la géométrie trispatiale, mais étant donné que le présent document ne vise qu'à mettre en perspective le contexte électromagnétique sous-jacent qui permet une description générale de la mécanique d'émission et d'absorption de photons électromagnétiques par les électrons dans la géométrie trispatiale, en complément de l'établissement de la mécanique de stabilisation de l'électron dans l'atome d'hydrogène précédemment établie à la Référence ([10], Voir aussi le Chapitre 2), leur élaboration dépasse le cadre de l'article reproduit dans ce chapitre.

Cette analyse met en lumière qu'il n'est pas plus difficile de concevoir que l'énergie électromagnétique puisse être constituée de photons localisés au niveau subatomique, que de concevoir que l'eau soit constituée de molécules localisées au niveau sous-microscopique, même si à notre niveau macroscopique nous traitons l'énergie électromagnétique comme s'il s'agissait d'impulsions ondulatoires continue et l'eau comme s'il s'agissait d'un fluide sans structure interne.

La principale conclusion de cet article est cependant que lorsque l'interprétation initiale de Maxwell est mise en corrélation avec l'hypothèse du photon à double particule de Broglie et la dérivation de Marmet, en contexte de la géométrie trispatiale, l'électromagnétisme peut être enfin complètement harmonisé avec la Mécanique Quantique, tel qu'analysée à la Référence ([10], Voir aussi le Chapitre 2); soit une harmonisation qui permet maintenant une première explication mécanique des processus d'émission et de d'absorption de photons électromagnétiques par les électrons, tel que décrit précédemment.

Il faut clairement mettre en perspective aussi que l'interprétation initiale de Maxwell est une conclusion solidement fondée sur l'étude et l'analyse de données expérimentales recueillies antérieurement au cours d'expériences facilement reproductibles réalisées par de nombreux expérimentalistes, ainsi que sur les conclusions et équations qu'ils ont tiré de ces données. Les équations électromagnétiques généralement nommées "*équations de Maxwell*" sont en réalité un ensemble d'équations dont Maxwell a établi la complémentarité, mais qui ont été développées principalement par Coulomb, Gauss, Ampère et Faraday (Voir Annexe B). Lorentz, Biot, Savart et quelques autres ont ensuite complété l'ensemble actuel des équations électromagnétiques mutuellement complémentaires par l'analyse directe d'autres données provenant d'autres expériences tout aussi faciles à reproduire.

Intrigué de ne pas trouver trace d'une expérience confirmant le comportement magnétique quasi-ponctuel de champs magnétiques sphériques dont les deux pôles coïncident géométriquement, ce qui est nécessairement la structure magnétique *de facto* des électrons, étant donné leur comportement quasi-ponctuel systématique lors de toutes les expériences de collision, cet auteur a conçu et réalisé en 1998 une expérience facilement reproductible avec des aimants magnétisés en conséquence, dont les données et l'analyse subséquente furent publiées en 2013, pour que ces données et l'analyse associées deviennent disponibles dans le milieu éducatif ([49], [8] Chapitre 9). Un an plus tard, S. Kotler et al. publièrent un article décrivant une expérience réalisée avec de véritables électrons qui confirme directement la prédiction de l'expérience de 1998 [64].

Par conséquent, la communauté éducative dispose maintenant d'un ensemble complet d'expériences de démonstration facilement reproductibles au cours de séances pratiques d'enseignement en laboratoire, allant de la première expérience électrique de Coulomb à l'expérience magnétique de 1998 pour aider à enseigner et confirmer chaque aspect du comportement de l'énergie électromagnétique.

2. Les états de résonance fondamentaux de l'atome d'hydrogène

2.1 Introduction

Dans les années 1920, l'observation par Louis de Broglie que la séquence de nombres entiers associée aux configurations d'interférence produites par les divers quanta d'énergie électromagnétique émis par l'atome d'hydrogène est identique à celles très bien connues des processus de résonance classiques, lui firent conclure que les électrons sont captifs d'états de résonance dans les atomes. Cela conduisit Schrödinger à proposer une fonction d'onde pour représenter ces états de résonance, qui n'ont toujours pas été réconciliés avec les propriétés électromagnétiques des électrons. Cet article est destiné à identifier et discuter les propriétés d'oscillation harmoniques électromagnétiques que les électrons doivent posséder en tant que résonateurs pour expliquer le volume de résonance décrit par la fonction d'onde, ainsi que les interactions électromagnétiques entre les particules élémentaires chargées constituant les structures atomiques qui pourraient expliquer la stabilité des orbitales électroniques et nucléoniques. Un bénéfice inattendu de la géométrie spatiale plus étendue requise pour établir ces propriétés et interactions est que la symétrie fondamentale requise est respectée par structure pour tous les aspects de la distribution de l'énergie à l'intérieur des quanta électromagnétiques.

Cet article n'a pas pour but de proposer une approche alternative à la mécanique quantique, mais plutôt une addition aux descriptions déjà établies des états de résonance orbitales de la fonction d'onde de Schrödinger, de la distribution statistique de Heisenberg et de l'intégrale de chemins de Feynman, impliquant une description claire des résonateurs électromagnétiques responsables de l'établissement des volumes de résonance associés, sensée jeter les bases pour l'établissement éventuel de fonctions d'onde plus élaborées qui tiendront complètement compte pour la première fois de la nature électromagnétique des résonateurs impliqués.

Les preuves mathématiques détaillées de l'entière conformité de cette approche avec l'électromagnétisme et avec chaque aspect de toutes les données expérimentales accumulées sont procurées dans une série d'articles publiés précédemment et qui sont donnés en référence lorsque requis. Cette nouvelle approche est en accord complet avec les méthodes de la QED et de la QFT et les complète en clarifiant la fonction de l'aspect magnétique de l'énergie dont sont constitués les particules électromagnétiques élémentaires et leur énergie porteuse, de manière à permettre une description de leur structure électromagnétique interne auto-entretenue localisable en permanence.

Le concept clé qui déclencha la présente recherche est un aspect de la fonction d'onde qui semble avoir échappé à l'attention générale presque aussitôt que la mécanique quantique (MQ) fut établie pour représenter l'état fondamental de l'atome d'hydrogène à partir de la corrélation établie entre la représentation statistique de Heisenberg et la fonction d'onde de Schrödinger. Il s'agit de la raison même pour laquelle Schrödinger eut l'idée d'utiliser la fonction d'onde pour décrire l'état fondamental stable déjà bien connu de l'électron dans l'atome d'hydrogène. Étrangement, il semble que l'article séminal qui est à l'origine de cette découverte majeure n'ait jamais été traduit en anglais pour être mis à la disposition de la communauté internationale [58].

Cet article, écrit par Louis de Broglie, associe les configurations d'interférence produites par les diverses fréquences d'énergie électromagnétique émises par les atomes d'hydrogène à de possibles états de résonance de l'électron dans ce qui était alors perçu comme les diverses orbites qu'il pouvait occuper dans l'atome d'hydrogène.

Voici la description que de Broglie en fit en 1923, qui conduisit à cette conclusion majeure:

> *"L'apparition, dans les lois du mouvement quantifié des électrons dans les atomes, de nombres entiers, me semblait indiquer l'existence pour ces mouvements d'interférences analogues à celles que l'on rencontre dans toutes les branches de la théorie des ondes et où interviennent tout naturellement des nombres entiers." ([4], p.461).*

Peu de temps après, il publia une note dans les *Comptes rendus de l'Académie des Sciences* dans laquelle il proposait une première interprétation préliminaire des conditions qui pourraient expliquer la stabilité de l'électron à l'intérieur des structures atomiques [58]:

La conclusion importante de cette note est la suivante:

> *"L'onde de fréquence v et de vitesse c/β doit être en résonance sur la longueur de la trajectoire. Ceci conduit à la condition:"*

$$\frac{m_o \beta^2 c^2}{\sqrt{1-\beta^2}} T_r = \text{nh} \qquad \text{n étant un nombre entier} \qquad (2.1)$$

qui constitue la condition de stabilité déterminée par Bohr et Sommerfeld pour une trajectoire parcourue à vélocité constante [58].

L'année suivante, de Broglie publia deux autres notes, dans l'une desquelles il mentionne que de son point de vue, la fameuse *loi des conditions de fréquences* de Bohr pouvait être interprétée comme impliquant une sorte de *battement*, c'est-à-dire, un état de résonance associant la fréquence de l'onde émise à l'état stationnaire initial de l'électron et à son état stationnaire final ([4], p. 462), [65] et [66]. Deux ans plus tard Schrödinger introduisit le concept de la fonction d'onde pour rendre compte de cette condition mesurable.

Le point de départ évident de son exploration était une formule d'oscillation harmonique simple à valeurs complexes évoluant ensuite en des formulations sphériques plus élaborées pour décrire l'état de l'orbitale fondamentale de l'atome d'hydrogène [18].

À la connaissance de cet auteur, aucune mention subséquente du fait que la fonction d'onde de Schrödinger est sensée décrire un état de résonance stable dans lequel l'électron localisé demeure captif ne peut être trouvée dans la littérature formelle historique, sauf dans un livre publié en 1953, auquel les découvreurs mêmes de la mécanique ondulatoire et de la mécanique quantique ont collaboré [4].

Bien plus, quoiqu'Einstein ait contribué le texte de l'introduction de cet ouvrage en allemand, et que Schrödinger ait contribué en anglais le chapitre qu'il a fourni, ces deux contributions ayant été traduites en français sur les pages qui font face, le reste de l'ouvrage fut publié en français seulement. Il semble aussi que cet ouvrage particulièrement important, auquel Einstein, Schrödinger, Pauli, Rosenfeld, Heisenberg, Yukawa, Davisson et de Broglie, pour ne nommer que les plus célèbres, et de nombreux autres, ont collaboré conjointement pour procurer une vue d'ensemble générale de l'état de la physique quantique en 1952, mettant en évidence la contribution de Louis de Broglie dans ce contexte historique, n'a apparemment jamais été traduit ni en anglais ni dans aucune autre langue pour être mis à la disposition de la communauté scientifique internationale.

Selon ce qui peut être appris de ce livre, peu après que la fonction d'onde fut introduite par Schrödinger, dont la validité fut confirmée en quelques années comme étant irréfutablement associée à des états de résonance, selon les configurations d'interférences générées pendant les expériences de Davisson et Germer, ainsi que de G.P. Thompson ([4], p.19), l'adoption par la majorité des chercheurs de la représentation statistique de Heisenberg, qui remplace le volume de densité isotrope d'énergie défini par la fonction d'onde de Schrödinger par une répartition de la densité de l'énergie de l'électron selon une distribution statistique reflétant une *probabilité d'amplitude* perçue comme étant plus précise que celle de la fonction d'onde initiale, accordant une plus grande densité de présence de l'énergie aux environs du rayon de Bohr par exemple, eut pour effet que l'idée que la fonction d'onde était sensée représenter initialement un état de résonance fut occultée et négligée pratiquement depuis son introduction.

L'interprétation probabiliste favorise aussi l'idée de sauts brusques d'un niveau d'énergie à l'autre, qui ne procure aucune explication mécanique à ces sauts, contrairement aux équations d'onde qui avaient le potentiel de permettre la description de tels changements comme étant des processus mécaniquement progressifs et mathématiquement descriptibles, tel que re-souligné par Schrödinger en 1953:

> *"To produce a coherent train of light waves of 100 cm length and more, as is observed in fine spectral lines, takes a time comparable with the average interval between transitions. The transition must be coupled with the production of the wave train... For the emitting system is busy all the time in producing the trains of light waves, it has no time left to tarry in the cherished "stationary states", except perhaps in the ground state."* ([4], p.18).

Traduction:

> *"Pour produire un train cohérent d'ondes lumineuses de 100 cm de long et davantage – comme on en observe dans les fines raies spectrales – il faut un temps comparable à l'intervalle moyen entre les transitions. La transition doit être couplée avec la production du train d'ondes... Le système émetteur est en effet occupé tout le temps à produire les trains d'ondes lumineuses, il ne lui reste plus de temps pour s'attarder aux chers "états stationnaires", excepté peut-être l'état fondamental."*

Même Einstein, qui, comme de Broglie et Schrödinger, était convaincu que l'électron demeure localisé en permanence lorsqu'il est en mouvement et suit toujours une trajectoire précise, n'était pas convaincu par la découverte de de Broglie de cette relation entre les états quantiques discrets et les états de résonance, présumément parce qu'il n'associait pas le concept de *masse* à l'électromagnétisme de la même manière que de Broglie et Schrödinger.

Voici le commentaire d'Einstein à ce sujet au début du texte d'introduction de de livre:

"Ich will dem zusammen mit Frau B. Kaufman verfassten Beitrag zu diesem Bande einige Worte vorausschicken in der einzigen Sprache, in der ich mich mit einige Leichtigkeit ausdrücken kann. Es sind Worte der Entschuldigung. Sie sollen zeigen, warum ich, trotzdem ich De Broglie visionäre Entdeckung des inneren Zusammenhanges zwischen diskreten Quantenzuständen und Resonanzzuständen in relativ jungen Jahren bewundernd miterlebt habe, doch unablässig nach einem Wege gesucht habe, das Quantenrätsel auf anderem Wege zu lösen oder doch wenigstens eine Lösung vorbereiten zu helfen." ([4], p.4).

Translation:

"Je veux précéder la contribution rédigée pour ce livre en collaboration avec Mme B. Kaufman de quelques mots dans la seule langue où je puis m'exprimer avec un peu d'aisance. Ce sont des paroles d'excuse. Elles doivent montrer pourquoi – bien que j'aie assisté avec admiration, en des années de relative jeunesse, à la découverte géniale par Louis de Broglie d'un lien intime entre les états quantiques discrets et les états de résonance – j'ai pourtant sans cesse cherché un moyen de résoudre l'énigme des quanta d'une autre manière, ou du moins d'aider à en préparer la solution."

Il s'avère que Schrödinger et de Broglie étaient initialement en processus d'analyse de ces états de résonance observés, en vue d'établir une explication mécanique progressive des transitions entre les états stationnaires, qui expliquerait comment sont générés les photons de Bremsstrahlung qui sont la cause des fines raies spectrales détectées en relation avec ces transitions (Voir Section 1.28), mais que la popularité immédiate de la méthode statistique de Heisenberg dans la communauté fit en sorte que toutes les recherches dans cette direction furent négligées dès le départ.

Schrödinger exprima d'ailleurs clairement sa frustration en regard de cet état de négligence de la recherche dans cette direction dans le chapitre qu'il contribua:

"For it must have given to de Broglie the same shock and disappointment as it gave to me, when we learnt that a sort of transcendental, almost psychical interpretation of the wave phenomenon had been put forward, which was very soon hailed by the majority of leading theorists as the only one reconcilable with experiment, and which has now become the orthodox creed, accepted by almost everybody, with a few notable exceptions." ([4], p. 16).

Traduction:

> *"Car il a dû donner à Louis de Broglie le même choc et la même déception qui me furent donnés, lorsque nous apprîmes qu'une sorte d'interprétation transcendantale, presque psychique, du phénomène ondulatoire avait été mise en avant, qui fut très vite saluée par la majorité des maîtres théoriciens comme la seule conforme à l'expérience et qui est devenue désormais le dogme orthodoxe, accepté par presque tous, à quelques exceptions notoires près."*

Schrödinger et de Broglie étaient de toute évidence convaincus que la fréquence d'un quantum émis ne pouvait être produit que par un processus progressif mécaniquement dépendant des caractéristiques de résonance des états stationnaires initiaux des électrons, et que son émission détermine mécaniquement d'une manière clairement descriptible les caractéristiques altérées de résonance des états stationnaires finaux, et que la résolution de ce problème serait utile non seulement en spectroscopie, mais aussi en chimie. Voir les Sections 1.28 et 1.29 pour une possible mécanique d'émission et absorption des photons électromagnétiques selon la perspective trispatiale.

Il semble bien que la frustration de Schrödinger était très justifiée, considérant qu'il fallut 55 ans après qu'il eu si ouvertement manifesté sa protestation dans cet ouvrage, ainsi que dans un article intitulé *"Are there quantum jumps"* publié la même année dans le *"British Journal for the Philosophy of Science"* [67], soit 80 ans après qu'il eut introduit la fonction d'onde, pour que les premiers signes d'un renouveau d'intérêt pour les états de résonance en relation avec la fonction d'onde se manifeste de nouveau dans la communauté. Cette analyse récente peut être trouvée dans un article de V.A. Golovko [68] publié en 2008.

La conséquence de l'adoption par la majorité des théoriciens de la méthode statistique comme représentant la réalité fondamentale conduisit ensuite à l'établissement de la théorie quantique des champs – mieux connue par son sigle anglais QFT – fondée sur un concept axiomatique fondamental de fluctuations quantiques spontanées d'énergie de part et d'autre d'un point d'énergie zéro qui existerait partout dans l'espace, et qui établirait des photons virtuels (bosons) comme étant les *particules messagères* (*"force carriers"* en anglais) qui expliqueraient les niveaux d'énergie et le mouvement des particules élémentaires électromagnétiques réelles dans l'espace. Voir Sections 3.1, 3.11 et 3.27.

Ces hypothétiques fluctuations stochastiques spontanées d'un champ quantique sous-jacent sont aussi comprises comme étant la cause d'un mouvement transversal local apparemment erratique observé dans certaines circonstances dans le comportement des électrons en mouvement que Schrödinger nomma "*zitterbewegung*" ("*mouvement de tremblement*"), et que nous analyserons plus loin [69]. Voir Section 2.18

Il est très évident que la QFT est correctement fondée sur les équations de la théorie électromagnétique ondulatoire de Maxwell, mais elle occulte cependant le fait qu'en électromagnétisme, un électron, par exemple, qui est électriquement chargé, peut être contraint à se déplacer en ligne droite lorsqu'immergé dans des champs ambiants continus E et B de densités égales; que si ces intensités sont simultanément changées graduellement, même si cette variation est infinitésimalement progressive, sa vitesse variera tout aussi graduellement, et que si leur densités relatives sont amenées à graduellement différer entre elles, cela forcera l'électron à incurver tout aussi graduellement sa trajectoire, soit des processus dont tous les aspects sont calculables et contrôlables avec l'équation de Lorentz ($F = q(E + v \times B)$) (Voir Section B.3).

Ce comportement des électrons valide ainsi entièrement la possibilité que si le concept de bosons virtuels considérés comme les *particules messagères* de la QFT était remplacé par l'interaction de Coulomb infinitésimalement progressive découlant de la première équation de Maxwell, soit l'équation de Gauss pour le champ électrique, cela ouvrirait la porte à la possibilité que les photons électromagnétiques de bremsstrahlung s'échappant des atomes pourraient être définis comme auto-entretenant leur propre mouvement de manière localisée sans aucun besoin d'un éther sous-jacent, par l'interaction mutuelle de leurs champs E et B interne s'induisant mutuellement en conformité avec l'hypothèse fondamentale de Maxwell, et ils pourraient alors être définis comme s'autoguidant en ligne droite à partir des densités égales par défaut de leur propres champs E et B internes ([15], [8] Chapitre 6).

2.2. Les champs E et B de l'électron en mouvement

Il peut aussi être observé que les états de résonance de l'électron ne sont pas les seuls aspects de ces derniers qui semblent ne pas avoir fait l'objet de beaucoup de recherche au cours du siècle passé.

En dépit des faits connus que l'électron possède un charge électrique, qu'il peut être guidé par des champs électrique E et magnétique B ambiants variant progressivement et que l'aspect *ondulatoire* de sa nature *onde-particule* confirment qu'il est une particule électromagnétique, il semble que les champs E

et B intrinsèques de l'électron lui-même, soit les champs E et B qui doivent être associés à sa charge proprement dite et sa masse, n'ont pas encore été étudiés dans la communauté.

En fait, les seules relations entre l'électron et les champs E et B qui semblent pouvoir être trouvées dans la littérature du dernier siècle concernent spécifiquement le mouvement des électrons dans des champs électriques ou magnétiques ambiants, sans aucune mention d'une interaction quelconque entre ces champs extérieurs et ceux qui doivent par structure être associés à la charge électrique et la masse au repos de l'électron.

La première percée dans cette direction est relativement récente. En 2003, Paul Marmet réussit à associer directement la croissance du champ magnétique d'un électron en cours d'accélération à son accroissement de masse relativiste en quantifiant la charge de l'électron dans l'équation de Biot-Savart [29].

Après qu'il eut établi la charge de l'électron comme demeurant invariante à sa valeur unitaire (1.602176462E-19 C) dans l'équation de Biot-Savart, son équation 17 nous procure maintenant une équation électromagnétique qui permet de calculer directement *l'incrément de masse correspondant à l'augmentation du champ magnétique* de l'électron en cours d'accélération:

$$\Delta m_m = \frac{\mu_0 \left(e^-\right)^2}{8\pi r_e} \frac{v^2}{c^2} \tag{2.2}$$

Cette équation associe donc directement le concept de *masse classique* à l'énergie électromagnétique réelle qui doit être associée par définition à cet incrément du *champ magnétique* de l'électron en mouvement, ce qui implique par similarité que le champ magnétique intrinsèque de l'électron doit aussi être associée à l'énergie électromagnétique réelle constituant sa masse invariante au repos, comme nous le verrons sous peu.

Il observa aussi que puisque la variation de la masse inertielle de l'électron en mouvement est donnée par

$$m = \gamma m_e \tag{2.3}$$

et que le facteur γ de Lorentz peut être extensionné sous forme de la série suivante:

$$\gamma = 1 + \left\{ \frac{1v^2}{2c^2} + \frac{3v^4}{8c^4} + \frac{5v^6}{16c^6} + \frac{35v^8}{128c^8} + \cdots \right\} \tag{2.4}$$

et que le terme $(v/c)^4$ ainsi que les autres termes d'ordre plus élevé sont négligeables par rapport au terme $(v/c)^2$ et peuvent donc êtres ignorés pour les vitesses relativistes faibles, cela permet d'établir l'équation suivante à partir de l'Équation (2.4):

$$\gamma\text{-}1 = \frac{1}{2}\frac{v^2}{c^2} \tag{2.5}$$

Étant donné que l'énergie cinétique associée au momentum d'un électron en mouvement est obtenue de l'équation suivante, qui utilise le terme de droite de l'Équation (2.5):

$$\Delta K \; = \; m_0 c^2 \left(\gamma - 1\right) \tag{2.6}$$

nous pouvons similairement calculer son incrément de masse relativiste en combinant l'Équation (2.3) et l'Équation (2.5):

$$\Delta m = m\text{-}m_e = m_e\left(\gamma - 1\right) = \frac{m_e}{2}\frac{v^2}{c^2} \tag{2.7}$$

En comparant maintenant l'Équation (2.7) avec l'Équation (2.4), nous observons que nous avons maintenant à disposition deux équations différentes pour représenter le même incrément de masse de l'électron en mouvement, soit l'Équation (2.2) qui donne cet incrément sous forme de la masse de l'incrément du champ magnétique de l'électron, alors que l'Équation (2.7) donne ce même incrément sous forme d'un incrément de *masse classique*. Nous pouvons donc poser les Équations (2.2) et (2.7) comme étant équivalentes de la manière suivante:

$$\Delta m_m = \Delta m = \frac{\mu_0\left(e^-\right)^2}{8\pi\, r_e}\frac{v^2}{c^2} = \frac{m_e}{2}\frac{v^2}{c^2} \tag{2.8}$$

et finalement, lorsque la vélocité devient infinitésimale, les deux ratios de vélocités peuvent être ignorés pour finalement révéler le fait surprenant que la masse de l'énergie magnétique de l'électron constitue exactement la moitié de sa masse au repos invariante, ce qui est la conclusion cruciale tirée par Marmet:

$$m_m = \frac{\mu_0\, e^2}{8\pi\, r_e} = \frac{m_e}{2} \tag{2.9}$$

2.3. L'énergie porteuse de l'électron

Considérons pour un moment la signification de Δm_m de l'Équation (2.2) et de ΔK de l'Équation (2.6). Pour bien comprendre ce qui est impliqué, utilisons le cas très familier de l'électron en mouvement à vitesse relativiste de 2187647.561

m/s sur l'orbite classique théorique de Bohr. En utilisant cette vélocité pour résoudre l'Équation (2.2), nous obtenons l'incrément de masse suivant:

$$\Delta m_m = \frac{\mu_0 (e^-)^2}{8\pi r_e} \frac{v^2}{c^2} = 2.4253377\text{5E}-35\text{kg} \tag{2.10}$$

Qui est l'incrément de masse magnétique qui doit être ajouté à la masse au repos de l'électron pour obtenir la masse effective totale de l'électron que les expérimentalistes doivent gérer lorsqu'ils interagissent transversalement avec des électrons se déplaçant librement à cette vitesse relativiste de 2187647.561 m/s.

Multipliant maintenant cette valeur par c^2, nous obtenons l'énergie en joules constituant cette quantité de masse (2.179784832E-18 j), et divisant de nouveau cette valeur en joules par la charge unitaire de l'électron (1.62176462E-19 C), nous obtenons sa conversion en électronvolts (13.6 eV).

Calculons maintenant l'énergie cinétique associée au momentum de l'électron pour cette même vélocité de l'électron avec l'Équation (2.6):

$$\Delta K = m_0 c^2 (\gamma - 1) = 2.17978483\ 2\text{E}\text{-}18\ \text{j} \tag{2.11}$$

Si nous divisons cette valeur par la charge unitaire de l'électron, nous obtenons de nouveau une valeur en electronvolts égale à 13.6 eV.

Nous observons ainsi que les deux termes ΔK et Δm_m se résolvent à la même quantité d'énergie de 13.6 eV pour cette vélocité, que nous pourrions être fortement tentés de considérer comme représentant le même quantum d'énergie calculé de deux manières différentes.

Mais il peut difficilement être contesté que d'une part, Δm_m mesure l'énergie contenue dans un incrément de masse correspondant à une augmentation du champ magnétique global de l'électron, et que d'autre part, ΔK mesure l'énergie cinétique bien connue qui propulse la masse effective de l'électron à la vitesse correspondante, masse effective qui inclue par structure la quantité Δm_m calculée avec l'Équation (2.2), en plus d'inclure la masse au repos invariante de l'électron.

Par conséquent, la seule conclusion qui s'impose est que ces deux occurrences de 13.6 eV sont différentes et sont induites simultanément dans l'électron à cette vélocité, et sont par conséquent en réalité deux *demi-quanta* d'énergie dont la somme constitue un seul quantum *d'énergie porteuse* de l'électron, qui existe séparément du quantum d'énergie constituant la mass au repos invariante de l'électron, et dont l'un se convertit en un incrément de masse magnétique, pendant que l'autre demeure vectoriellement unidirectionnel, propulsant *la masse effective totale* de l'électron à la vélocité correspondante.

Tous les calculs avec les Équations (2.2) et (2.6) pour toute vélocité révèlent que ce partage égal entre une quantité se convertissant en un incrément de masse du champ magnétique et une quantité d'énergie cinétique translationnelle associée au momentum est maintenue pour la gamme entière de toutes les vitesses relativistes possibles.

Fait intéressant, la quantité totale de 27.2 eV qui résulte de l'addition de l'énergie constituant l'incrément de masse magnétique obtenu de l'Équation (2.2) et de l'énergie du momentum obtenue de l'Équation (2.6) est exactement égale à la quantité unique d'énergie qui peut être calculée avec l'équation de Coulomb, en fonction de la distance axiale moyenne séparant l'orbitale fondamentale de l'électron et le proton dans l'atome d'hydrogène, énergie correspondant à la vitesse de référence relativiste 2187647.651 m/s.

$$E = \int_{a_0}^{\infty} \frac{1}{4\pi\varepsilon_o} \frac{e^2}{a_0{}^2} \cdot da_0 = 0 - \frac{1}{4\pi\varepsilon_o} \frac{e^2}{a_0} = -4.359743805\,E\text{-}18\,J \qquad (2.12)$$

Divisant cette quantité d'énergie par la charge unitaire de l'électron (1.602176462E-19 C), nous obtenons effectivement en électronvolts la quantité exacte d'énergie obtenue par l'addition des quantités d'énergie obtenues des Équations (2.2) et (2.6), soit 27.2 eV, ce qui confirme la validité de l'Équation (2.2) nouvellement dérivée par Marmet, en plus de confirmer le fait que cette quantité totale d'énergie induite par la force de Coulomb pour toute vitesse relativiste d'une particule chargée peut être entièrement obtenue d'une équation issue de l'électromagnétisme, soit l'Équation (2.12) de Coulomb, ce qui permet maintenant de réunir ΔK et Δm_m obtenus des Équations (2.2) et (2.11) comme faisant partie d'un quantum unique d'énergie maintenant directement associé à l'électromagnétisme puisqu'ils sont simultanément induits par la force de Coulomb. Par exemple, l'énergie porteuse de l'électron à la distance a_o=5.291772083E-11 m du proton peut être formulée comme suit:

$$\text{Énergie porteuse d'une particule chargée} = \Delta K + \Delta m_m c^2 = 4.359743805E-18j \qquad (2.13)$$

2.4. *Le problème de l'énergie du momentum considérée conservative*

Un examen de l'Équation (2.13) révèle maintenant une déconnexion majeure entre le concept du *momentum* de la mécanique classique/relativiste traditionnelle, qui ne peut être associé qu'à la moitié ΔK de l'énergie induite adiabatiquement par la force de Coulomb, et qui est sensée, selon la perspective traditionnelle, se réduire à zéro lorsqu'un corps n'est pas en mouvement, même si elle demeure adiabatiquement induite, selon la perspective électromagnétique, lorsque l'électron est captif dans l'orbitale fondamentale de l'atome d'hydrogène, dans laquelle il est maintenant bien compris qu'il ne se déplace pas sur l'orbite théorique de Bohr, tel que clairement mis en perspective dans la Référence ([43], [8] Chapitre 2).

Bien plus! Il n'existe aucune trace en mécanique classique/relativiste traditionnelle, ni en mécanique quantique traditionnelle, de la deuxième composante de l'Équation (2.13), soit $\Delta m_m c^2$, qui est induite adiabatiquement par la force de Coulomb simultanément avec la composante ΔK.

En mécanique classique/relativiste, le momentum est de toute évidence considéré comme étant le principe le plus fondamental, concept qui fut transposé en physique quantique traditionnelle sous forme du Hamiltonien et du Lagrangien. Mais en électromagnétisme, l'énergie qui soutient le momentum est encore plus fondamentale que le momentum, étant donné qu'elle demeure adiabatiquement présente par définition même si ce momentum est inhibé, c'est-à-dire, même si une particule chargée électriquement, telle l'électron, est stoppé dans son mouvement lorsque capturé en état d'équilibre électromagnétique axial dans l'une des orbitales de moindre action dans un atome ([43], [8] Chapitre 2).

Cette déconnexion fondamentale entre l'électromagnétisme d'une part, et la mécanique classique/relativiste traditionnelle et la mécanique quantique traditionnelle d'autre part, est d'autant plus difficile à conceptuellement surmonter que la valeur de ΔK telle que calculée avec l'Équation (2.11) dépend uniquement du paramètre *vélocité*, ce qui signifie que si cette vélocité se réduit à zéro, alors aucun momentum, donc aucune énergie cinétique de mouvement n'est sensée conceptuellement exister selon les perspectives non-électromagnétiques traditionnelles, ce qui est en contradiction flagrante avec le fait que selon l'Équation (2.13) issue de l'électromagnétique, cette énergie est induite adiabatiquement uniquement en fonction de la distance axiale séparant les particules chargées électriquement par la force de Coulomb, qui interdit par nature même que tout autre niveau d'énergie puisse être induit à cette distance entre deux charges, ce qui signifie qu'elle ne peut que demeurer induite même si la vélocité de la particule est inhibée, tel que démontré à la Référence ([43], [8] Chapitre 2). Voir Section 3.23.

Même selon la perspective de la mécanique quantique, la fonction d'onde rend compte de la présence physique complète de cette énergie de 13.6 eV de momentum ΔK via le Hamiltonien, même s'il est expérimentalement établi que l'électron est incapable de progresser vers le noyau à quelque vélocité que ce soit en dépit de l'impossibilité par structure que cette énergie de momentum soit orientée vectoriellement autrement qu'en direction du proton.

Cette observation met donc en lumière la possibilité que l'énergie cinétique associée au momentum puisse exister en tant que *substance matérielle*, peu importe que sa vélocité translationnelle soit exprimée ou non, tel qu'analysé en détail aux Références ([15], [8] Chapitre 6) ([43], [8] Chapitre 2) ([36], Voir aussi la Section 3.17), et est cœur d'un nouveau paradigme qui permet maintenant d'expliquer mécaniquement toute une série de processus électromagnétiques qui ne trouvent aucune explication à partir des principes conservatifs traditionnels ([36], Voir aussi le Chapitre 3) ([34], [8] Chapitre 19).

Ayant maintenant établi cette relation, l'analyse qui suit sera conduite strictement à partir du point de vue de électromagnétisme.

2.5. *Séparation de l'énergie de l'incrément de champ magnétique variable et de celle du champ magnétique invariant de la masse au repos de l'électron*

Cette nouvelle perspective permet maintenant de clairement séparer l'énergie porteuse de l'électron de celle de sa masse au repos et de calculer séparément leurs fréquences et longueurs d'onde au moyen des équations standards $E=h\nu$ et $c=\lambda\nu$. Nous obtenons ainsi les fréquences et longueurs d'ondes électromagnétiques suivantes pour l'énergie porteuse de référence de 4.359743805E-18 joules de l'électron pour l'orbite théorique de Bohr, qui correspond dans les faits à l'énergie porteuse moyenne de l'orbitale de repos de l'électron dans l'atome d'hydrogène:

$$\nu = \frac{E}{h} = 6.57968390\ 9E15\,\text{Hz} \qquad \lambda = \frac{c}{\nu} = 4.556335261E-08\,\text{m} \qquad (2.14)$$

Similairement, nous obtenons la fréquence et la longueur d'onde électromagnétique de l'énergie de $E=m_oc^2=$ 8.18710414E-14 joules constituant la masse au repos invariante de l'électron, laquelle longueur d'onde est aussi connue sous le nom de longueur d'onde de Compton de l'électron:

$$\nu = \frac{E}{h} = 1.23558997\ 6E20\,\text{Hz} \qquad \lambda_c = \frac{c}{\nu} = 2.426310215\,E-12\,\text{m} \qquad (2.15)$$

Nous observons donc dors et déjà que l'énergie associée à l'électron en mouvement implique la présence non pas d'une seule oscillation électromagnétique harmonique, comme la fonction d'onde de Schrödinger semble actuellement le présumer, mais de deux oscillations harmoniques distinctes, dont les interactions de résonance n'ont pas encore été clairement définies.

Ces valeurs seront très utiles plus loin lorsque le phénomène de zitterbewegung de l'électron en mouvement sera analysé à la Section 2.18, ainsi qu'à la Section 2.20, pour le battement de résonance complexe impliquant l'interaction de ces deux oscillations harmoniques en plus de celles des composants électromagnétiques élémentaires du proton lorsqu'il est captif dans l'orbitale de repos de l'atome d'hydrogène.

Remarquons en passant que quoique le concept de *longueur d'onde* soit quelquefois présumé représenter une *longueur* physique qui doit être associée aux photons localisés ou même à l'onde continue hypothétique de la théorie de Maxwell, une telle longueur d'onde ne peut être en réalité qu'une *distance* physique que le demi-quantum d'énergie électromagnétique oscillant transversalement d'un tel photon ou onde électromagnétique théorique doit parcourir dans l'espace pour que l'un des cycles d'induction mutuelle de leurs aspects électrique et magnétique transversaux soit complété à sa fréquence de référence.

Parlant du concept de l'onde électromagnétique continue de Maxwell, les expériences de Huygens, Fresnel et Young qui démontrent que lorsqu'un front d'onde électromagnétique macroscopique rencontre une surface dans laquelle une petite ouverture est pratiquée, aussi petite soit-elle de notre point de vue macroscopique, cette petite ouverture donne lieu à l'établissement d'une onde électromagnétique secondaire sphérique, qui est souvent considérée comme étant *la preuve* de l'existence physique des ondes électromagnétiques continues telles que Maxwell les concevait.

Il est habituel dans la communauté de penser à un *front d'onde électromagnétique*, mais en réalité, il existe un flux ininterrompu d'énergie électromagnétique partout dans l'espace, qu'il soit considéré comme étant un phénomène ondulatoire continu ou comme étant constitué d'une foule d'innombrables photons électromagnétiques séparés au comportement ponctuel qui sont constamment émis individuellement par désexcitations d'électrons dans les atomes, après que ces électrons aient été excités jusqu'à s'évader des atomes ou être simplement repoussés jusqu'à une orbitale métastable plus loin du noyau.

En réalité, ce comportement de l'énergie électromagnétique tel que mesurable à notre niveau macroscopique ne démontrent aucune déconnexion avec l'idée que ce front d'onde électromagnétique macroscopique pourrait être constitué en réalité d'innombrables photons électromagnétiques au comportement ponctuel qui interagiraient, en passant dans ces petites ouvertures, avec les innombrables autres particules électromagnétiques élémentaires au comportement ponctuel captives dans divers états d'équilibre de moindre action dans les atomes constituant les parois de ces ouvertures macroscopiques, et dont les trajectoires seraient par conséquent incurvées de manière à produire ce qui nous semble être, de notre perspective macroscopique, des *ondes secondaires sphériques* observées à leur sortie de l'ouverture.

Il n'existe absolument aucune raison logique non plus d'exclure la possibilité que les photons individuels émis par des électrons se désexcitant dans des atomes partout dans l'univers puissent continuer de se comporter de manière ponctuelle après leur émission jusqu'à ce qu'ils soient subséquemment absorbés par d'autres particules chargées, ré-initiant ainsi le processus d'émission, après que leurs trajectoires aient pu être déviées de nombreuses fois, perdant à chaque fois un peu d'énergie sous forme de travail en accord avec le 2ème Principe de la thermodynamique avec chaque changement de direction qui en résulte, avant d'être absorbés par d'autre particules chargées à des endroits différents, tel qu'analysé à la Référence ([15], [8] Chapitre 6).

Qu'il soit conclu que l'énergie électromagnétique existe réellement sous forme d'un phénomène ondulatoire continue tel que perçu de notre niveau macroscopique ou sous forme de photons localisés existant au niveau sous-microscopique tient en fait à ce qu'une personne aura étudié à propos de l'énergie électromagnétique. Les deux écoles de pensée ont toujours eu de très respectables adeptes. Le fait est que même si traiter l'énergie électromagnétique comme étant des quanta localisés est conforme aux résultats des expériences effectuées au niveau sous-microscopique, il s'avère que de la traiter comme un phénomène ondulatoire continu demeure conforme aux résultats d'expériences effectuées à notre niveau macroscopique.

Il semble cependant que la conclusion selon laquelle cette énergie existerait physiquement plutôt sous forme de photons localisés, tel que le concluaient Planck, Einstein, de Broglie et Schrödinger, entre autres, permet des explications mécaniques plus claires des divers processus au niveau sous-microscopique.

2.6. Particularités du calcul d'énergie au moyen de l'équation de Coulomb

Même si l'Équation (2.12) calcule l'énergie porteuse de l'électron induite à la distance moyenne de l'orbitale fondamentale de l'atome d'hydrogène par rapport au proton central en accumulant mathématiquement cette énergie à partir de *l'infini* jusqu'à cette distance spécifique de $r=0$, il peut être observé que cette quantité d'énergie ne peut être que systématiquement égale à celle qui est adiabatiquement induite par la force de Coulomb en fonction de la distance séparant les deux charges électriques, distance qui est égale par structure à la distance séparant le point d du point zéro dans la fonction d'intégration (**Figure 2.1**).

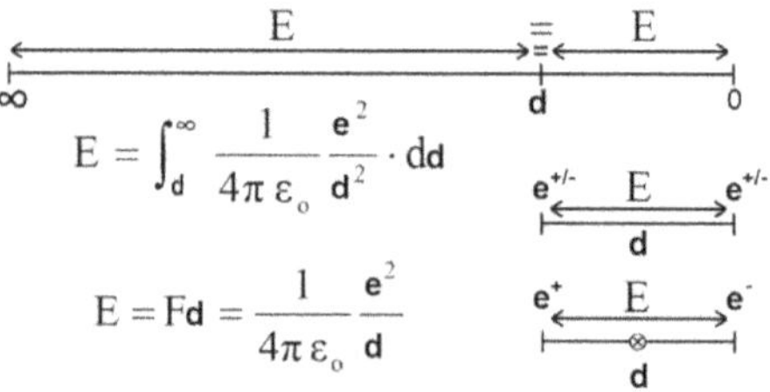

Figure 2.1: Égalité d'énergie entre intégration de l'infinie jusqu'à la distance d et entre d et zéro.

Il peut aussi être observé que le point zéro de la fonction d'intégration peut être relocalisé au milieu de la distance séparant les deux charges traitées par l'équation de Coulomb sans aucunement affecter le calcul d'énergie, un point central $\otimes$ qui sera mis plus loin en corrélation avec le point de jonction central d'une nouvelle géométrie de l'espace plus étendue.

La méthode utilisée par Marmet pour dériver l'Équation (2.9) de l'équation de Biot-Savart permet ensuite de dérivé une nouvelle forme plus générale de l'équation de Coulomb équivalent à l'équation traditionnelle $E=hv$, qui permet de calculer l'énergie de tout quantum d'énergie électromagnétique sans aucun besoin d'utiliser la constante de Planck, et qui permet aussi de définir leurs champs intrinsèques E et B strictement au moyen d'un ensemble de constantes électromagnétiques connues.

En isolant la valeur de m_o dans l'Équation (2.9) établie par Marmet, et en utilisant l'équation familière $\mu_0 \varepsilon_0 c^2 = 1$ tirée de dérivées secondes partielles des équations de Maxwell ([14], [8] Chapitre 13), qui déjà dans les années 1860 lui permirent de calculer la vitesse invariante de la lumière à partir des deux constantes fondamentale du vide ε_o et μ_o, nous pouvons maintenant introduire la constante de permittivité électrostatique du vide ε_o, pour associer l'Équation (2.9) à l'équation de Coulomb. En isolant μ_o dans cette équation établie par Maxwell de la manière suivante $\mu_0 = 1/\varepsilon_0 c^2$ permet de la remplacer par sa définition électromagnétique équivalente ([30], [8] Chapitre 4):

$$m_0 = \frac{\mu_0 e^2}{4\pi r_e} = \frac{e^2}{4\pi\varepsilon_0 r_0 c^2} \tag{2.16}$$

Multipliant ensuite les deux côtés de l'Équation (2.16) par c^2 convertira l'équation d'une forme calculant la masse en une forme calculant l'énergie contenue dans la masse; dans ce cas particulier, le quantum d'énergie dont la masse au repos invariante de l'électron est constituée:

$$E = m_0 c^2 = \frac{e^2}{4\pi\varepsilon_0 r_0} = 8.18710414 \text{ E} - 14 \text{ j} \tag{2.17}$$

Présumant que e^2 peut représenter n'importe quelle paire de charges dans une équation aussi générale, remplaçons *le rayon classique de l'électron* r_o utilisé par Marmet par le rayon classique de l'orbite théorique de Bohr a_o pour demeurer cohérent avec l'atome d'hydrogène pris comme exemple. Considérant que la force de Coulomb entre deux telles charges doit impliquer la distance entre ces charges, divisons de plus les deux côtés de l'équation par a_o pour finalement obtenir l'équation permettant de calculer la force de Coulomb, et d'identifier dans l'équation résultante la constante électrostatique établie de longue date dont la valeur exacte est 8.987551733E-9 $N{\cdot}m^2/c^2$, aussi connue sous le nom de Constante de Coulomb:

$$F = \frac{E}{r_0} = \frac{e^2}{4\pi\varepsilon_0 r_0^2} \quad \text{où} \quad \frac{1}{4\pi\varepsilon_0} = k_e \text{ (Constante de Coulomb)} \tag{2.18}$$

Comme confirmation finale de validité, calculons la force de Coulomb bien connue s'appliquant à l'orbite théorique de Bohr, en utilisant le rayon de Bohr a_o=5.291772083E-11 m:

$$F = \frac{e^2}{4\pi\varepsilon_0 a_0^2} = 8.23872180\text{E} - 08\text{N} \tag{2.19}$$

Retournant maintenant à l'Équation (2.17), qui permet de calculer l'énergie constituant la masse au repos de l'électron, nous observons que le seul paramètre *possiblement variable* qui détermine la quantité d'énergie du quantum constituant cette masse est r_o, qui est considéré être une constante fondamentale connue sous le nom de *rayon classique de l'électron* et que Marmet utilisa pour dériver l'Équation (2.9).

Il est bien compris dans la communauté de la physique qu'en dépit de son nom, cette constante ne peut pas être un *rayon* réel de l'électron, étant donné qu'il est maintenant bien établi expérimentalement que l'électron se comporte de manière *ponctuelle* pendant toutes les expériences de collisions entre deux électrons. Un *comportement ponctuel* signifie ici que pendant toutes ces expériences de collisions, aussi énergiques qu'elles puissent avoir été, aucune limite infranchissable n'a jamais été détectée à une certaine distance du centre des électrons, peu importe la proximité de leurs centres mutuels à laquelle les électrons se sont approchés.

Donc, en dépit de ce nom malheureusement trompeur, r_o demeure néanmoins utile pour définir une *longueur*, ou *distance*, non encore complètement comprise, mais associée aux interactions électromagnétiques impliquant les électrons au niveau sous-microscopique.

Mais nous pourrions bien avoir maintenant des *indices* pour identifier ce que cette *longueur* ou *distance* pourrait être, en commençant par l'observation qu'en l'utilisant dans l'Équation (2.12) au lieu du rayon classique de Bohr a_o, nous obtenons l'énergie même du quantum d'énergie dont la masse au repos invariante de l'électron est faite, et que nous venons tout juste de calculer avec l'Équation (2.17), comme si r_o était une *distance* qui existerait réellement entre une paire de *possibles charges*, qui resteraient à identifier, et qui seraient impliquées dans une structure électromagnétique oscillante interne qui demeure à établir pour l'électron, en dépit du fait que la charge *électrique* de l'électron est connue pour être unique et ajustée à la valeur fixe de 1.602176462E-19 C. Peut-être une sorte de *charge* au comportement ponctuel de nature *non-électrique* tout de même sujette à la force de Coulomb, en dépit de l'étrangeté de l'idée.

Nous verrons plus loin qu'une telle structure interne a effectivement été établie, impliquant un mouvement d'oscillation harmonique de l'énergie magnétique de l'électron se convertissant cycliquement en deux telles *charges non-électriques* avec retour à l'état d'énergie magnétique. Voir l'Équation (2.53) plus loin.

Un indice supplémentaire tient à la relation entre r_o et λ_c, soit la longueur d'onde de Compton de l'électron, que nous venons de calculer avec l'Équation (2.15). Cet indice est constitué par la relation qui existe entre ces deux constantes d'une part, et la constante de structure fine α, décrite pour la première fois à la Référence ([53], [8] Chapitre 6) en relation avec la constante de rappel de la loi de Hooke appliquée à l'oscillation LC transversale de l'énergie magnétique de la masse au repos de l'électron, et qui constitue la moitié de cette masse au repos invariante, tel que déterminé par Marmet avec l'Équation (2.9).

Tel que déterminé par calcul à la Référence ([30], [8] Chapitre 4), l'amplitude transversale maximale de séparation de ces *charges* pendant leur oscillation LC serait exactement égale à $r_o=\alpha\lambda_c/2\pi$, ce qui constituerait la distance maximale que ces *charges non-électriques* atteindraient dans l'espace au cours de leur oscillation entre cet état de double composants et un état de composant unique constituant la moitié magnétique de l'énergie de la masse au repos invariante de l'électron. Cette conclusion fut confirmée plus tard lorsque les *charges neutriniques* en oscillation de l'électron furent identifiées à la Référence ([33], [8] Chapitre 12). Ce cas sera discuté plus loin.

Cette relation entre r_o, λ_c et α conduisit à considérer la possibilité que la même méthode de calcul pourrait être appliquée pour calculer l'énergie de n'importe quel quantum électromagnétique, et des vérifications subséquentes en confirmèrent la possibilité. Il s'avère donc que $r=\alpha\lambda/2\pi$ coïncide avec la distance maximale que deux charges – soit électriques ou neutriniques – peuvent atteindre transversalement pendant l'oscillation LC auto-entretenue de tout quantum d'énergie électromagnétique pendant l'oscillation alternative qui cause l'induction cyclique du champ magnétique de la particule alors qu'elles se rapprochent l'une de l'autre, et sa régression lorsqu'elles s'éloignent l'une de l'autre ([53], [8] Chapitre 6) ([33], [8] Chapitre 12) ([31], [8] Chapitre 11) ([32], [8] Chapitre 14) comme nous le verrons plus loin.

Cela signifie en fait que r_o et a_o ne sont pas réellement des constantes fondamentales, mais seulement des cas particuliers de la gamme complète des amplitudes transversales possibles d'énergie électromagnétique coïncidant avec deux états stables quantifiés d'action stationnaire de l'énergie électromagnétique, soit la masse au repos invariante de l'électron, et l'état d'équilibre électromagnétique d'action stationnaire de l'électron dans l'atome d'hydrogène, et qu'elles peuvent être systématiquement remplacées par l'expression variable plus générale $\alpha\lambda/2\pi$, λ étant la longueur d'onde électromagnétique longitudinale traditionnelle associée au quantum électromagnétique considéré.

C'est ce qui permet de définir l'équation générale suivante à la Référence ([30], [8] Chapitre 4) en adaptant l'équation de Coulomb (2.19) de la manière suivante (voir aussi **Figure 2.1**):

$$E=\int_{a_0}^{\infty}\frac{1}{4\pi\varepsilon_o}\frac{e^2}{\left(\alpha\lambda/2\pi\right)^2}\cdot dr=0-\frac{1}{4\pi\varepsilon_o}\frac{e^2 2\pi}{\alpha\lambda}=\frac{e^2}{2\varepsilon_o\alpha\lambda} \tag{2.20}$$

qui est une équation électromagnétique équivalente à $E=h\nu$, mais qui n'exige pas l'usage de la constante de Planck pour calculer les niveaux d'énergie électromagnétique, et dont la dérivation complète et sa justification sont établies à la Référence ([30], [8] Chapitre 4):

$$E = hv = \frac{e^2}{2\,\varepsilon_o \alpha \lambda} \tag{2.21}$$

Un avantage surprenant de l'établissement de cette forme de l'équation de Coulomb est qu'elle permet finalement d'unifier toutes les équations de force classiques en permettant de réversiblement dériver l'équation fondamentale *F=ma* de chacune d'entre elles ([44], [8] Chapitre 7), en plus d'observer que l'équation de Coulomb fait partie intégrante de l'équation de Biot-Savart, puisqu'elle est dérivée de la dérivation de Marmet à partir de l'équation de Biot-Savart. Voir aussi les Sous-sections de 1.7.1 à 1.7.3.

2.7. Calcul séparé des champs E et B de l'électron et de ceux de son énergie porteuse

Le développement de l'Équation (2.21) permit ensuite de définir séparément à la Référence ([30], [8] Chapitre 4) les équations de champs *E* et *B* qui rendent compte de la totalité de l'énergie dont la masse au repos invariante de l'électron est constituée:

$$\mathbf{B} = \frac{\mu_0 \pi e c}{\alpha^3 \lambda_C^{\,2}} = 8.289000222\text{E}13\,\text{T} \quad \text{et} \quad \mathbf{E} = \frac{\pi e}{\varepsilon_0 \alpha^3 \lambda_C^{\,2}} = 2.48497975\ 1\text{E}22\ \text{N/C} \tag{2.22}$$

et avec la même équation, utilisant la longueur d'onde de son énergie porteuse, de calculer les champs *E* et *B* de cette énergie porteuse. Pour demeurer consistant avec l'exemple de l'orbitale de repos de l'électron dans l'atome d'hydrogène, voici les valeurs de ces champs *E* et *B* calculées avec la longueur d'onde de l'énergie porteuse obtenue à l'Équation (2.14):

$$\mathbf{B} = \frac{\mu_0 \pi e c}{\alpha^3 \lambda^2} = 235051.7341\,\text{T} \quad \text{et} \quad \mathbf{E} = \frac{\pi e}{\varepsilon_0 \alpha^3 \lambda^2} = 7.046673712\text{E}13\text{N/C} \tag{2.23}$$

La Référence ([30], [8] Chapitre 4) démontre comment les champs magnétiques et électriques des Équations (2.22) et (2.23) peuvent être additionnés pour établir les champs *E* et *B* combinés de l'électron en mouvement. Pour demeurer consistant avec les paramètres de l'atome d'hydrogène, les longueurs d'onde obtenues avec les Équations (2.14) et (2.15) sont utilisées pour calculer les champs correspondants:

$$\mathbf{B} = \frac{\pi \mu_0 ec}{\alpha^3} \frac{\left(\lambda^2 + \lambda_C{}^2\right)}{\lambda^2 \lambda_C{}^2} = 8.289000\,246\,\text{E}13 \ \text{T} \tag{2.24}$$

$$\mathbf{E} = \frac{\pi e}{\varepsilon_0 \alpha^3} \frac{\left(\lambda^2 + \lambda_C{}^2\right)\sqrt{\lambda_C\left(4\lambda + \lambda_C\right)}}{\lambda^2 \lambda_C{}^2} \frac{}{\left(2\lambda + \lambda_c\right)} = 1.813341121\text{E}13 \ \text{N/C} \tag{2.25}$$

Il peut maintenant être confirmé que les Équations (2.24) et (2.25) sont valides en les utilisant pour calculer la vitesse relativiste bien connue de l'électron lorsqu'il se déplace avec l'énergie de référence de 4.359743805E-18 j de l'orbitale de repos de l'atome d'hydrogène (27.2 eV):

$$v = \frac{\mathbf{E}}{\mathbf{B}} = \frac{1.81334112\,1\text{E}13}{8.28900024\,6\text{E}13} 10^{-7} = 2{,}187{,}647.566 \ \text{m/s} \tag{2.26}$$

La raison pour laquelle le résultat doit être multiplié par 10^{-7} est que ce facteur, qui fait partie des définitions de ε_o et μ_o pour que ces constantes demeurent en harmonie avec le système CGS lorsque le système d'unités MKS fut adopté ([14], [8] Chapitre 13), et qui font partie des paramètres nécessaires pour calculer les champs E et B de l'électron en mouvement avec les Équations (2.24) et (2.25), se fait mettre au carré dans le dénominateur de la fraction E/B de l'Équation (2.26), problème qui ne devient pas évident à moins que le calcul soit effectivement complété, comme dans notre exemple. Ce problème non souhaité est contourné simplement en multipliant l'équation par 10^{-7} pendant sa résolution. Voir Référence ([14], [8] Chapitre 13) pour une explication de la raison pour laquelle ce facteur ne doit pas être mis au carré.

Nous pouvons donc observer que l'incrément de masse magnétique procuré par l'équation de Marmet ([29], Équation (M-17) reproduite avec l'Équation (2.2) peut être mis en corrélation avec le champ B procuré par l'Équation (2.23) à partir de la longueur d'onde électromagnétique de 4.556335256 E-8 m du quantum correspondant d'énergie 4.359743805 E-18 j, amendant ainsi l'Équation (2.10) pour obtenir l'incrément de masse en utilisant la vitesse relativiste calculée à l'aide des champs E et B de l'Équation (2.26).

Étant donné que l'Équation (2.26) procure la même vitesse relativiste que Marmet établit à partir du facteur gamma [29] avec les Équations (2.4) et (2.5), et qu'il utilisa pour établir l'Équation (2.2), le terme de vélocité de l'équation de Marmet peut être remplacé par la relation E/B qui définit cette vélocité dans l'Équation (2.26):

$$\Delta m_m = \frac{\mu_0 \left(e^-\right)^2}{8\pi r_e} \frac{v^2}{c^2} = \frac{\mu_0 \left(e^-\right)^2}{8\pi r_e} \frac{\left(\mathbf{E}/\mathbf{B}\right)^2}{c^2} = 2.42533772\,6\text{E} - 35 \ \text{kg} \tag{2.27}$$

permettant ainsi pour la première fois le calcul d'une *masse classique* strictement à partir de paramètres électromagnétiques, sans aucun besoin d'impliquer un paramètre variable de vélocité.

La densité de l'énergie magnétique impliquée peut maintenant être établie à partir de l'énergie du champ **B** composite calculé avec l'Équation (2.24):

$$u_B = \frac{\mathbf{B}^2}{2\mu_0} = \frac{1}{2\mu_0}\left(\frac{\pi\mu_0 ec}{\alpha^3\lambda^2\lambda_C{}^2}\right)^2\left(\lambda^2 + \lambda_C{}^2\right)^2 = 2.733785559\text{E}33\,\text{j/m}^3 \qquad (2.28)$$

Pour comparaison, voici la densité du champ magnétique de la masse au repos invariante isolée de l'électron, en utilisant son champ magnétique invariant calculé avec l'Équation (2.22):

$$u_B = \frac{\mathbf{B}^2}{2\mu_0} = \frac{1}{2\mu_0}\left(\frac{\mu_0\pi ec}{\alpha^3\lambda_C{}^2}\right)^2 = 2.733785544\,\text{E}33\,\text{j/m}^3 \qquad (2.29)$$

et celle de l'énergie porteuse de l'électron dans l'orbitale de repos de l'atome d'hydrogène calculée avec l'Équation (2.23) est:

$$u_B = \frac{\mathbf{B}^2}{2\mu_0} = \frac{1}{2\mu_0}\left(\frac{\mu_0\pi ec}{\alpha^3\lambda^2}\right)^2 = 2.198300502\,\text{E}16\,\text{j/m}^3 \qquad (2.30)$$

L'équation définissant le volume à l'intérieur duquel des densités d'énergie si élevées ont du sens est dérivé à la Référence ([30], [8] Chapitre 4) et est aussi montrée plus loin à l'Équation (2.50).

2.8. *La structure électromagnétique interne de l'énergie porteuse de l'électron*

Il est établi depuis longtemps que l'électron est une particule électromagnétique. Cependant, la nature de son énergie porteuse associée au momentum, n'avait pas été clarifié jusqu'à ce que Marmet dérive l'Équation (2.2) à partir de l'équation de Biot-Savart, conduisant à l'Équation (2.13), qui révèle que cette énergie porteuse se compose de deux parties, soit une moitié supportant le momentum ΔK de la particule, et l'autre moitié identifiée par Marmet comme étant une énergie magnétique qui ajoute un incrément de masse relativiste Δm_m à la masse invariante au repos de la particule en mouvement.

Puisqu'il a été prouvé de manière systématique au fil du siècle passé que la charge électrique de l'électron demeure invariante, peut importe sa vélocité, il peut être attendu que son champ électrique **E** intrinsèque tel qu'établi avec la seconde Équation (2.22) demeure aussi invariant, et pour demeurer en accord avec les équations de Maxwell, son champ magnétique B intrinsèque établi avec la première Équation (2.22) doit l'être aussi.

Tel que mis en perspective avec l'Équation (2.13), puisque l'incrément de masse magnétique Δm_m identifié par Marmet augmente dans la même proportion que l'énergie ΔK du momentum de l'électron, et que ces deux quantités d'énergie ne peuvent pas faire partie du quantum d'énergie constituant la masse au repos invariante de l'électron, cela nous donne un premier indice concluant que cette énergie porteuse est aussi électromagnétique de nature, puisque son champ magnétique ne peut pas être dissocié de l'électromagnétisme et conséquemment des équations de Maxwell non plus.

Cette quantité totale d'énergie représentée par l'Équation (2.13) peut donc logiquement aussi être représentée par l'équation relationnelle suivante:

$$E_{\left(\substack{\text{Énergie porteuse}\\\text{totale de l'électron}}\right)} = E_{\left(\substack{\text{Énergie du}\\\text{momentum}}\right)} + E_{\left(\substack{\text{Énergie de l'incrément}\\\text{de masse magnétique}}\right)} \tag{2.31}$$

Mais pour demeurer consistant avec l'électromagnétisme, il semble impossible que le demi-quantum d'énergie magnétique ne soit pas impliquée dans un processus cyclique d'oscillation électromagnétique entre cet état magnétique et un état *électrique* qui reste à identifier, et qui pourrait potentiellement être représenté par une oscillation réciproque cyclique entre ces deux états, en conformité avec le fondement même de la théorie de Maxwell, à l'effet que pour que l'énergie électromagnétique puisse même exister, ces deux aspects doivent s'induire mutuellement [17]:

$$E_{\left(\substack{\text{Énergie porteuse}\\\text{totale}}\right)} = E_{\left(\substack{\text{Énergie du}\\\text{momentum}}\right)} + \left[E_{\left(\substack{\text{État}\\\text{électrique}}\right)}\cos^2(\omega t) + E_{\left(\substack{\text{État}\\\text{magnétique}}\right)}\sin^2(\omega t) \right] \tag{2.32}$$

C'est à ce point-ci qu'un énorme saut *hors des sentiers battus* doit être fait, comme on dit, car puisque cet incrément de masse magnétique récemment identifié par Marmet a été prouvé réellement exister par interaction transversale avec des électrons se déplaçant à vitesses relativistes dans des expériences effectuées par Walter Kaufmann au début du 20e siècle [36], cela signifie que l'énergie constituant cette *incrément de masse* ne peut qu'exister physiquement tout comme l'énergie qui constitue la masse invariante au repos de l'électron. Et finalement ainsi doit-il en être de l'énergie supportant son momentum, en dépit de la conclusion établit il y a des siècles qu'elle existe seulement en autant que sa vélocité peut s'exprimer.

Cette conclusion conduit à convertir l'équation relationnelle (2.32) en la forme électromagnétique suivante, représentant cette oscillation électromagnétique sous forme d'une oscillation LC harmonique simple *transversale* – en conformité avec le fait qu'en électromagnétisme, les champs E et B doivent être perpendiculaires à la direction de mouvement – entre un état électrique et un état magnétique du demi-quantum d'énergie constituant l'incrément de masse magnétique identifié par Marmet:

$$E_{\left(\substack{\text{Énergie porteuse} \\ \text{totale}}\right)} = \frac{hc}{2\lambda} + \left[\frac{e^2}{2C_\lambda} \cos^2(\omega t) + \frac{L_\lambda\, i_\lambda^{\,2}}{2}\, \sin^2(\omega t) \right] \tag{2.33}$$

où

$$E_{E(\max)} = \frac{e^2}{2C} \qquad et \qquad E_{B(\max)} = \frac{L\, i^2}{2} \tag{2.34}$$

Les définitions des sous-composants C, L et i sont fournies plus loin aux Équations (2.45) et (2.47).

L'Équation (2.33) dans cette forme transitoire peut donner l'impression que l'énergie électromagnétique du demi-quantum Δm_m oscille *longitudinalement*, pour ainsi dire, se déplaçant dans la même direction vectorielle que l'énergie $\Delta K = hc/2\lambda$ de son momentum, mais nous verrons plus loin qu'elle ne peut osciller que transversalement conformément aux équations de Maxwell, lorsque l'infrastructure vectorielle sera mise en place avec l'Équation (2.48).

Nous verrons aussi plus loin que l'oscillation de l'énergie magnétique de cet incrément de masse magnétique entre un état de présence maximum et de zéro présence en fonction de sa fréquence électromagnétique est le facteur clé pour comprendre les divers états de résonance de l'électron, c'est-à-dire son mouvement de zitterbewegung d'une part, et son état de résonance axiale lorsque captif en état d'équilibre électromagnétique de moindre action dans une orbitale atomique autorisée. Voir Sections 2.18 et 2.20.

En fait, il peut être établi comme nous le verrons plus loin, que même l'énergie magnétique de la masse au repos invariante de l'électron ne peut être que séparément impliquée en un processus d'oscillation harmonique simple entre un état de présence maximum et un état de zéro présence dans l'espace ([31], [8] Chapitre 11), et que le même processus d'oscillation caractérise l'énergie magnétique des deux types de composants élémentaires constituant tous les nucléons et leurs énergies porteuses respectives, soit les quarks up et down ([32], [8] Chapitre 14).

2.9. Corrélation de la mécanique classique et de la mécanique relativiste via l'électromagnétisme

Le premier avantage de représenter l'énergie porteuse de l'électron avec l'Équation LC (2.33), est la facilité avec laquelle elle permet de visualiser sa moitié en oscillation électromagnétique comme oscillant perpendiculairement à la direction de mouvement de l'énergie supportant son momentum translationnel ($\Delta K = hc/2\lambda$), qui correspond tel que mentionné précédemment à la relation perpendiculaire bien connue entre les champs E et B de la théorie de Maxwell par rapport à la direction de mouvement de tout point du front d'onde de son onde électromagnétique continue théorique en expansion sphérique à partir de son point d'émission.

À son tour, cette séparation claire entre l'énergie du momentum orientée unidirectionnellement et l'énergie oscillant transversalement du quantum d'énergie porteuse a permis la mise a niveau complète vers une forme électromagnétique complètement relativiste de l'équation cinétique $K=mv^2/2$ non-relativiste de Newton ([42], [8] Chapitre 5):

$$\frac{v^2}{c^2} = \frac{4\lambda\lambda_C + \lambda_C{}^2}{\left(2\lambda + \lambda_C\right)^2} \tag{2.35}$$

Un résultat inattendu de l'établissement de l'Équation (2.35) fut qu'en utilisant la longueur d'onde de l'énergie porteuse induite à la distance moyenne de l'orbitale fondamentale de l'atome d'hydrogène (4.556335261E-08 m), est qu'elle procure directement la constante de structure fine α ([60], [8] Chapitre 8):

$$\alpha = \frac{v}{c} = \frac{\sqrt{\lambda_C\left(4\lambda + \lambda_C\right)}}{\left(2\lambda + \lambda_C\right)} = 7.29735253 \ \ 3\text{E} - 03 \tag{2.36}$$

Plus surprenant encore, en divisant l'Équation (2.36) par 2π, le facteur g de l'électron associé à la constante de structure fine α découvert par Julian Schwinger en 1948 est obtenu ([60], [8] Chapitre 8) [70]:

$$\begin{pmatrix} \text{Dérive} \\ \text{du moment magnétique} \\ \text{de l'électron} \end{pmatrix} = \frac{\sqrt{\lambda_C\left(4\lambda + \lambda_C\right)}}{2\pi\left(2\lambda + \lambda_C\right)} = \frac{\delta\mu}{\mu_B} = \frac{\alpha}{2} = 1.161386535\text{E} - 3 \tag{2.37}$$

Le fait que l'Équation (2.35) est relativiste par structure, permet aussi d'en dériver les 4 équations relativistes standards, la première desquelles étant l'équation permettant de calculer l'énergie du momentum relativiste, maintenant amendée pour tenir compte de la présence de l'incrément de masse Δm_m qui fait partie de l'énergie porteuse des particules élémentaires ([42], [8] Chapitre 5):

$$K = 2m_0 c^2 (\gamma - 1) \tag{2.38}$$

Pour la première fois aussi, apparemment, le facteur gamma de Lorentz a été dérivée directement à partir d'une équation électromagnétique à la Référence ([42], [8] Chapitre 5), soit de l'Équation (2.35), au lieu d'à partir de considérations strictement géométriques et trigonométriques comme toujours auparavant depuis que Woldemar Voigt en conçut l'idée en 1887 ([36], Voir aussi la Section 3.4) ([42], [8] Chapitre 5) ([60], [8] Chapitre 8) [71] [72]:

$$\gamma = \frac{1}{\sqrt{1 - v^2/c^2}} \tag{2.39}$$

La troisième équation relativiste dérivée fut bien sûr l'équation donnant la masse relativiste d'une particule élémentaire en mouvement ([42], [8] Chapitre 5):

$$E = \gamma m c^2 \quad \text{où} \quad \gamma m = m_o + \Delta m_m \tag{2.40}$$

Et finalement, l'équation relativiste pour la relation énergie-momentum (Voir Annexe A):

$$E^2 = (pc)^2 + (mc^2)^2 \tag{2.41}$$

Ce qui démontre de manière concluante que les équations relativistes classiques et les équations électromagnétiques peuvent réversiblement être dérivées les unes des autres.

En plus de l'Équation (2.35) utilisant les longueurs d'onde définies aux Équations (2.14) et (2.15) à partir de laquelle toutes les équations relativistes classiques peuvent être dérivées, une deuxième équation électromagnétique encore plus fondamentale fut dérivée à partir de la mise à niveau pleinement électromagnétique de l'équation cinétique de Newton ([42], [8] Chapitre 5). Il s'agit de l'équation qui utilise directement les *quantités d'énergie* constituant séparément la masse au repos invariante de l'électron, son momentum, et finalement son incrément de masse magnétique, ces deux dernières quantités constituant son énergie porteuse. Il s'agit de la forme suivante:

$$\frac{(hc/\lambda + 2hc/\lambda_C)^2 - (2hc/\lambda_C)^2}{\left((2L_C \, i_C^{\,2}) + (L_\lambda \, i_\lambda^{\,2})\right)^2} = \frac{v^2}{c^2} \tag{2.42}$$

qui se réduit à

$$v = c \frac{\sqrt{4EK_{momentum} + (K_{momentum})^2}}{2E + K_{magnétique}} \tag{2.43}$$

où E représente l'énergie de la masse au repos invariante de l'électron, $K_{momentum}$ est l'énergie du momentum ΔK procurée par l'énergie porteuse, et $K_{magnétique}$ est l'énergie constituant l'incrément de masse magnétique Δm_m procuré par l'énergie porteuse de l'électron.

Ce qui est si fondamental et important à propos de cette équation, est que lorsque l'énergie de la masse au repos de l'électron est réduite à zéro, laissant seulement son énergie porteuse dans l'équation, nous obtenons une équation qui donne systématiquement la vitesse de la lumière de manière invariante, peu importe la quantité totale constituant la somme des deux demi-quanta toujours égaux par structure de l'énergie du momentum et de l'énergie de la masse magnétique restante; vitesse qui n'est possible que pour l'énergie électromagnétique libre:

$$v = c\,\frac{K_{momentum}}{K_{electromagnétique}} = \frac{\Delta K}{\Delta m_m c^2} = c\,\frac{(hc/2\lambda)}{(L_\lambda\ i_\lambda^{\,2})} = c\,\frac{1}{1} = 299{,}792{,}458\,\text{m/s} \qquad (2.44)$$

où

$$L = \frac{\mu_0 \alpha \lambda}{8\pi^2} \quad \text{et} \quad i = \frac{2\pi\,ec}{\alpha\lambda} \qquad (2.45)$$

Puisque la contribution de Marmet permet d'établir de manière concluante que Δm_m de l'Équation (2.2) et ΔK de l'Équation (2.6) seront systématiquement égaux peu importe la somme totale de leurs énergies, ces deux valeurs d'énergie se simplifient systématiquement à 1 dans l'Équation (2.44), peu importe la quantité d'énergie électromagnétique représentée par sa longueur d'onde λ.

Cela signifie que pour la première fois, nous avons un indice concluant concernant la structure électromagnétique interne possible de photons électromagnétiques localisés, soit des photons électromagnétiques qui ne seraient pas ralentis en étant obligés de *transporter et propulser*, pour ainsi dire, la masse électromagnétique translationnellement inerte d'un électron, en plus d'avoir à transporter et propulser son propre complément de masse électromagnétique. L'équation LC (2.33) pourrait donc être appliquée aussi bien à des photons électromagnétiques se déplaçant librement qu'à l'énergie porteuse de l'électron, ce qui justifierait pleinement de donner à cette dernière le nom de *"photon-porteur"*.

2.10. *Le photon électromagnétique à double-particule de de Broglie*

Ré-identifions donc par conséquent l'Équation (2.33) comme décrivant l'énergie totale d'un photon électromagnétique en mouvement libre et analysons plus avant sa structure:

$$E_{\left(\substack{\text{Énergie to tale} \\ \text{du photon}}\right)} = \frac{hc}{2\lambda} + \left[\frac{e^2}{2C_\lambda}\cos^2(\omega t) + \frac{L_\lambda\, i_\lambda^{\,2}}{2}\sin^2(\omega t) \right] \tag{2.46}$$

Bien sûr, la définition des variables L et i de l'Équation (2.45) s'appliquent toujours, et la définition de C établie à la Référence ([15], [8] Chapitre 6) est:

$$C = 2\varepsilon_0\alpha\lambda \tag{2.47}$$

Nous observons en premier lieu que la phase électrique de l'oscillation transversale entre les états magnétique et électrique semble impliquer une paire de charges, ce qui a été une pierre d'achoppement majeure en théorie électromagnétique depuis que Maxwell a établi sa théorie de propagation de la lumière sur le concept alors axiomatique que l'existence même de cette énergie obligeait que les deux champs E et B s'induisent mutuellement pour que l'énergie puisse même exister.

Même si la théorie résultante fut prouvée hors de tout doute être en conformité absolue avec l'expérience au niveau macroscopique, l'origine du *courant de déplacement* impliquant un tel mouvement local de deux charges électriques postulées pour induire le champ magnétique, pendant qu'elles se rapprocheraient supposément l'une de l'autre, induisant le champ magnétique, pour être ré-induites elles-mêmes alors que le champ magnétique régresserait, n'a jamais pu être clarifié ni expérimentalement ni théoriquement.

Dans une recherche pour identifier ces charges encore hypothétiques au niveau sous-microscopique, de Broglie tenta dans les années 1930 d'établir une mécanique électromagnétique interne claire du photon localisé à partir des caractéristiques de la fonction d'onde.

Il s'avère qu'il établit correctement qu'un tel photon localisé en permanence pourrait satisfaire la statistique de Bose-Einstein et la loi de Planck, expliquer l'effet photoélectrique tout en obéissant aux équations de Maxwell et demeurer en accord avec les propriétés de symétrie des corpuscules complémentaires de la théorie de Dirac, à condition d'impliquer deux corpuscules, ou *"demi-photons"* de spin 1/2,

"... qui doivent être complémentaires l'un de l'autre dans le même sens que l'électron positif [le positon] *est complémentaire de l'électron négatif dans la théorie des trous de Dirac... Un tel couple de particules complémentaires est susceptible de s'annihiler au contact de la matière en cédant toute son énergie, ce qui rend compte parfaitement des caractéristiques de l'effet photoélectrique... le photon étant constitué de deux particules élémentaires de spin h/4π, il doit obéir à la statistique de Bose-Einstein comme l'exige l'exactitude de la loi de Planck pour le rayonnement noir... ce modèle du photon permet de définir un champ électromagnétique lié à la probabilité d'annihilation du photon, champ qui obéit aux équations de Maxwell et possède tous les caractères de l'onde électromagnétique lumineuse."* ([27], p.277).

Ses tentatives pour définir le photon électromagnétique localisé furent infructueuses au point qu'il conclut finalement en 1936 qu'il était impossible de représenter exactement les particules élémentaires dans le cadre à son sens trop restreint de la géométrie de l'espace à 4 dimensions, laissant entendre que si l'on pouvait éventuellement échapper de ce cadre, une telle description pourrait devenir possible:

"... la non-individualité des particules, le principe d'exclusion et l'énergie d'échange sont trois mystères intimement reliés : ils se rattachent tous trois à l'impossibilité de représenter exactement les entités physiques élémentaires dans le cadre de l'espace continu à trois dimensions (ou plus généralement de l'espace-temps continu à quatre dimensions). Peut-être un jour, en nous évadant hors de ce cadre, parviendrons-nous à mieux pénétrer le sens, encore bien obscur aujourd'hui, de ces grands principes directeurs de la nouvelle physique." ([27], p. 273).

Rétrospectivement, il semble que dans ce cadre 4D trop restreint de l'espace-temps, l'établissement d'une description électromagnétique du photon localisé par la méthode d'ingénierie inverse à partir des caractéristiques non initialement associées à l'électromagnétisme de la fonction d'onde était une tâche impossible, car souvenons-nous que la fonction d'onde introduite par Schrödinger était sensée représenter un état de résonance mécanique au sens de la mécanique classique, suite à l'intuition fondée sur une comparaison faite par de Broglie avec les états de résonance mécaniques bien connus [58]. Voir aussi l'Équation (2.1). Nous reviendrons plus loin à cette question d'ingénierie inverse à la Section 2.19. Voir aussi la Section 1.2 à ce sujet.

Le seul lien véritable qui peut exister entre la fonction d'onde de Schrödinger et l'état de résonance *électromagnétique* de l'électron en état d'équilibre électromagnétique de moindre action dans l'orbitale de repos de l'atome d'hydrogène ne peut donc être qu'une description du volume spatial de résonance à l'intérieur duquel toute l'énergie de l'électron est sensée être contenue, et ne donne absolument aucun indice sur la nature du *résonateur électromagnétique* dont les caractéristiques de résonance expliqueraient l'existence de ce volume de résonance.

D'autre part, l'idée même que l'énergie de la moitié du quantum pourrait se comporter comme 2 demi-quantités au comportement *électrique* s'approchant l'une de l'autre pour en même temps s'accumuler concentriquement sous forme d'une seule quantité dans le même volume d'espace pour avoir un comportement "magnétique" heurte directement la logique si l'on considère que cette énergie serait une *substance existant physiquement* comme l'analyse précédente conduit à conclure, ce qui impliquerait qu'elle s'interpénètre en oscillant.

Cette impossibilité mécanique qui devient évidente en tentant de représenter dans le même volume d'espace l'induction mutuelle alternative des aspects électrique et magnétique d'un quantum électromagnétique localisé concorde effectivement avec la conclusion de de Broglie que les particules élémentaires ne peuvent pas être représentées dans le cadre trop restreint d'une géométrie spatiale à 4 dimensions.

2.11. Augmentation de la géométrie spatiale

Dans la théorie ondulatoire de Maxwell, il est bien compris que le concept d'onde continue impose que les deux champs E et B doivent être *en phase* pour que l'onde puisse exister et se propager. Mais à contrario, l'idée que l'énergie de quanta électromagnétiques localisés pourrait exister, dû à une oscillation LC alternative auto-entretenue, impose que les deux champs soient *déphasés* de 180° pour qu'une telle oscillation LC soit mécaniquement possible.

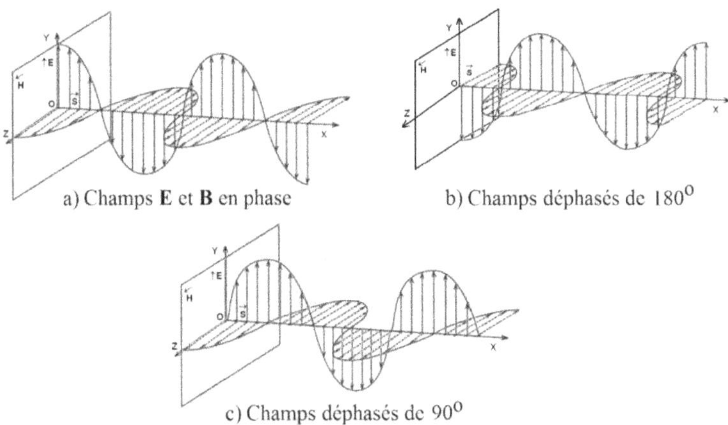

Figure 2.2: Représentations traditionnelles *en phase*, *déphasé* de 180° et *déphasé* de 90°, des phases des champs électromagnétiques en électromagnétisme classique.

Un examen attentif des représentations graphiques traditionnelles des phases électromagnétiques de la théorie de Maxwell et de ses équations révèle cependant que les deux cas *en phase* et *déphasé* de 180° résultent en exactement la même configuration (**Figure 2.2**).

Ceci révèle que bien qu'un déphasage de 180° soit incompatible avec le maintien de l'onde continue de Maxwell, il est parfaitement admis par ses équations, et qu'un déphasage réel de 180°, impliquant que l'énergie électrique atteigne un minimum pendant que l'énergie magnétique atteigne un maximum et l'inverse, est en réalité permis et est effectivement en harmonie avec une représentation auto-entretenue d'un quantum électromagnétique par oscillation LC alternative (**Figure 2.3**). Elle est de plus conforme avec le fondement même de la théorie de Maxwell à l'effet que les deux champs doivent s'induire mutuellement pour que l'énergie puisse exister.

En ce qui concerne l'impossibilité mécanique que 2 demi-quantités d'une *substance* existant physiquement au comportement *électrique* puissent s'approcher l'une de l'autre pour en même temps s'accumuler concentriquement en une seule quantité dans le même volume d'espace pour avoir un comportement *magnétique*, c'est cette impossibilité mécanique même qui fit germer l'idée que la solution pourrait bien être que la quantité magnétique *croisse*, pour ainsi dire, dans un espace différent pendant que les deux charges s'approchent l'une de l'autre à l'intérieur du premier espace, et inversement.

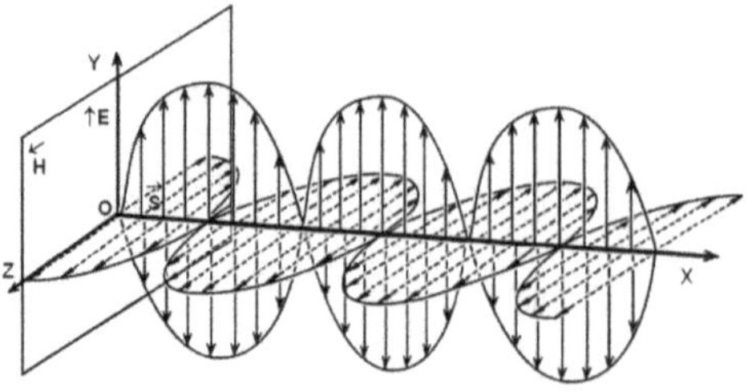

Figure 2.3: Représentation *déphasée* de 180° des champs *E* et *B* de la théorie électromagnétique de Maxwell pour une oscillation LC.

Et sans même aller aussi loin que de présumer la réelle existence physique d'un tel deuxième espace, il s'avère que du point de vue vectoriel, il est relativement facile de représenter de tels complexes multi-spatiaux, et il est particulièrement facile de représenter vectoriellement les deux champs *E* et *B* du demi-quantum de masse magnétique Δm_m comme oscillant transversalement par rapport à la direction de mouvement du demi-quantum ΔK du momentum, en conformité avec les équations de Maxwell.

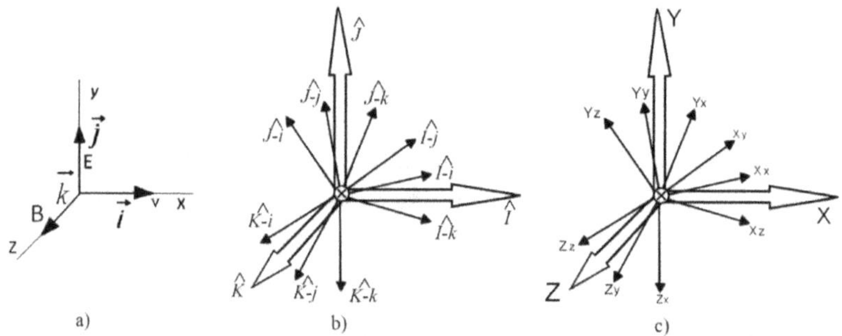

Figure 2.4: Ensemble des vecteurs majeurs et mineurs applicables à la géométrie

Dans ce cas particulier, il s'avère que le produit vectoriel bien connu du vecteur du champ magnétique *B* et du vecteur du champ électrique *E*, tous deux perpendiculaires l'un a l'autre, se résolvant en un troisième vecteur perpendiculaire aux deux premiers et représentant la vélocité de phase (**Figure 2.4-a**), ce qui constitue la relation triplement orthogonale qui décrit la direction de mouvement à la vitesse de la lumière de tout point du front d'onde de l'onde hypothétique continue en expansion sphérique de l'hypothèse de Maxwell, nous procure un fondement solide pour explorer cette possibilité.

La méthode consiste à *exploser* géométriquement, pour ainsi dire, chacun des 3 vecteurs électromagnétiques standard i, j et k, applicables à l'espace normal en 3 espaces vectoriels 3D pleinement développés (**Figure 2.4-b**), chacun des trois espaces X, Y et Z (**Figure 2.4-c**) demeurant perpendiculaire aux deux autres et demeurant tous connectés via leur origine commune, identifié déjà comme étant le point ⊗ situé à mi-chemin entre deux charges dans la **Figure 2.1**, et qui peut maintenant être vue comme un point de passage pour l'énergie situé au centre de chaque quantum électromagnétique élémentaire, à travers lequel la *substance* de l'énergie du quantum serait libre de circuler comme entre des vases communicants, selon les besoins de leur mouvement LC alternatif, sans impliquer l'interpénétration illogique de la *substance énergie* qui empêcherait ce mouvement LC alternatif à l'intérieur du cadre plus limité d'un seul espace 3D.

Contrairement à ce qui pourrait être attendu, il est relativement facile de visualiser mentalement un tel complexe géométrique trispatial à 9 dimensions mutuellement orthogonales. Il suffit d'imaginer chacun des 3 ensembles de vecteurs mineurs i, j et k de la **Figure 2.4-b** comme s'ils étaient les tiges (baleines) repliées de 3 parapluies métaphoriques.

Cela permet d'ouvrir mentalement à volonté n'importe lequel d'entre eux, un à la fois, jusqu'à pleine expansion orthogonale pour observer le comportement de la substance du quantum d'énergie dans cet espace 3D pleinement déployé pendant chaque phase du mouvement oscillatoire. Les **Figures 2.4-b** et **2.4-c** montrent les dimensions des 3 espaces a demi déployées pour permettre une identification unique claire de chacun des 9 axes orthogonaux internes résultants, qui permettent une identification mathématique et vectorielle du mouvement interne de l'énergie à l'intérieur de chaque espace, sans changer ni invalider d'aucune manière les représentations vectorielles traditionnelles appliquées dans la géométrie spatiale normale 4D pour représenter l'énergie électromagnétique dans les mécaniques traditionnelles.

Dans cette géométrie de l'espace, l'énergie du momentum qui propulse translationnellement les particules élémentaires est unidirectionnelle par définition, et est définie par structure comme étant insensible à toute interaction transversale, ce qui est en accord direct avec les observations de Walter Kaufmann à propos de la différence entre l'inertie longitudinale et l'inertie transversale des électrons se déplaçant à vitesses relativistes dans une chambre à bulle [36], lorsqu'il observa que les deux demi-quanta ΔK et Δm_m peuvent être longitudinalement mesurés en plus de la masse au repos de l'électron, alors que seulement le demi-quantum Δm_m peut être mesuré transversalement en plus de la masse au repos de l'électron.

La même propriété fera en sorte que la paire de *charges électriques* de signes opposés d'un quantum électromagnétique qui se déplacent unidirectionnellement l'une vers l'autre ou l'inverse sur le plan Y-y/Y-z à l'intérieur de l'espace-Y paraîtront neutres lorsque considérées par rapport à l'axe X-x orienté perpendiculairement et ne seraient même pas détectables à partir de l'espace-X normal, qui est l'espace d'où nous observons la réalité objective, ce qui correspond au fait que les photons électromagnétiques ne semblent pas avoir de charges électriques ([15], [8] Chapitre 6) ([53], [8] Chapitre 6), en dépit de l'incompatibilité d'une telle absence avec la théorie de Maxwell.

La même indétectabilité et absence apparente de charges de signes opposées caractérisera la paire de *charges neutriniques* se déplaçant unidirectionnellement l'une vers l'autre et inversement sur le plan X-y/X-z à l'intérieur de l'espace-X ([33], [8] Chapitre 12) ([31], [8] Chapitre 11).

Le fait que la paire de *charges électriques* ne peut se mouvoir que dans des directions opposées sur le plan Y-y/Y-z est ce qui explique pourquoi les photons peuvent être polarisés perpendiculairement à leur direction de mouvement le long de l'axe X-x de l'espace-X normal. De toute évidence, la même propriété de polarisabilité s'applique à la paire de *charges neutriniques* se déplaçant dans des directions opposées sur le plan X-y/X-z.

Finalement, toute quantité d'énergie oscillant entre les espaces Y et Z se retrouve à osciller maintenant transversalement *par structure* par rapport à l'espace-X normal, et semblera ainsi posséder une inertie omnidirectionnelle tel que perçu de l'espace-X, c'est-à-dire qu'elle se comportera comme si elle était *massive* dans le sens compris en mécanique classique/relativiste, telle que perçu de l'espace-X.

Cette géométrie spatiale plus étendue fut proposée pour la première fois à l'événement Congress-2000 tenu à l'Université d'état de Saint-Pétersbourg en juillet 2000 [28]. Elle est présentée et mise en perspective à la Référence ([34], [8] Chapitre 19) par rapport aux géométries multidimensionnelles traditionnelles conçues au cours des tentatives historiques précédentes pour résoudre les problèmes restant en physique fondamentale, et est complètement décrite à la Référence ([15], [8] Chapitre 6).

2.12. La symétrie fondamentale maintenue par structure

L'un des aspects du plus grand intérêt de cette géométrie trispatiale est que le principe fondamental de symétrie y est respecté par structure pour tous les aspects de la distribution de l'énergie d'un quantum électromagnétique.

L'énergie se distribue systématiquement entre une moitié demeurant unidirectionnelle dans l'un des espaces pendant que l'autre moitié oscille cycliquement selon un mouvement harmonique perpendiculaire à la première moitié par structure (*une symétrie moitié-moitié*), qui révèle immédiatement que dans cette géométrie de l'espace, la vitesse de la lumière ne peut être qu'une vitesse invariante d'équilibre dans le vide dans le cas des photons électromagnétiques se déplaçant librement, étant donné cette distribution moitié-moitié obligée par structure de l'énergie entre les deux demi-quanta ([15], [8] Chapitre 6).

À l'intérieur de l'espace-Y électrostatique, où les deux charges électriques – dans les cas d'un photon libre et d'un photon-porteur – oscillent axialement sur le plan Y-y/Y-z l'une vers l'autre et l'inverse ([15], [8] Chapitre 6) ([53], [8] Chapitre 6), et à l'intérieur de l'espace-X normal pour les deux charges neutriniques – dans les cas des particules massives comme l'électron, le positon, le quark up et le quark down, considérant seulement les particules élémentaires stables ([33], [8] Chapitre 12) ([31], [8] Chapitre 11) ([32], [8] Chapitre 14) – oscillent aussi axialement, mais sur le plan X-y/X-z l'une vers l'autre et l'inverse de la même manière sur ce plan perpendiculaire à l'espace-Y dans lequel réside leur complément unidirectionnel le long de l'axe Y-x, possèdent symétriquement toujours des quantités d'énergie égales se déplaçant dans des directions opposées, le long desquelles la distance variables les séparant procure l'intensité variable correspondante des signes opposés de leurs charges (symétrie entre les quantités égales d'énergie ainsi qu'entre les signes opposés de leurs charges, à l'intérieur de l'espace-Y et de l'espace-X).

À l'intérieur de l'espace-Z magnétostatique, où une quantité unique d'énergie croît jusqu'à un maximum pendant qu'elle quitte l'espace-Y pour les photons libres et les photons-porteurs ([15], [8] Chapitre 6) ([53], [8] Chapitre 6), ou quitte l'espace-X pour les particules massives ([33], [8] Chapitre 12) ([31], [8] Chapitre 11) ([32], [8] Chapitre 14), cette quantité unique, après avoir atteint un volume de présence maximum dans l'espace-Z, régresse vers un état de zéro présence dans cet espace pendant que l'énergie retraverse dans l'espace-Y – ou l'espace-X – dans lequel il se trouvait auparavant (symétrie entre les phases d'augmentation et de régression de la présence de l'énergie dans l'espace-Z magnétostatique).

Dans l'espace-X normal, l'énergie des neutrinos ne peut être émise que sous forme de paires identiques dans des directions opposées perpendiculairement à la direction de mouvement de l'énergie unidirectionnelle présente dans cet espace le long de l'axe Y-x, provenant d'une particule massive nouvellement créée – électron, muon ou tau – qui se libère ainsi d'un excès de masse excédentaire instable ([33], [8] Chapitre 12) (Plus à ce sujet plus loin dans ce chapitre). Voir Section 2.15.

Finalement, la symétrie globale est aussi préservée puisque le dipôle électrique – ou neutrinique – variant dans le temps, se déplaçant dans l'espace est contrebalancé en permanence par un dipôle magnétique variant de la même manière dans le temps, orienté perpendiculairement et croissant et décroissant dans l'espace, tous deux demeurant perpendiculaires à la direction de mouvement du photon dans l'espace, obéissant ainsi à la triple orthogonalité requise pour traitement par onde plane dans la théorie de Maxwell pour tout mouvement de l'énergie électromagnétique en ligne droite ([15], [8] Chapitre 6).

2.13. L'équation trispatiale du photon

La première structure électromagnétique interne que la géométrie trispatiale a permis de définir fut celle du photon localisé que de Broglie avait conclu ne pouvant pas être définie dans le cadre plus restreint de l'espace 3D ([15], [8] Chapitre 6), et qui montre graphiquement avec la **Figure 2.5**, la séquence de l'oscillation harmonique transversale de l'énergie du photon représentée par l'Équation (2.46).

La **Figure 2.5** permet de représenter visuellement la séquence complète variant dans le temps de l'oscillation transversale de l'énergie du demi-quantum électromagnétique à l'intérieur du complexe trispatial. La **Figure 2.5-a** montre les deux charges opposées, mesurables comme générant le champ électrique E du photon à sa valeur maximum, ayant atteint leur distance transversale maximum à l'intérieur de l'espace-Y, suivi de la **Figure 2.5-b** qui montre l'énergie des deux charges transférant vers l'espace-Z magnétostatique.

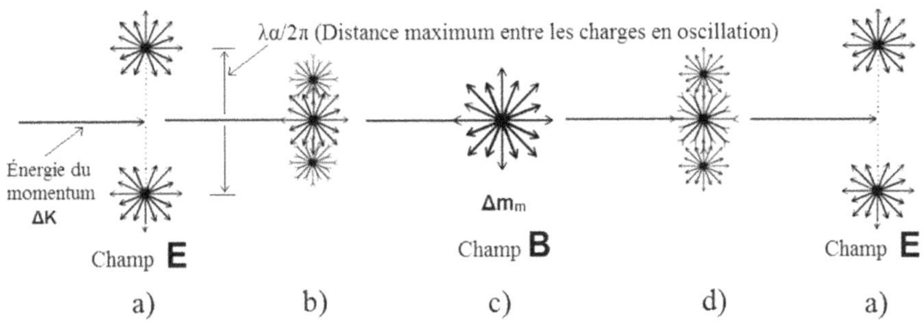

Figure 2.5: Cycle complet variant dans le temps de l'énergie en oscillation transversale du demi-quantum électromagnétique du photon à double-particule pendant que son demi-quantum unidirectionnel supportant son momentum le propulse translationnellement.

Vient ensuite la **Figure 2.5-c** qui montre l'énergie des deux charges ayant complètement pénétré à l'intérieur de l'espace-Z en expansion omnidirectionnelle, maintenant mesurables comme générant le champ magnétique **B** du photon à sa valeur maximum, suivi de la **Figure 2.5-d** qui montre l'énergie de la composante magnétique unique transférant à rebours dans l'espace-Y électrostatique. Finalement, la **Figure 2.5-a** finale montre que toute l'énergie magnétique est complètement retransféré dans l'espace-Y, et est de nouveau mesurable comme générant le champ électrique **E** du photon, prête pour initier le cycle suivant.

Tel que déjà mentionné, le concept du photon à double-particule est une idée originale de Louis de Broglie, et l'analyse complète de son élaboration dans la géométrie trispatiale est disponible à la Référence ([15], [8] Chapitre 6), où le développement complet de son équation LC trispatiale est élaborée à partir des représentations d'inductance et de capacitance de l'énergie électromagnétique:

$$E\,\vec{I}\,\vec{i} = \left(\frac{hc}{2\lambda}\right)_X \vec{I}\,\vec{i} + \left[\begin{array}{l} 2\left(\dfrac{e^2}{4C}\right)_Y (\,\vec{J}\,\vec{j}, \vec{J}\,\overleftarrow{j}\,)\cos^2(\omega t) \\[2mm] + \left(\dfrac{L\,i^2}{2}\right)_Z \overleftrightarrow{K}\,\sin^2(\omega t) \end{array} \right] \tag{2.48}$$

et aussi de la même formulation LC utilisant les champs **E** et **B** plus familiers définis avec les Équations (2.23):

$$E \, \vec{I}\,\vec{i} = \left(\frac{hc}{2\lambda}\right)_X \vec{I}\,\vec{i} + \left[\begin{array}{l} 2\left(\dfrac{\varepsilon_0 \mathbf{E}^2}{4}\right)_Y (\,\vec{J}\,\vec{j}, \vec{J}\,\overleftarrow{j}\,)\cos^2(\omega t) \\[2ex] + \left(\dfrac{\mathbf{B}^2}{2\mu_0}\right)_Z \overleftrightarrow{K}\,\sin^2(\omega t) \end{array}\right] V \tag{2.49}$$

où le volume V est le volume isotrope stationnaire théorique que l'énergie cinétique oscillante du photon occuperait si elle était immobilisée sous forme d'une sphère de densité isotrope, tel que dérivé à la Référence ([30], [8] Chapitre 4):

$$V = \frac{\alpha^5}{2\pi^2}\,\lambda^3 \tag{2.50}$$

2.14. L'équation trispatiale de l'électron

Il est bien établi que des photons électromagnétiques de 1.022 MeV ou plus peuvent être déstabilisés pour se convertir en une paire d'électron-positon ([31], [8] Chapitre 11). Cependant, il s'avère que toute l'énergie constituant les deux masses au repos de 0.511 MeV/c^2 de l'électron et du positon est électromagnétique de nature et réside donc dans les espaces Y et Z dans la nouvelle géométrie trispatiale, alors que le demi-quantum du quantum complet du photon de 1.022 MeV initial qui réside dans l'espace-X avant découplage est vectoriellement unidirectionnel par définition. Cela signifie que la Nature a trouvé moyen de forcer cette énergie unidirectionnelle de momentum ΔK à se réorienter transversalement pour qu'elle puisse faire partie de la masse électromagnétique des deux particules massives émergeantes.

L'un des aspects les plus intéressants de la géométrie trispatiale est qu'elle permet effectivement d'établir un processus mécanique clair par lequel cette énergie unidirectionnelle du demi-quantum ΔK supportant le momentum d'un photon électromagnétique de 1.022 MeV peut traverser dans les espaces électrostatique Y et magnétostatique Z orthogonaux pendant le processus de découplage, acquérant ainsi l'orientation transversale qui caractérise l'énergie des masses entières de l'électron et du positon de la paire résultant du processus de séparation dans la géométrie trispatiale ([31], [8] Chapitre 11).

De la même manière, la mécanique même de transfert de cette énergie unidirectionnelle du momentum dans l'espace-Y, qui définit les charges unitaires invariantes de l'électron et du positon, force aussi par structure l'autre moitié de l'énergie de chaque particule de la paire en cours de séparation, à se mettre à osciller entre les espace Z et X pour que la répartition d'énergie demeure symétrique dans le complexe trispatial, résultant en l'établissement d'un paire de composants se séparant à l'intérieur de l'espace-X normal d'une manière identique au comportement de la paire de *charges électriques* du photon à l'intérieur de l'espace-Y, qui est traditionnellement représentée par e^2, mais qui demande maintenant à être représentée par une nouvelle dénomination puisqu'elle ne peut plus dorénavant présenter les caractéristiques *électriques*, qui appartiennent exclusivement par définition à l'énergie présente dans l'espace-Y, dans ce complexe trispatial. En attendant une identification claire, le symbole de premier contact qui convenait le mieux était alors $(e')^2$.

Comme nous le verrons plus loin, une analyse approfondie réussit à associer ces *charges non-électriques* doubles $(e')^2$ à l'émission de neutrinos, ce qui leur valut le nom de *charges neutriniques* dans les descriptions subséquentes ([33], [8] Chapitre 12) ([31], [8] Chapitre 11).

Les équations LC trispatiales suivantes furent alors définies pour décrire la structure trispatiale interne de l'énergie des masses de l'électron et du positon:

$$\vec{E}\vec{0} = m_e c^2 \vec{0} = \left[\frac{H}{2\lambda_C}\right]_Y \vec{J}\vec{i} + \left(\begin{array}{l} 2\left[\dfrac{(e')^2}{4C_C}\right]_X (\vec{I}\vec{j},\vec{I}\overleftarrow{j})\cos^2(\omega t) \\ + \left[\dfrac{L_C i_C^{\,2}}{2}\right]_Z \overleftrightarrow{K}\sin^2(\omega t) \end{array} \right) \tag{2.51}$$

et

$$\vec{E}\vec{0} = m_p c^2 \vec{0} = \left[\frac{H}{2\lambda_C}\right]_Y \vec{J}\overleftarrow{i} + \left(\begin{array}{l} 2\left[\dfrac{(e')^2}{4C_C}\right]_X (\vec{I}\vec{j},\vec{I}\overleftarrow{j})\cos^2(\omega t) \\ + \left[\dfrac{L_C i_C^{\,2}}{2}\right]_Z \overleftrightarrow{K}\sin^2(\omega t) \end{array} \right) \tag{2.52}$$

Une reformulation des mêmes équations LC en utilisant les champs E et B plus familiers définis avec les Équations (2.23) força alors l'identification de la paire de composants $(e')^2$ comme étant des *charges neutriniques* (v^2) dans les Références ([33], [8] Chapitre 12) ([31], [8] Chapitre 11) pour des raisons qui deviendront bientôt évidente:

$$m_0\vec{0} = \frac{V_m}{c^2}\left\{ \left[\frac{\varepsilon_0 \mathbf{E}^2}{2}\right]_Y \vec{J}\vec{i} + \left[\begin{array}{l} 2\left(\dfrac{\varepsilon_0 \mathbf{V}^2}{4}\right)_X (\vec{I}\vec{j},\vec{I}\overleftarrow{j})\cos^2(\omega t) \\ + \left(\dfrac{\mathbf{B}^2}{2\mu_0}\right)_Z \overleftrightarrow{K}\sin^2(\omega t) \end{array} \right] \right\} \tag{2.53}$$

où v (la lettre grecque **nu**) représente l'équation de champ *neutrinique* ([31], [8] Chapitre 11) ([33], [8] Chapitre 12) qui représente maintenant la double *charge neutrinique* et dont le calcul d'énergie est identique à celui de l'équation du champ électrique E, mais qui oscillent maintenant en directions opposées sur la plan X-y/X-z de l'espace-X, à l'intérieur de la structure d'énergie trispatiale des masses des particules massives dans les Équations (2.51) et (2.52), tout comme les *charges électriques* oscillent dans des directions opposées sur le plan Y-y/Y-z de l'espace-Y, à l'intérieur de la structure d'énergie du photon ou du photon-porteur ([15], [8] Chapitre 6) ([53], [8] Chapitre 6) dans les Équations (2.48) et (2.49). Voici les définitions du volume isotrope requis et du champ neutrinique:

$$V_m = \frac{\alpha^5 \lambda_C{}^3}{2\pi^2} \quad \text{et} \quad V = \frac{\pi(e')}{\varepsilon_0 \alpha^3 \lambda_C{}^2} \tag{2.54}$$

où l'on assigne à $(e')^2$ la même valeur numérique fondée sur celle de la charge électrique unitaire $e=1.602176462\text{E-}19$, puisqu'une paire de tels composants représente par structure la même quantité maximale d'énergie dans la structure trispatiale de l'électron, soit la moitié de la masse au repos de l'électron lorsqu'éloignés à distance maximale d'écartement l'une de l'autre dans l'espace-X lorsqu'elle se sépare en deux quantités égales.

Sur le modèle de l'Équation (2.49) pour le photon en mouvement libre, l'équation pour le photon-porteur de l'électron peut maintenant être formulée de la manière suivante en utilisant les champs E et B, procurant la même énergie que l'Équation (2.13) pour l'énergie cinétique relativiste corrigée:

$$E_K \, \vec{\mathbf{I}} \, \vec{\mathbf{i}} = \left[\frac{hc}{2\lambda} \right]_X \vec{\mathbf{I}} \, \vec{\mathbf{i}} + \left[\begin{array}{c} 2\left(\dfrac{\varepsilon_0 \mathbf{E}_K{}^2}{4} \right)_Y (\vec{\mathbf{J}} \, \vec{\mathbf{j}}, \vec{\mathbf{J}} \, \overleftarrow{\mathbf{j}})\cos^2(\omega t) \\ + \left(\dfrac{\mathbf{B}_K{}^2}{2\mu_0} \right)_Z \overleftrightarrow{\mathbf{K}} \sin^2(\omega t) \end{array} \right] V_K \tag{2.55}$$

qui permet maintenant de représenter les champs combinés de l'électron et de son photon-porteur dans le **Tableau 2.1**.

Tableau 2.1: Équations de champs combinées de l'électron et de son photon-porteur.

	Énergie cinétique du momentum dans l'espace-X (espace normal)	Énergie localisée dans les espaces Y et Z constituant la masse translationnellement inerte de la particule en mouvement
Énergie de la masse au repos (m_oc^2)		$\left\{\left(\dfrac{\varepsilon_0\mathbf{E}^2}{2}\right)_Y \vec{\mathbf{J}}\,\vec{\mathbf{i}}+\left(\left(\dfrac{\mathbf{B}^2}{2\mu_0}\right)_Z \overset{\leftrightarrow}{\mathbf{K}}\right)\right\}V_{m_e}$
Énergie-porteuse ΔK + $\Delta m_m c^2$	$\left[\dfrac{hc}{2\lambda}\right]_X \vec{\mathbf{I}}\,\vec{\mathbf{i}}$	$\left[\left(\dfrac{\mathbf{B}_K{}^2}{2\mu_0}\right)_Z \overset{\leftrightarrow}{\mathbf{K}}\right]V_K$
Énergie Relativiste totale de la masse (mc^2)		$\left\{\left(\dfrac{\varepsilon_0\mathbf{E}^2}{2}\right)_Y \vec{\mathbf{J}}\,\vec{\mathbf{i}}+\left(\left(\dfrac{\mathbf{B}^2}{2\mu_0}\right)_Z \overset{\leftrightarrow}{\mathbf{K}}\right)\right\}V_{m_e}+\left[\left(\dfrac{\mathbf{B}_K{}^2}{2\mu_0}\right)_Z \overset{\leftrightarrow}{\mathbf{K}}\right]V_K$

En fait, le photon-porteur procure à l'électron les champs E et B ambiants qui déterminent en permanence sa vitesse et sa direction de mouvement, lorsqu'elles peuvent s'exprimer, en accord avec l'équation de Lorentz $F=q(E + v \times B)$ déjà mentionnée. Plus précisément, il obéit constamment à la relation triplement orthogonale $v=E/B$ issue de l'équation de Lorentz qui lui est imposée par les champs E et B de son photon-porteur, dont les intensités déterminent sa vitesse, et l'équilibre de leurs densités relatives déterminent sa trajectoire, des densités égales par défaut des champs E et B résultant en un mouvement en ligne droite de l'électron ([30], [8] Chapitre 4).

À son tour, le champ B du photon-porteur de l'électron tend constamment à aligner son orientation de polarité magnétique relative, c'est-à-dire, son orientation relative de spin, en relation antiparallèle de moindre action par rapport au champ B de l'énergie de la masse au repos de l'électron qu'il transporte, dont la résultante combinée tend constamment à s'aligner en orientation antiparallèle de moindre action par rapport à la résultante des champs

B des particules environnantes, donc par rapport au champ *B* macroscopique ambiant résultant de l'addition des champs *B* environnants.

Étant donné que le demi-quantum d'énergie ΔK du momentum du photon-porteur est orienté de manière inamovible perpendiculairement par rapport au champ **B** de son propre demi-quantum Δm_m complémentaire de l'incrément de masse électromagnétique, la direction de mouvement de ce momentum est systématiquement déterminée par l'orientation de son champ *B*.

C'est cette relation orthogonale inamovible qui explique pourquoi les électrons non-pairés des matériaux ferromagnétiques peuvent être forcés d'aligner leurs spins parallèlement les uns aux autres, en orientation mutuelle de moindre action aussi antiparallèle que possible par rapport à un champ magnétique *B* macroscopique ambiant, ce qui force leurs énergies individuelles de momentum ΔK à s'aligner dans la même direction et à s'additionner pour faire tourner sur lui-même un objet macroscopique tel le cylindre de l'expérience Einstein-de Haas ([52], [8] Chapitre 10), ou réciproquement, c'est pourquoi lorsque les énergies unidirectionnelles individuelles de momentum ΔK des photons-porteurs des électrons non-pairés de la barre ferromagnétique de l'expérience de Barnett sont forcés à s'aligner parallèlement les unes aux autres en mettant mécaniquement la barre en rotation, leurs champs *B* individuels sont aussi forcés de s'alignent en spin parallèle, et s'additionnent pour devenir mesurables au niveau macroscopique ([52], [8] Chapitre 10),

2.15. Émission de neutrinos dans la géométrie trispatiale

Autre fait intéressant, la géométrie trispatiale permet d'établir pour la première fois une explication mécanique à l'émission de neutrinos. Cette solution particulière émerge de la structure LC obligée des quanta électromagnétiques élémentaires dans cette géométrie trispatiale.

Selon cette perspective, étant donné que la charge électrique d'une particule mu ou tau nouvellement créée demeure invariante à la même valeur unitaire que celle de l'électron, il peut être conclu du point de vue procuré par cette géométrie trispatiale que l'énergie correspondant à l'excès de masse observé pour ces deux particules ne peut pas pénétrer dans l'espace-Y électrostatique, car toute augmentation d'énergie dans cet espace causerait par structure une augmentation de la valeur de leur charge électrique, que nous savons expérimentalement ne jamais se produire.

Étant donné qu'elles sont massive tout comme l'électron, elles auront donc la même structure LC que l'électron dans la géométrie trispatiale. Cela implique que cet excès d'énergie ne peut exister que sous forme d'une augmentation métastable du quantum d'énergie qui oscille entre l'espace-Z et l'espace-X. Rétrospectivement, la même hypothèse peut être formulée à propos d'un électron nouvellement créé par dégradation β- , ce qui modifierait l'équation LC trispatiale (2.53) pour la masse au repos de l'électron de la manière suivante. Pour simplifier la représentation, nous ignorerons à partir de maintenant la notation vectorielle unitaire maintenant bien établie:

$$m_{0+} = \left\{ \left[\frac{\varepsilon_0 \mathbf{E}^2}{2} \right]_Y + \left[\begin{array}{l} 2\left(\dfrac{\varepsilon_0 \left(\mathbf{v}_e + \mathbf{v}' \right)^2}{4} \right)_X \cos^2(\omega t) \\ + \left(\dfrac{\left(\mathbf{B}_e + \mathbf{B}' \right)^2}{2\mu_0} \right)_Z \sin^2(\omega t) \end{array} \right] \right\} \frac{V_m}{c^2} \tag{2.56}$$

où m_{o+} représente une masse au repos légèrement augmentée de l'électron, et v' et B' sont les incréments d'énergie qui oscillent momentanément entre l'espace-X normal et l'espace-Z magnétostatique en surplus momentané métastable d'énergie s'ajoutant à la masse au repos normale de l'électron. Cette solution permet au champ électrique E de l'électron de demeurer inchangé, conformément à l'observation.

Puisque cet électron issue de la dégradation β- possède une énergie légèrement supérieure à l'énergie de la masse au repos invariante bien connue de l'électron, il semble très possible que pendant qu'il est en processus de quitter la structure déstabilisée du neutron, les tensions déstabilisatrices extrêmes dues à cette proximité initiale pourraient forcer les deux quanta d'énergie neutrinique en un violent mouvement translationnel autour de l'axe X-x sur le plan X-y/Y-z, qui libérerait les deux demi-quantités en excès momentané, les forçant à s'échapper dans l'espace-X normal dans des directions opposées sur ce plan X-y/X-z perpendiculaire à la direction de mouvement de l'électron, pendant que les deux quantités d'énergie neutrinique de repos du demi-quantum oscillant de l'électron retrouvent leur mouvement usuel de va et vient dans la structure interne de l'électron, qui aurait maintenant atteint son niveau le plus bas possible d'énergie de sa masse au repos invariante tel que représenté par l'Équation (2.53).

$$m_{0+} \rightarrow m_0 + v_e + \overline{v}_e \tag{2.57}$$

Dans la géométrie trispatiale, les émissions de neutrinos muoniques et tauiques s'accompliraient bien sûr selon le même processus:

$$m_{0+} = \mu^- = \left\{ \left[\frac{\varepsilon_0 \mathbf{E}_e^{\ 2}}{2} \right]_Y + \left[2\left(\frac{\varepsilon_0 (\mathbf{v}_e + \mathbf{v}_\mu)^2}{4} \right)_X \cos^2(\omega t) + \left(\frac{(\mathbf{B}_e + \mathbf{B}_\mu)^2}{2\mu_0} \right)_Z \sin^2(\omega t) \right] \right\} \frac{V_m}{c^2} \qquad (2.58)$$

$$m_{0+} = \tau^- = \left\{ \left[\frac{\varepsilon_0 \mathbf{E}_e^{\ 2}}{2} \right]_Y + \left[2\left(\frac{\varepsilon_0 (\mathbf{v}_e + \mathbf{v}_\tau)^2}{4} \right)_X \cos^2(\omega t) + \left(\frac{(\mathbf{B}_e + \mathbf{B}_\tau)^2}{2\mu_0} \right)_Z \sin^2(\omega t) \right] \right\} \frac{V_m}{c^2} \qquad (2.59)$$

résultant en de similaires émissions de neutrinos caractéristiques des muons et particules tau:

$$m_{0+} = \mu^- \rightarrow m_0 + v_\mu + \overline{v}_\mu \quad \text{et} \quad m_{0+} = \tau^- \rightarrow m_0 + v_\tau + \overline{v}_\tau \qquad (2.60)$$

Bien sûr, la dégradation $\beta+$, et celles de l'anti-muon et l'anti-tau résulteront en des émissions identiques, mais laissant derrière un positon isolé au lieu d'un électron.

Le fait que les deux neutrinos produits lors de chaque émission ne peuvent l'être que sous forme d'une paire identique se déplaçant dans des directions opposées perpendiculairement à la direction de mouvement de la particule émettrice, rend impossible que de tels neutrinos produits par dégradation des muons arrivant en ligne directe de la surface du Soleil dans la direction générale d'un détecteur, soient effectivement détectés, puisqu'ils s'échappent et se déplacent par structure sur des plans perpendiculaires à l'axe Soleil-détecteur.

Par conséquent, selon les caractéristiques trispatiales d'émission de neutrinos, les seuls neutrinos/antineutrinos qui pourraient possiblement être détectés venant du Soleil seront une faible partie de ceux émis par des muons se déplaçant sur un plan perpendiculaire à l'axe Soleil-détecteur, c'est-à-dire, principalement des neutrinos émis aux limites externes du disque visible du Soleil, soit une conclusion qui contribuerait grandement à expliquer pourquoi leur taux de détection est toujours demeuré de loin plus faible que ce que les théories actuelles prédisent.

Cette conclusion pourrait être facilement vérifiée en orientant les équipements de détection directement vers la circonférence du disque solaire.

Finalement, puisqu'ils s'échappent sous forme de simples quantités d'énergie cinétique unidirectionnelle associées au momentum dans l'espace-X, privés du complément électromagnétique transversal oscillant dans les espaces Y et Z qui explique l'inertie omnidirectionnelle telle que perçue à partir l'espace-X, soit, la *masse électromagnétique*, ainsi que la *charge électrique*, pour toutes les particules électromagnétiques dans la géométrie trispatiale, ceci expliquerait pourquoi aucune masse ni charge n'ont jamais été détectés lors de toutes les expériences dans lesquelles ils ont été impliqués.

2.16. *Les quarks up et down dans la géométrie trispatiale*

Les dernières particules qui doivent être examinées avant que les états de résonance puissent être analysées sont les quarks up et down qui ont été détectés comme étant les seuls sous-composants chargés, massifs et au comportement ponctuel qui ont pu être détectés par collisions non-destructrices à l'intérieur des protons et des neutrons au cours d'expériences effectuées à l'accélérateur SLAC de 1966 à 1968 ([34], [8] Chapitre 19) ([32], [8] Chapitre 14) [21].

La mécanique trispatiale de création de protons et neutrons à partir des deux combinaisons possibles de triades combinant électrons et positons interagissant à suffisamment grande proximité avec une énergie de momentum insuffisante pour leur permettre d'échapper à leur capture mutuelle est décrite à la Référence ([32], [8] Chapitre 14).

Étant donné que les quarks up et down démontrent toujours le même comportement ponctuel que les électrons et positons pendant toutes les expériences de collisions avec des électrons ou des positons, il a longtemps été soupçonné que ces quarks up et down pourraient être des électrons et positons dont les caractéristiques de masse et de charge seraient distorsionnées jusqu'à atteindre ces états altérés par les stress qui leurs sont imposés dans ces états d'équilibre électromagnétique de moindre action les plus énergiques que ces particules pourraient atteindre dans la nature ([34], [8] Chapitre 19) ([32], [8] Chapitre 14) ([43], [8] Chapitre 2).

Cette possibilité fournit immédiatement une explication possible du fait que jamais aucun quark up ou down n'a jamais été observé se déplaçant séparément dans l'espace après avoir été chassé d'un nucléon par collision suffisamment énergique. En effet, si ce sont vraiment des électrons et positons dont les caractéristiques sont distorsionnées jusqu'à atteindre celles observées pour les quarks up et down dans leurs environnements nucléoniques de stress électromagnétique intense, ils retrouveraient bien sûr immédiatement leurs caractéristiques normales d'électron ou de positon aussitôt qu'ils échapperaient à ces stress contraignants.

Les caractéristiques spécifiques des électrons et positons qui seraient modifiées par ces stress intenses sont en premier lieu leurs masses, qui ont été déterminés pour le quark up comme se situant entre 1 et 5 MeV/c^2, et entre 3 et 9 MeV/c^2 pour le quark down, et leur charges électriques, qui ont été déterminées comme étant 2/3 de la charge du positon pour le quark up, et 1/3 de la charge de l'électron pour le quark down ([73], p. 382).

Il s'avère que la géométrie trispatiale permet de définir une mécanique claire de création de nucléons à partir des deux seules combinaisons possibles de triades d'électrons et positons, ce qui procure une explication logique à ces changements de caractéristiques dus à ces stress, ainsi que sur la nature de ces stress électromagnétiques ([32], [8] Chapitre 14).

Dans la géométrie trispatiale, la masse et la charge des particules élémentaires stables varient en fonction inverse l'une de l'autre en fonction de leur distance de l'axe coplanaire Y-z à l'intérieur de l'espace-Y électrostatique ([34], [8] Chapitre 19) ([32], [8] Chapitre 14).

La distance de l'axe Y-z à l'intérieur de l'espace-Y à laquelle une paire électron-positon se découple à partir d'un photon de 1.022 MeV déstabilisé est par structure de 3.861592641E-13 m ([31], [8] Chapitre 11), ce qui correspond au *rayon classique* de l'électron divisé par la constante de structure fine ($r'=r_e/\alpha$).

À cette distance de l'axe Y-z, sa charge correspond exactement à la charge unitaire de 1.602176462E019 C et à une masse de 9.10938188E-31 kg. Ces valeurs bien établies expérimentalement permettent de déterminer les valeurs correspondantes pour les quarks up et down au **Tableau 2.2** ([32], [8] Chapitre 14), valeurs qui se situent entre les limites estimées expérimentalement de ces masses.

Tableau 2.2: Relation entre les charges et masses des quarks up et down par rapport à leur distances de l'axe Y-z dans l'espace-Y électrostatique.

Tableau des charges et masses effectives de l'électron, du quark up et du quark down, estimées à partir de l'hypothèse que la charge unitaire de l'électron serait la quantité de charge induite à la distance de l'axe Y-z à laquelle une paire électron-positon se sépare pendant le processus de production des paires..			
Particule	$r' = r_e/\alpha$	Charge	masse
Électron	r'_e = 3.861592641E-13 m	1.602176462E-19 C	9.10938188E-31 kg
Quark up	r'_{eu} = 2.574395094E-13 m	1.068117641E-19 C	2.04961092E-30 kg
Quark Down	r'_{ed} = 1.287197547E-13 m	5.340588207E-20 C	8.19844378E-30 kg

Ceci permet maintenant d'établir l'équation générale suivante pour calculer les masses effectives des trois seules particules électromagnétiques élémentaires stables massives et chargées électriquement, qui se comportent de manière ponctuelle dans tous les événements de collisions, et qui sont les seuls sous-composants électromagnétiques élémentaires de tous les atomes qui existent dans l'univers, au moyen de la *constante d'induction d'énergie électrostatique*: K=1.220852596E-38 j·m^2, établie à partir de l'équation de Coulomb aux Références ([34], [8] Chapitre 19) ([31], [8] Chapitre 11) ([32], [8] Chapitre 14) (Voir aussi la Section 1.25). Bien sûr, le positon peut être considéré comme étant identique à l'électron sauf pour le signe de sa charge.

$$m_{i[d,u,e]} = K\left(\frac{3\alpha}{nr_0 c}\right)^2 \qquad (n = 1,2,3) \tag{2.61}$$

Tableau 2.3: Énergie et longueurs d'onde des masses au repos des quarks up et down.

Tableau des énergies et longueurs d'onde des masses effectives des quarks up et down, estimées à partir de l'hypothèse que la charge unitaire de l'électron serait la quantité de charge induite à la distance de l'axe Y-z à laquelle une paire électron-positon se sépare pendant le processus de production des paires.			
Particule	$r' = r_e/\alpha$	$E = K/r^2$	$\lambda = hc/E$
Électron	$r'_e = 3.861592641$E-13 m	0.5109989027 MeV	2.426310215E-12 m
Quark up	$r'_{eu} = 2.574395094$E-13 m	1.149747531 MeV	1.078360096E-12m
Quark down	$r'_{ed} = 1.287197547$E-13 m	4.598990173 MeV	2.69590021E-13 m

Dans la géométrie trispatiale, cette diminution des charges des quarks up et down due aux stress électromagnétiques auxquels ils sont soumis dans les nucléons ne peut pas se produire sans être compensée par une augmentation du champ magnétique de la particule et de son photon-porteur, tel que démontré par la dérive magnétique observée chez le photon-porteur de l'électron, même aussi éloigné du noyau que l'orbitale de repos de l'atome d'hydrogène ([60], [8] Chapitre 8). Étant donné que les quarks up et down se stabilisent à des distances si précises de l'axe Y-z dans la géométrie trispatiale, il devient possible d'établir des constantes de dérive magnétique spécifiques pour ces distances:

$$S_U = \frac{r'_{eu}}{r'_e} = \frac{2}{3} \qquad \text{et} \qquad S_D = \frac{r'_{ed}}{r'_e} = \frac{1}{3} \tag{2.62}$$

Ces constantes de dérive magnétique et longueurs d'onde permettent maintenant d'établir les équations trispatiales LC du quark up et du quark down:

$$m_U = \frac{E_U}{c^2} = \frac{1}{c^2} \left\{ S_U \left[\frac{hc}{2\lambda_U} \right]_Y + (2 - S_U) \left[2 \left(\frac{(e')^2}{4C_U} \right)_X \cos^2(\omega t) + \left(\frac{L_U i_U^2}{2} \right)_Z \sin^2(\omega t) \right] \right\} \tag{2.63}$$

$$m_D = \frac{E_D}{c^2} = \frac{1}{c^2} \left\{ S_D \left[\frac{hc}{2\lambda_D} \right]_Y + (2 - S_D) \left[2 \left(\frac{(e')^2}{4C_D} \right)_X \cos^2(\omega t) + \left(\frac{L_D i_D^2}{2} \right)_Z \sin^2(\omega t) \right] \right\} \tag{2.64}$$

Le photon-porteur de chaque quark up et down à l'intérieur des nucléons aurait bien sûr la même structure LC trispatiale interne que celui de l'électron, soit celle décrite par l'Équation (2.55), et serait associé à la particule portée de la même manière, tel que décrit dans le **Tableau 2.1** pour l'électron en mouvement, la seule différence résidant dans les niveaux d'énergie immensément plus élevés que ces photons-porteurs nucléoniques atteignent, et l'importance de la dérive magnétique qu'ils subissent eux-mêmes dû au stress qui leur est imposé par l'environnement nucléonique ([32], [8] Chapitre 14).

Cette relation entre chaque quark up et chaque quark down et son photon-porteur les rend susceptibles d'être représentés eux aussi par une fonction d'onde similaire à celle de l'électron dans l'orbitale de repos de l'atome d'hydrogène, comme nous le verrons plus loin.

2.17. Orientations parallèle et antiparallèle des spins magnétiques relatifs

En Mécanique Quantique (MQ), le concept de *spin* est si faiblement associé au champ magnétique, que même s'il y est techniquement associé au moment magnétique des particules chargées, même ce moment magnétique est considéré par la plupart dans la communauté comme un simple moment angulaire mécanique ($Sz=\pm\frac{1}{2}\hbar$) sans rappel particulier qu'il concerne très spécifiquement l'orientation des polarités magnétiques relatives, soit parallèle ou antiparallèle, des champs magnétiques des quanta électromagnétiques élémentaires relativement les uns aux autres. À toutes fins pratiques, il est perçu comme un *mouvement de rotation mécanique transversal* ("*spinning motion*" en anglais) dans les deux directions possibles perpendiculairement à la direction de mouvement, dans le sens de la mécanique classique, sans lien véritable avec l'électromagnétisme.

Cependant, l'idée même d'un *spin magnétique* des particules élémentaires comme équivalant à un *moment angulaire* de la mécanique classique/relativiste est en contradiction directe avec le fait confirmé expérimentalement mentionné précédemment qu'aucune limite infranchissable n'a jamais été détectée à quelque distance que ce soit du centre des électrons, peu importe à quel point deux électrons peuvent s'approcher de leurs centres mutuels durant absolument toutes les expériences de collisions mutuelles, car l'idée même d'un *moment angulaire* implique l'existence d'un volume qui peut entrer en rotation, ce qui est vide de sens dans le cas d'un quantum électromagnétique élémentaire tel l'électron, pour lequel aucun volume ne peut être mesuré, étant donné son comportement systématiquement ponctuel dans toutes les expériences de collisions.

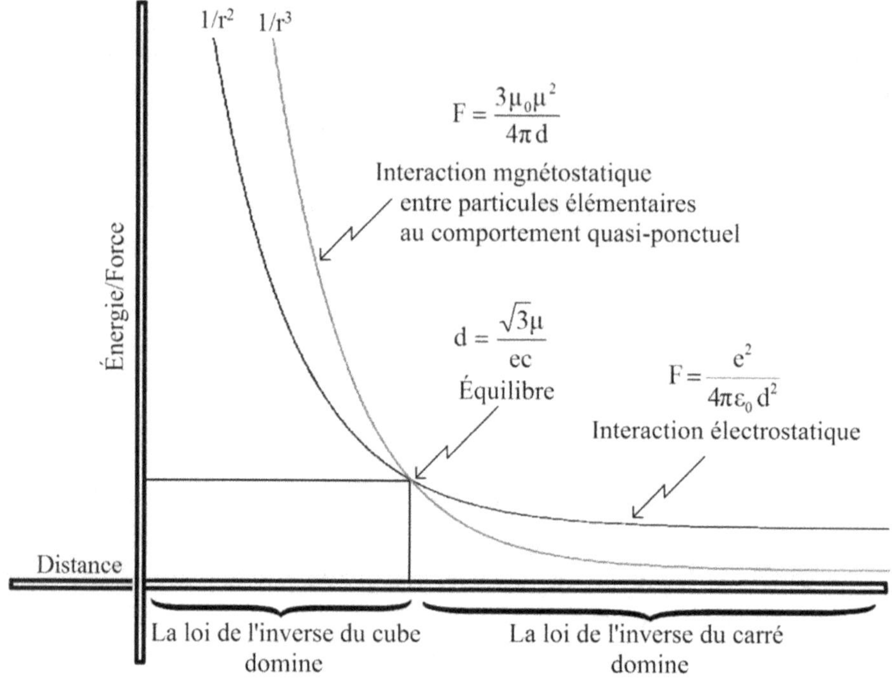

Figure 2.6: Intersection des courbes inverse du carré et inverse du cube.

La déconnexion entre le concept du *spin* de la MQ et les orientations relatives de polarité magnétique des quanta électromagnétiques élémentaires est si grande que nombreux sont ceux qui demeurent convaincus que le *spin* serait une propriété de moment angulaire *intrinsèque* des particules, au lieu de ce qu'il ne peut que vraiment être, soit une propriété *relative* qui demeure sans signification à moins qu'au moins deux quanta électromagnétiques ne soient impliqués, ce qui est la condition incontournable pour que les idées mêmes d'*orientation magnétique parallèle* et d'*orientation magnétique antiparallèle* aient du sens.

Le fait que deux électrons réussissent si facilement à s'associer en un très puissant et intime lien magnétique antiparallèle covalent de moindre action pour unir deux atomes d'hydrogène en une molécule H_2, en dépit de leur répulsion électrique fonction de l'inverse du carré de la distance, révèle *de facto* qu'une loi d'interaction d'un ordre supérieur à la force de Coulomb inverse du carré de la distance est simultanément en action pour initier et maintenir si facilement un tel lien covalent de moindre action si puissant entre deux électrons.

Effectivement, des expériences effectuées aussi récemment que 2014 par Kotler et al. [64] ont démontré que la loi d'interaction impliquée, lorsque deux électrons sont contraints à interagir en alignement de spin magnétique parallèle, est la loi de l'inverse du cube de la distance, qui est l'interaction qui réussit à vaincre la répulsion inverse du carré de la distance de Coulomb lorsque deux électrons sont forcés à s'approcher suffisamment proche l'un de l'autre lorsqu'en alignement de spin magnétique antiparallèle. La relation entre ces deux lois d'interaction est décrite à la **Figure 2.6**.

D'autre part, une expérience exécutée en 1998 confirmait d'ailleurs déjà cette interaction magnétique fonction de l'inverse du cube entre des aimants possédant la même configuration de champs magnétiques que les quanta électromagnétiques élémentaires, ce qui permit l'analyse de cette loi d'interaction magnétique en relation avec la nature oscillante de leur énergie magnétique révélée dans la géométrie trispatiale ([49], [8] Chapitre 9), qui mit en lumière le fait que les champs magnétiques des quantas électromagnétiques élémentaires se comportent à tout moment donné comme des monopoles magnétiques qui inversent constamment leur polarité magnétique en fonction du temps à la fréquence de leur énergie ([11], Voir aussi le Chapitre 3).

Cette conclusion attire finalement l'attention sur le rôle clé joué par les ratios de fréquences relatives existant entre les quanta électromagnétiques élémentaires pour expliquer pourquoi deux électrons peuvent si facilement se stabiliser magnétiquement en un lien covalent en dépit de leurs charges de même signe qui se repoussent mutuellement, dû au ratio 1 de leur fréquences synchrones d'expansion et régression sphériques de présence de leurs énergies magnétiques respectives; aussi pourquoi un électron et un positon captifs en configuration positonium métastable peuvent se combiner pour se convertir en photons électromagnétiques précisément dû au ratio 1 de leurs fréquences d'inversion magnétique asynchrone combinées à l'attraction due à leur charges électriques de signes opposés [11]; et finalement pourquoi un électron et un proton peuvent si systématiquement se repousser magnétiquement pour se stabiliser à la distance moyenne bien connu de l'orbitale de repos de l'électron en dépit de l'attraction due à leurs signes de charges électriques de signes opposés ([11], Voir aussi le Chapitre 3) ([49], [8] Chapitre 9), dû au ratio asynchrone des fréquences d'expansion et régression sphérique de présence de leur énergies magnétiques respectives, dont la mécanique fut sommairement analysée dans les Références ([43], [8] Chapitre 2) ([11], Voir aussi le Chapitre 3) ([49], [8] Chapitre 9), et qui sera analysée plus en profondeur plus loin en relation avec les états de résonance qui en résultent.

Mais analysons en premier de quelle manière l'interaction magnétique asynchrone entre la fréquence invariante de l'énergie de la masse au repos de l'électron et la fréquence variable de l'énergie de son photon-porteur permet de définir l'état de résonance irrégulier connu sous le nom de zitterbewegung de l'électron en mouvement.

2.18 Zitterbewegung

Considérant le **Tableau 2.1** de nouveau, qui met en perspective le fait que l'électron en mouvement implique deux quanta d'énergie différents, qui non seulement oscillent électromagnétiquement à des fréquences différentes, mais dont les centres d'oscillation harmonique ⊗ sont physiquement séparés par structure sur un plan transversal par rapport à la direction de mouvement du système dans l'espace (**Figure 2.7**).

Une comparaison entre l'Équation (2.53) de la masse au repos de l'électron et l'Équation (2.55) de son photon-porteur montre en effet que les deux quanta possèdent chacun sa propre jonction trispatiale ⊗ qui sont séparées par structure du simple fait que leurs énergies oscillent entre des paires différentes d'espaces dans le complexe trispatial, celle de électron oscillant entre l'espace-Z et l'espace-X, pendant que celle de son photon-porteur oscille entre l'espace-Z et l'espace-Y, en plus d'osciller à des fréquences différentes. Cela signifie que sauf pour le cas ou le photon-porteur posséderait une énergie exactement égale à 0.511 MeV, ces deux composantes de l'électron en mouvement sont incapables de se synchroniser en alignement de spin magnétique attractif relatif exactement antiparallèle, ce qui met en évidence le contraste entre ces interactions de résonance asynchrones prévisibles et mesurables et les fluctuations stochastiques spontanées imprévisibles axiomatiquement présumées du point zéro énergie de la théorie quantique des champs (QFT) actuellement présumées expliquer le mouvement de zitterbewegung.

En réalité, toute différence de fréquences entre les deux composantes ne peut que forcer les deux jonctions trispatiales ⊗ à suivre des trajectoires oscillant transversalement de manière en apparence erratique par rapport à la direction de mouvement du système à deux composants, dû à la séquence asynchrone ininterrompue d'alternance cyclique entre des états d'alignement de spins antiparallèles attractifs et parallèles répulsifs, qui ne peuvent que générer l'état de résonance qui a été identifié comme le mouvement de zitterbewegung de l'électron en mouvement.

Nous verrons plus loin qu'un troisième processus d'oscillation, axial dans les structures atomiques cette fois-ci, est impliqué lorsque l'électron est capturé en état d'équilibre électromagnétique de moindre action dans une orbitale atomique, ce qui génère le volume de résonance complexe à trois composantes à l'intérieur duquel de Broglie conclut que l'électron est en résonance dans l'atome d'hydrogène et que Schrödinger voulait décrire avec la fonction d'onde.

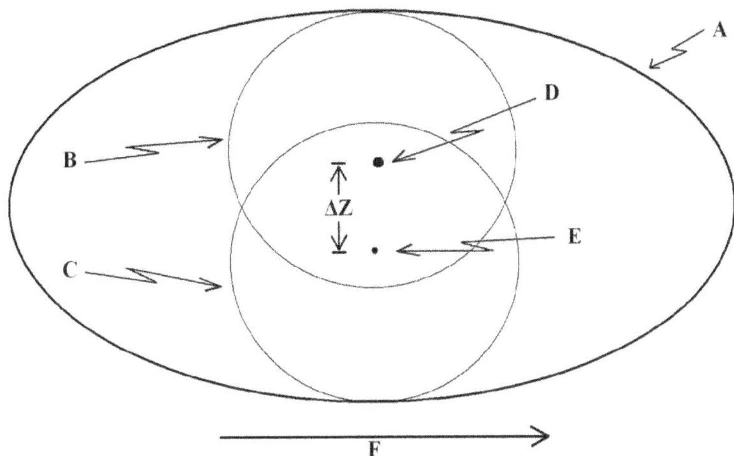

Figure 2.7: Électron en mouvement libre.

Légendes pour la **Figure 2.7**:

A -Représentation symbolique du volume de résonance de l'électron en mouvement libre tel que défini par une fonction d'onde impliquant l'interaction des inversions cycliques de spins relatifs à l'intérieur de l'espace-Z des deux quanta électromagnétiques de l'électron en mouvement, soit "B" et "C", à être mis en corrélation avec la représentation symbolique de la mécanique de résonance représentée à la **Figure 2.8** et au **Tableau 2.1**.

B –Représentation symbolique du volume sphérique d'oscillation de l'énergie magnétique de l'électron dans l'espace-Z. Ref. **Figure 2.5-c** telle qu'appliqué à la structure oscillante interne de l'électron et à l'Équation (2.53). Ce volume correspond à son énergie magnétique variant entre zéro présence et une présence maximum calculée avec l'Équation (2.22), et à la moitié de sa masse au repos invariante tel que déterminé à la Référence ([30], [8] Chapitre 4).

C –Représentation symbolique du volume sphérique d'oscillation de l'énergie magnétique du photon-porteur de l'électron dans l'espace-Z. Ref. **Figure 2.5-c** telle qu'appliquée à la structure oscillante interne du photon-porteur et à l'Équation (2.55). Ce volume correspond à son énergie magnétique variant entre zéro présence et une présence maximum calculée avec l'Équation (2.23), et à l'incrément de masse magnétique associé Δm_m tel que calculé avec l'Équation (2.10). Ce volume correspond aussi à l'énergie contenue dans le volume défini par la fonction d'onde de Schrödinger.

D -Point d'ancrage central ⊗ de résonance de l'énergie magnétique de l'électron à l'intérieur du volume de résonance "A", soit son point de jonction trispatial, où l'origine du complexe trispatial est située pour le quantum d'énergie de l'électron (**Figure 2.4**).

E -Point d'ancrage central ⊗ de résonance de l'énergie magnétique du photon-porteur de l'électron à l'intérieur du volume de résonance "A", soit son point de jonction trispatial, où l'origine du complexe trispatial est située pour le quantum d'énergie du photon-porteur (**Figure 2.4**).

De manière plus réaliste, le volume combiné des deux quanta magnétiques devrait se résoudre sous forme d'un unique sphéroïde dont les dimensions varient en fonction de la somme en constante variation des quantités d'énergie magnétique présentes dans l'espace-Z à tout instant donné, due à leur alternance constante entre une présence maximale et zéro présence à des fréquences différentes, et à l'intérieur duquel les deux points d'ancrage "D" et "E" demeureraient à une distance variable ΔZ l'un de l'autre par structure pendant leur oscillation l'un vers l'autre et l'inverse comme l'analyse en sera faite avec la **Figure 2.8**. Cette représentation explosée ne se veut qu'une simple aide à visualiser que les deux quanta oscillent séparément à leurs fréquences respectives.

F-Orientation unidirectionnelle de mouvement le long de l'axe X-x dans l'espace-X de l'énergie ΔK du momentum de l'électron.

ΔZ- Distance de zitterbewegung entre les deux jonctions trispatiales "D" et "E".

La **Figure 2.7** devrait être mise en corrélation avec la **Figure 2.8** qui représente l'interaction transversale déterminant l'état de résonance de zitterbewegung.

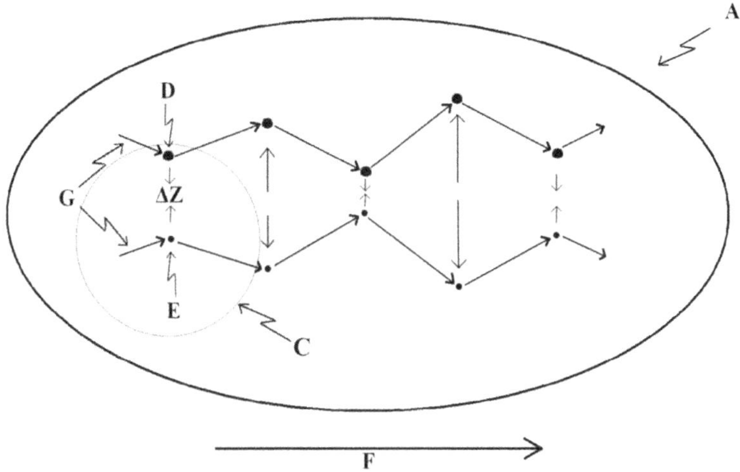

Figure 2.8: Zitterbewegung.

Légende additionnelle pour la **Figure 2.8**, complétant celles définies pour la **Figure 2.7**:

> G - L'oscillation de résonance de zitterbewegung résultant des inversions de spins de leurs sphères d'énergie "B" et "C" en fonction de leurs fréquences respectives (**Figure 2.7**), résultent en une séquence ininterrompue d'approche et d'éloignements successifs l'une par rapport à l'autre des deux jonctions trispatiales "D" et "E". L'irrégularité des distances parcourues lors des inversions successives est symboliquement représentée pour souligner le fait que les deux sphères magnétiques de la **Figure 2.7** oscillent entre une présence maximale et une présence zéro à des fréquences différentes, résultant en une irrégularité des cycles de résonance, qui génère le mouvement de zitterbewegung observé.

En fait, la liberté de déplacement relatif des deux jonctions trispatiale $\otimes$ l'une par rapport à l'autre ne peut en effet être que perpendiculaire à la direction de mouvement du système, puisque la stabilité par structure de la quantité d'énergie translationnelle du photon-porteur à tout moment donné dépend uniquement de l'interaction Coulombienne de l'électron transporté par rapport aux autres particules chargées. Cette contrainte interdit donc toute décélération ou accélération longitudinale relative l'un par rapport à l'autre.

La seule liberté de mouvement possible pour les deux jonctions l'une par rapport à l'autre est donc transversale par rapport à la direction de mouvement du système, ce qui implique qu'à tout moment donné, les deux jonctions trispatiales se trouveront à une distance variable ΔZ (distance de zitterbewegung) l'une de l'autre (**Figure 2.7**), calculable en fonction de l'état des paramètres électromagnétiques d'oscillation harmoniques des deux quanta à tout moment donné.

Ne venons-nous pas d'identifier ici la cause du mouvement de *zitterbewegung* observé et décrit par Schrödinger dans son analyse de l'équation d'onde de Dirac [69], comme étant, selon lui, un mouvement circulaire fluctuant irrégulier de l'électron qui se superpose à son mouvement de translation? La différence tient au fait que l'analyse de Schrödinger conclut que le moment magnétique du spin est causé par le mouvement de zitterbewegung (observé mais non expliqué) alors que la perspective procurée par la géométrie trispatiale prédit et explique mécaniquement l'existence du mouvement de zitterbewegung par l'interaction entre l'énergie magnétique oscillante préexistante de l'électron et l'énergie magnétique oscillante préexistante de son photon-porteur, causée par leurs différences de fréquences.

Donc, en plus de révéler que le volume réel de résonance *visité* par les deux quanta électromagnétiques en oscillation de l'électron en mouvement variera avec la variation de fréquence de l'énergie en croissance ou décroissance du photon-porteur dû aux variations de proximités entre l'électron transporté et les autres particules chargées dans son environnement, cette analyse révèle que lorsque l'énergie du photon-porteur devient exactement la même que celle de la masse au repos invariante de l'électron, soit 0.511 MeV, l'amplitude ΔZ de l'oscillation de zitterbewegung devrait tomber à zéro pendant que le volume de résonance se synchronise en oscillation harmonique simple, ce qui pourrait être vérifié expérimentalement.

2.19. *La fonction d'onde et l'état de résonance de l'électron en mouvement*

Ceci nous amène à mettre en perspective le volume de résonance défini par l'oscillation harmonique de la quantité fixe d'énergie de l'électron en interaction avec l'oscillation harmonique de la quantité variable d'énergie de son photon-porteur, pendant son mouvement dans l'espace, par rapport à la forme traditionnelle de la fonction d'onde utilisée pour le représenter.

Tel que mentionné au début de cet article, la fonction d'onde fut introduite initialement pour représenter le volume de résonance à l'intérieur duquel de Broglie avait conclu que l'électron devait être captif lorsque stabilisé dans l'état fondamental de l'atome d'hydrogène [58]. La méthode fut ensuite transposée pour représenter l'électron et les photons électromagnétiques en mouvement libre.

Dans son état actuel, la fonction d'onde de Schrödinger implique l'oscillation harmonique complexe d'un unique résonateur non clairement défini, combinant mathématiquement une partie réelle et une partie imaginaire, alors que nous observons depuis la perspective de la géométrie trispatiale, que l'électron en mouvement implique deux résonateurs électromagnétiques clairement définis en oscillations harmoniques simples séparées.

Même si dans son état actuel, la fonction d'onde de Schrödinger permet de rendre compte complètement de l'énergie du momentum ΔK de l'électron en mouvement ou captif dans les orbitales atomiques, elle est incapable de rendre compte du mouvement de zitterbewegung de l'électron comme résultant des propriétés électromagnétiques de l'électron et de son énergie porteuse.

En fait, son origine de la mécanique classique incomplètement associée à l'électromagnétisme ne permet l'ingénierie à rebours d'aucune des caractéristiques électromagnétiques de l'électron en résonance à partir des caractéristiques actuelles de cette fonction d'onde, ce qui constitue la déconnexion observée par Feynman en 1964, qui empêche la Mécanique Quantique d'être complètement synchronisée avec l'électromagnétisme [26]:

> *"There are difficulties associated with the ideas of Maxwell's theory which are not solved by and not directly associated with quantum mechanics...when electromagnetism is joined to quantum mechanics, the difficulties remain."*

Traduction:

> *"Il y a des difficultés associées aux idées de la théorie de Maxwell qui ne sont pas résolues par et ne sont pas directement associées avec la mécanique quantique... lorsque l'électromagnétisme est associée à la mécanique quantique, des difficultés demeurent."*

Notons ici que l'ingénierie à rebours de la manière par laquelle les phénomènes observés peuvent être expliqués est une méthode tout à fait usuelle dans les milieux scientifiques. À vrai dire, c'est possiblement la seule méthode efficace, mais la condition minimale de succès implique de considérer le moins de prémisses axiomatiques arbitraires possible, tout en prenant en compte le plus d'éléments pertinents possible qui auraient été confirmés expérimentalement, et finalement aucun élément non pertinent.

Confronté à ce cul-de-sac en partant des caractéristiques de la fonction d'onde, il sembla logique de tenter une ingénierie à rebours de la structure de résonance de l'électron et de son photon-porteur, non pas à partir des caractéristiques de la fonction d'onde comme de Broglie tenta de le faire, mais plutôt à partir des caractéristiques bien connues et bien vérifiées de l'énergie électromagnétique, ce qui conduisit à la présente solution élaborée à partir de la géométrie trispatiale.

Pour se faire une idée claire du défi auquel de Broglie était confronté, examinons comment la nature du résonateur générant un volume de résonance bien compris en mécanique classique peut assez facilement être déduite par ingénierie à rebours.

Qui n'a pas observé avec un peu de curiosité comment une corde de guitare qui vient tout juste d'être pincée *disparait* pratiquement de la vue, particulièrement au milieu de sa longueur pendant qu'elle vibre, c'est-à-dire, pendant qu'elle *visite* transversalement, pour ainsi dire, un volume très caractéristique de l'espace environnant, soit son *volume de résonance*, qui peut être représenté par une fonction d'onde?

Dans ce cas, nous savons d'avance de tout évidence que le résonateur est un corde élastique attachée aux deux extrémités, parce que nous pouvons voir la corde au repos avant et après son état de résonance, et même si elle semble disparaître pendant qu'elle vibre, nous savons aussi que le corde continue d'exister physiquement même si nous ne la voyons plus pendant qu'elle oscille momentanément trop vite pour qu'on la voie.

Nous pouvons aussi imaginer que quelqu'un qui n'aurait jamais vu de guitare ni aucun autre instrument à corde, mais qui serait expert en mathématique, et à qui l'on montrerait la fonction d'onde très caractéristique qui décrit complètement le volume de résonance stationnaire de la corde, après avoir observé soigneusement la diminution symétrique vers zéro de l'amplitude de résonance de chaque côté de sa valeur maximum, pourrait bien être capable de déduire que ce volume de résonance ne peut avoir été produit que par une corde élastique continue attachée en positions fixes aux deux bouts, découvrant ainsi et comprenant la nature d'un résonateur dont il ne connaissait rien auparavant.

Mais pas autant de chance avec la fonction d'onde de Schrödinger car, comme nous l'avons vu à la section précédente, les points d'ancrage de résonance électromagnétique permettant de comprendre comment sa mécanique de résonance peut s'établir, ne sont pas commodément localisé hors du volume de résonance comme ceux de la corde de guitare, mais à l'intérieur de ce volume, ce qui ne procure aucun indice permettant de même reconnaître leur existence, et par conséquent leur relation avec l'électromagnétisme. C'est pourquoi la seule direction possible de toute ingénierie à rebours pouvant révéler la relation entre la fonction d'onde de Schrödinger et l'électromagnétisme ne pouvait se faire qu'à partir des caractéristiques confirmées de l'énergie électromagnétique.

En fait, l'identification des paramètres électromagnétiques de localisation procurés par la mécanique trispatiale montrent que la fonction d'onde de Schrödinger définissait le volume de résonance du demi-quantum ΔK du momentum du photon-porteur de l'électron, ce qui signifie que lorsque la fonction d'onde est théoriquement réduite ("*wave fonction collapse*" en anglais), c'est la localisation momentané dans l'espace de la jonction trispatiale "E" du photon-porteur de l'électron qui est physiquement localisée [18], et l'énergie momentanée ΔK de son momentum qui est révélée Voir **Figures 2.7**, **2.8** et **2.9**.

La position relative de la jonction trispatiale "D" de l'électron peut alors être établie comme étant située à la distance ΔZ (distance de zitterbewegung entre les deux jonctions trispatiales) de la jonction trispatiale "E", à la même distance perpendiculaire du noyau atomique lorsque l'électron est captif dans une orbitale atomique (**Figure 2.9**).

À l'aide de la **Figure 2.7** pour établir une représentation mentale des interactions magnétiques "B"/"C" impliquées, nous pouvons ainsi observer que les deux composants électromagnétiques sont maintenues ensemble par la séquence d'inversions d'attraction/répulsion magnétique cyclique causée par le fait que leurs énergies magnétiques "B" et "C" séparés alternent constamment entre les alignements de spin relatifs mutuellement parallèles et antiparallèles à des fréquences différentes ([43], [8] Chapitre 2) ([11], Voir aussi le Chapitre 3) ([30], [8] Chapitre 4); l'orientation magnétique sphérique "B" de l'énergie de l'électron s'inversant cycliquement à la fréquence invariante calculée avec l'Équation (2.15), pendant que celle de son photon-porteur "C" variant avec la quantité d'énergie cinétique dont elle est constituée, s'inverse à la fréquence qui peut être calculée avec l'Équation (2.14).

Chaque séquence de rapprochement entre les jonctions trispatiales "D" et "E" correspond à la durée d'une phase d'alignement magnétique antiparallèle des spins des deux sphères magnétiques "B" et "C", correspondant au fait que la somme de leurs énergies présente dans l'espace-Z diminue progressivement vers un état de présence minimum momentané, alors que chaque séquence d'éloignement correspond à la durée d'une phase de d'alignement magnétique parallèle de leurs spins, correspondant au fait que la somme de leurs énergies présente dans l'espace-Z augmente progressivement vers un maximum momentané.

Étant donné que les deux sphères magnétiques oscillent à des fréquences différentes, ces minima et maxima varieront en fonction de la séquence étendue de résonance spécifique à leur combinaison, fonction des variations de l'énergie adiabatique constituant le photon-porteur en conséquence de la variation des distances en cours de changement entre cet électron en mouvement et les charges électriques environnantes, rendant ainsi complètement compte du mouvement de zitterbewegung observé en apparence aléatoire.

2.20. *Les états de résonance de l'électron dans les orbitales atomiques*

Tel qu'analysé aux Références ([43], [8] Chapitre 2) ([11], Voir aussi le Chapitre 3), la seule manière pour qu'un électron soit stoppé dans son mouvement lorsqu'il est en mouvement libre dans la nature, est qu'il soit capturé dans un état d'équilibre électromagnétique axial de moindre action dans l'une des orbitales autorisée dans un atome.

Déjà pendant son mouvement libre, que nous venons d'analyser, les deux quanta électromagnétiques séparés qui constituent l'électron en mouvement, soit celui de la quantité d'énergie invariante de sa masse au repos "D" et celui de l'énergie de son photon-porteurs "E", ne peuvent être maintenus ensemble que parce que l'interaction en inversion cyclique à haute fréquence de leurs énergies magnétiques "B" et "C", dont les phases de présence attractive, en dépit d'être intermittentes et asynchrones fonction de l'inverse du cube de la distance, est suffisamment puissante à si courte distances, pour assurer une cohésion qui ne peut être qu'un état de moindre action par définition.

Mais aussi puissante cette interaction puisse être à si courte distance entre les sphères d'énergie magnétique "B" et "C", elle est dérisoire hors de toute proportion comparée à la puissance de l'interaction entre ces sphères d'énergie magnétiques et les sphères d'énergie magnétiques "N" des photons-porteurs des quarks up et down du proton constituant le noyau d'un atome d'hydrogène (**Figures 2.9** et **2.10**).

Si puissantes en fait, que même à la distance *relativement astronomique* approximative de 5.29E-11 m du proton, la résultante complexe de leur interaction magnétique parallèle cyclique répulsive combinée est suffisante pour littéralement stopper sur place l'électron alors qu'il se trouvait dans le dernier droit de son mouvement d'accélération vers le proton, ce dernier due à la force attractive de Coulomb entre sa charge négative et la charge positive combinée des trois quarks, et que la résultante complexe de leur interaction magnétique antiparallèle cyclique attractive combinée est suffisante pour l'empêcher de s'échapper et le garde captif dans un état stabilisé d'équilibre électromagnétique axial de moindre action. Voir Section 1.28.

Les paramètres des **Tableaux 2.2** et **2.3**, ainsi que les Équations (2.61) à (2.64) ont en effet permis de calculer aux Références ([43], [8] Chapitre 2) ([11], Voir aussi le Chapitre 3) ([32], [8] Chapitre 14) ([49], [8] Chapitre 9) que le champ magnétique "N" de l'énergie de chacun des photons-porteurs des quarks est plus de 600 fois plus puissant que celui de la quantité d'énergie invariante de la masse au repos de l'électron "B", se superposant mutuellement jusqu'à une puissance combinée d'environ 2000 fois celle de l'électron et de son photon-porteur.

Pendant le processus d'arrêt proprement dit, le demi-quantum ΔK d'énergie "F" associé au momentum du photon-porteur de l'électron n'a pas d'autre option, dû à son inertie translationnelle, que de s'échapper sous forme d'un photon électromagnétique bien connu de Bremsstrahlung, dont la quantité d'énergie est de 13.6 eV dans le cas de l'établissement de l'électron dans l'orbitale de repos de l'atome d'hydrogène "H". Voir Section 1.28 pour la mécanique détaillée d'émission de ce photon dans la géométrie trispatiale.

Pendant que cette énergie s'échappe, une quantité exactement égale d'énergie ΔK de momentum "F" est simultanément ré-induite de manière adiabatique par la force de Coulomb, tel que décrit à la Référence ([43], [8] Chapitre 2), car il est bien vérifié que l'interaction coulombienne entre les charges ne permet pas qu'une quantité moindre que 27.2 eV soit induite sous forme d'un photon-porteur dans des charges unitaires séparées par une distance de 5.29E-11 m.

Ce nouveau demi-quantum d'énergie ΔK de momentum "F" maintenant orienté par structure directement et de manière inamovible vers le proton continuera d'exercer une *pression* continue cherchant à propulser la charge négative de l'électron vers la résultante de signe opposé des charges des sous-composants du noyau, même si son mouvement vers le proton est bloqué par la contre-pression magnétique qui existe entre son énergie magnétique "B" et celle des trois photons-porteurs internes "N" du proton.

Et c'est ce *jeu de pression/contre-pression* entre l'énergie ΔK du momentum "F" du photon-porteur de l'électron et le l'interaction complexe entre les sphères magnétiques oscillantes "B" et "N" impliquées qui détermine le volume de résonance décrit par la fonction d'onde de Schrödinger, comme nous allons le voir.

Il faut dire que la capture d'un électron par un proton pour former un atome d'hydrogène est possiblement le processus le mieux compris impliquant des particules élémentaires stabilisées en équilibre électromagnétique axial de moindre action. Il a cependant été étudié depuis un siècle seulement à travers les filtres des deux seuls paradigmes traditionnels très différents qui ne sont pas directement réconciliables, soit celui de la mécanique classique/relativiste et celui de la mécanique quantique.

Du point de vue de la mécanique classique/relativiste, héritée de la mécanique de Newton, la stabilisation de l'électron à la distance calculée de 5.29E-11 m ne peut être associée qu'à l'idée que l'électron serait une masse localisée sans structure interne orbitant le proton à cette distance à la vitesse qui correspond à l'énergie ΔK de son momentum, soit une vélocité qui peut être calculée du point de vue mécanique classique ou relativiste dépendant de la prise en compte ou non du facteur gamma dans son calcul.

De cette perspective, il n'est pas concevable que l'électron puisse conserver son énergie cinétique de momentum ΔK calculable avec l'Équation (2.11), s'il devait ralentir et devenir immobile à cette distance axiale du proton, parce que l'existence même de l'énergie cinétique, selon la perspective mécanique classique/relativiste, dépend de la vélocité d'un corps massif ([11], Voir aussi le Chapitre 3). Selon cette perspective, si un corps massif devait ralentir de cette manière, cette énergie est considérée se convertir en une quantité équivalente d'énergie *potentielle*, ce qui équivaudrait à priver l'électron de toute possibilité de demeurer *en orbite*, et serait considéré conduire à ce que l'électron *s'écrase* théoriquement sur le proton.

Mais bien sûr, puisque nous savons avec certitude que cela ne se produit jamais dans la réalité physique, suite à d'innombrables expériences au cours du siècle passé, nous savons aussi que cette conclusion, tirée en référence aux corps massifs macroscopiques avant que l'existence des charges électriques et de la force de Coulomb soient découvertes, est au moins partiellement trompeuse lorsqu'appliquée au comportement des charges électriques, même si elle semble satisfaisante lorsqu'appliquée aux corps massifs à notre niveau macroscopique.

Du point de vue de la mécanique quantique d'autre part, héritée de l'établissement de la fonction d'onde de Schrödinger et de la distribution statistique de Heisenberg dans les années 1920, l'électron stabilisé dans l'état fondamental de l'atome d'hydrogène est considéré avec 100% de probabilité d'être présent à l'intérieur d'un volume clairement défini d'espace autour du proton, à l'intérieur duquel l'énergie de l'électron, sans structure interne tout comme dans la mécanique classique/relativiste, est estimé être statistiquement plus concentrée (ou plus souvent présente) aux environs de cette distance moyenne de 5.29E-11 m du proton, soit un volume à l'intérieur duquel l'électron ne peut pas être vu comme se déplaçant sur une trajectoire clairement définie, contrairement à la mécanique classique/relativiste, même s'il est clairement compris qu'il peut se retrouver localisé axialement n'importe où à l'intérieur de ce volume lors de toute réduction théorique de la fonction d'onde, et que sa localisation la plus probable tend à coïncider avec la représentation par orbite classique de Bohr, ce qui est exprimé sous forme d'une probabilité de densité d'énergie de l'électron à l'intérieur du volume décrit par la méthode statistique de Heisenberg.

Son énergie totale est définie en termes plus généraux avec le Hamiltonien hérité de la mécanique classique, combinant en un concept conservatif unique une somme ΔK des énergies cinétique et potentielles qui rend compte de son momentum en mécanique classique/relativiste, curieusement toujours fondé sur le même concept conservatif de momentum $p=mv$ ($p=\gamma mv$ de la perspective relativiste), qui fait dépendre encore l'existence de la quantité d'énergie cinétique ΔK de la vélocité, même si aucune vélocité ne peut être associée avec l'énergie non localisée de l'électron telle que représentée actuellement par le volume de résonance de la fonction d'onde.

Quoique ces deux paradigmes traditionnels prennent en compte l'énergie du momentum ΔK de l'Équation (2.11), elles ne prennent pas en compte l'énergie correspondant à leur incrément de masse Δm_m de l'Équation (2.2), en dépit de son existence prouvée expérimentalement par les expériences de Kaufmann [36], telle que mesurée par interaction transversale, ce qui est par conséquent la raison pour laquelle ces deux paradigmes n'assignent aucune fonction aux champs magnétiques des particules chargées ni à leurs incréments de masse magnétique au niveau sous-microscopique.

Ceci localise exactement où la déconnexion se situe entre les mécaniques classique/relativiste et quantique d'une part, et la mécanique électromagnétique d'autre part, et révèle l'importance de la nature adiabatique de l'induction d'énergie ([43], [8] Chapitre 2) par interaction coulombienne, tel que souligné avec la **Figure 2.1** et l'Équation (2.20), qui combine avec l'Équation (2.13) la quantité totale d'énergie induite adiabatiquement dans les particules chargées tel que calculé avec l'Équation (2.11) pour la partie momentum translationnel, et avec l'Équation (2.2) pour l'incrément de masse magnétique.

La déconnexion critique réside précisément dans le fait que la moitié ΔK d'énergie cinétique du momentum du quantum total d'énergie induit est induite adiabatiquement par l'interaction de Coulomb (Équation (2.12)) de telle manière qu'elle ne peut que demeurer physiquement présente et active vectoriellement en direction du proton, même s'il est prouvé expérimentalement qu'elle est incapable de forcer l'électron à progresser vers le proton, ni le long de la trajectoire obligée de la mécanique classique, puisque son orientation vectorielle est immuablement fixée par structure perpendiculairement à cette trajectoire classique.

Ceci attire l'attention sur le fait que l'énergie du momentum relativiste ΔK de l'Équation (2.6) et l'incrément de masse relativiste m_m de l'Équation (2.2) tels que combinés dans l'Équation (2.13), qui rend entièrement compte de la vitesse relativiste et de l'incrément de masse relativiste confirmés par les expériences de Kaufmann [36], demeure entièrement induite adiabatiquement même lorsque la vitesse relativiste associée est empêchée par *quelque chose* de s'exprimer lorsque l'électron est stabilisé dans l'état fondamental de l'atome d'hydrogène.

Ceci conduit à son tour à la conclusion que des termes tels que *"momentum électromagnétique"* et *"incrément magnétique de masse"* seraient plus appropriés que les termes actuels *"momentum relativiste"* et *"incrément de masse relativiste"* pour décrire ces demi-quanta d'énergie induits adiabatiquement, puisqu'il peut être démontré que l'énergie cinétique est induite adiabatiquement strictement en fonction de la distance entre les charges, selon la courbe de croissance d'induction d'énergie électromagnétique assujettie au facteur gamma et à la force de Coulomb ([11], Voir aussi le Chapitre 3) [36] ([42], [8] Chapitre 5), et contrairement au fondement même de toutes les théories traditionnelles concernant l'énergie et la matière, exclusivement élaborées à partir d'expériences effectuées au niveau macroscopique, selon lesquelles l'énergie cinétique ne peut exister que lorsqu'un mouvement translationnel est possible, il est observé que l'énergie cinétique, selon toutes les expériences impliquant des particules élémentaires chargées, ne peut être qu'une *substance qui existe physiquement* et dont l'existence ne dépend pas de la vélocité tel qu'axiomatiquement présumé actuellement, mais que c'est la vélocité qui dépend de l'existence préalable d'énergie cinétique, une vélocité qui peut s'exprimer seulement si le mouvement de particules chargées n'est pas empêché par une contre-pression magnétique translationnelle locale ([43], [8] Chapitre 2).

La question ultime s'avère donc être: Comment est-ce que ce *"quelque chose"* peut-il inhiber si efficacement et systématiquement le mouvement naturel de l'énergie cinétique du momentum ΔK de l'électron de telle manière qu'il lui est impossible de s'écraser sur le proton en accord avec son orientation vectorielle naturelle?

Ni la mécanique classique/relativiste ni la mécanique quantique n'offrent quelque indice que ce soit pour résoudre ce problème. Mais la mécanique trispatiale permet d'observer que cette inhibition ne peut résulter que d'une interaction magnétique à prédominance répulsive, soit une contre-pression magnétique, résultant d'une alternance constante parallèle/antiparallèle des orientations des spins entre l'énergie magnétique "B" de la masse au repos de l'électron et celle des 3 photons-porteurs "N" des quarks du proton, fonction de leurs fréquences d'oscillation respectives ([43], [8] Chapitre 2) ([11], Voir aussi le Chapitre 3) ([49], [8] Chapitre 9), tel que représenté symboliquement avec les **Figure 2.9** et **2.10**, que nous allons analyser maintenant.

Il doit être clairement compris que c'est le mouvement d'augmentation/diminution de présence physique de la *substance énergie magnétique* elle-même de l'électron et des 3 photons-porteurs des quarks qui doit être visualisé pendant cette analyse, et non pas celui de leurs représentations mathématiques par champs E et B des équations de Maxwell, comme on pourrait être intuitivement tentés de le faire.

Pour bien comprendre la trajectoire de résonance axiale dans laquelle l'électron est forcé d'évoluer, qui détermine le volume défini par la fonction d'onde de Schrödinger, les puissances relatives des sphères magnétiques oscillantes impliquées doivent être mises en perspective.

Dans ce processus, le demi-quantum magnétique Δm_m du photon porteur "C" de l'électron sera ignoré pour simplifier la présente analyse, car il est infinitésimal dans la définition du volume de résonance de l'état fondamental, comparé au rôle joué par la masse magnétique "B" de l'électron, comme le révèle sa valeur calculée avec l'Équation (2.27) et le ratio suivant établi avec la masse magnétique de l'électron stabilisé dans l'orbitale de repos de l'atome d'hydrogène, et est significatif seulement par rapport au mouvement de zitterbewegung transversal de l'électron, tel que précédemment analysé:

$$\frac{\Delta m_m}{m_e/2} = \frac{2.42533772\ 6E\text{-}35}{4.55469094\ E\text{-}31} = \frac{1}{1.87796152\ 7E4} \tag{2.65}$$

Le demi-quantum "F" de momentum ΔK de l'électron a cependant un rôle à jouer, car chaque fois que la sphère magnétique "B" de la masse au repos de l'électron réduit sa présence à zéro dans l'espace-Z, toute contre-pression magnétique cesse par structure entre l'électron et l'énergie magnétique constituant les sphères magnétiques "N" centrées sur le proton, ce qui fait en sorte que l'énergie ΔK du momentum "F" de l'électron est de nouveau libre de propulser l'électron vers le proton, jusqu'à ce que la substance de l'énergie magnétique "B" de la masse au repos de l'électron recommence de nouveau à augmenter dans l'espace-Z alors que le cycle suivant de sa fréquence commence.

En ce qui concerne le proton, ce sont les masses magnétiques "O" des quarks up et down qui seront ignorées pour simplifier notre analyse, car contrairement à l'insignifiance du demi-quantum magnétique Δm_m de l'énergie du photon-porteur "C" de l'électron par rapport à la masse magnétique de l'électron tel que démontré avec l'Équation (2.65), ce sont les masses magnétiques "O" de quarks up et down qui sont infinitésimales lorsque comparées aux valeurs immensément plus grandes des demi-quanta magnétiques Δm_m de leurs photons-porteurs. En effet, tel que calculé à la Référence ([32], [8] Chapitre 14) le photon-porteur "N" de chaque quark aurait une énergie totale moyenne d'environ 310.457837 MeV.

$$\text{Énergie du photon - porteur du quark} = \Delta K + \Delta m_m = 4.9740823889\text{E} - 11\,\text{j} \qquad (2.66)$$

ce qui ajuste leurs fréquence et longueur d'onde aux valeurs suivantes:

$$v = \frac{E}{h} = 7.506837869\,\text{E}22\,\text{Hz} \qquad \lambda = \frac{c}{v} = 3.993591752\text{E} - 15\,\text{m} \qquad (2.67)$$

Et même sans prendre en compte la dérive magnétique causée par la si grande proximité mutuelle des 6 quanta électromagnétiques internes du proton (Ref: Équation (2.62) et Références ([32], [8] Chapitre 14) ([49], [8] Chapitre 9), qui augmente considérablement leur énergie magnétique, pour simplifier cette analyse, chacun de leurs demi-quanta magnétiques Δm_m aura la valeur minimale suivante:

$$\Delta m_m = \frac{E/2}{c^2} = 2.767206524\,\text{E} - 20\,\text{kg} \qquad (2.68)$$

En relation avec la masse du quark up disponible au **Tableau 2.2**, le ratio suivant peut être établi:

$$\frac{\Delta m_m}{m_U/2} = \frac{2.76720652\,4\text{E} - 20}{1.02480546\,2\text{E} - 30} = \frac{2.700226166\,\text{E}10}{1} \qquad (2.69)$$

Et pour le quark down:

$$\frac{\Delta m_m}{m_D/2} = \frac{2.76720652\,4\text{E} - 20}{4.09922189\,\text{E} - 30} = \frac{0.6750565347\,\text{E}10}{1} \qquad (2.70)$$

Ainsi donc, en comparant ces deux derniers ratios avec le ratio des masses magnétiques de l'électron calculé avec l'Équation (2.65), non seulement observons-nous que ces deux ratios sont inversés par rapport à la relation entre l'énergie magnétique de l'électron versus celle de son photon-porteur, mais nous observons de plus que les photons-porteurs des quarks sont 10 ordres de grandeur plus énergiques que les quarks qu'ils transportent, ce qui justifie l'utilisation de seulement les sphères magnétiques "N" des 3 photons-porteurs pour expliquer sommairement le volume de résonance de l'électron.

Finalement, le ratio de la masse magnétique $m_e/2$ de l'électron "B" et de la masse magnétique minimale Δm_m de même un seul des photons-porteurs "N" des quarks, donne un aperçu de la facilité et de la force avec laquelle un électron peut être mis en état de résonance comme un duvet secoué dans un ouragan alors qu'il est secoué axialement par l'énergie magnétique d'une magnitude 11 fois supérieure de même un seul photon-porteur de quark centré sur la position du proton:

$$\frac{m_e/2}{\Delta m_m} = \frac{4.55469094 \text{ E - }31}{2.76720652 \text{ 4E - }20} = \frac{1.64595266 \text{ E}11}{1} \tag{2.71}$$

En opposition à l'unique sphère magnétique oscillante de l'électron "B", l'énergie magnétique combinée des composants internes du proton se matérialisent sous forme de deux sphères concentriques en alignement antiparallèle de volumes sphériques inégaux (**Figure 2.10**). La plus grande est constituée de la somme en variation cyclique de l'énergie magnétique de deux photons-porteurs de quarks (2 x "N") en alignement mutuel parallèle permanent de leurs spins pendant qu'elle augmente et diminue cycliquement entre zéro présence et présence maximum d'énergie dans l'espace-Z, pendant que la plus petite sphère magnétique est constituée de l'énergie magnétique "N" du troisième photon-porteur, qui ne peut être par structure qu'en alignement antiparallèle avec l'un des deux autres, et dont l'énergie en constante oscillation se retrouve toujours en opposition à la somme du mouvement sphérique de l'énergie des deux autres, c'est-à-dire, en augmentation de présence d'énergie pendant que la présence d'énergie de l'autre sphère est en diminution, et en phase décroissance de présence d'énergie pendant que l'énergie des deux autres est en augmentation.

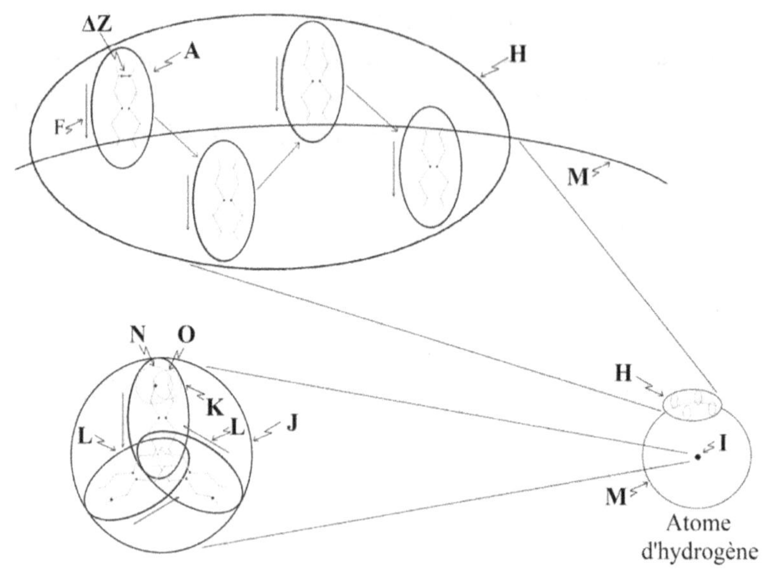

Figure 2.9: Les états de résonance de l'atome d'hydrogène.

Légendes additionnelles pour la **Figure 2.9**, en complément de celles des **Figures 2.7** et **2.8**.

H -Représentation symbolique du volume à l'intérieur duquel la jonction trispatiale de l'électron (au comportement ponctuel) et celle de son photon-porteur demeurent captifs dans l'orbitale fondamentale de l'atome d'hydrogène.

I - Proton.

J -Représentation symbolique du volume de résonance de l'énergie du proton, résultant des interactions entre les 6 composants de la structure interne du proton en conséquence des inversions cycliques de leurs spins, soit 2 quarks up, 1 quark down et leurs 3 photons-porteurs.

K -Représentation symbolique du volume de résonance de zitterbewegung à l'intérieur duquel la jonction trispatiale au comportement ponctuel du quark down et celle de son photon-porteur impliqués en interaction mutuelle d'inversion cyclique de leurs spins magnétiques dans l'espace-Z demeurent captifs, tel que représenté avec les **Figures 2.7** et **2.8**, mais impliquant des fréquences beaucoup plus élevées que dans le cas du volume de résonance de zitterbewegung de l'électron.

L -Représentation symbolique du volume de résonance de zitterbewegung à l'intérieur duquel la jonction trispatiale au comportement ponctuel du quark up et celle de son photon-porteur demeurent captifs selon la même logique d'interaction cyclique que pour le quark down décrite à la représentation K qui précède.

M -Distance orbitale moyenne entre l'électron et le proton dans l'atome d'hydrogène, correspondant au rayon théorique de Bohr, à laquelle l'énergie du momentum de l'électron est exactement égale à ΔK, au delà de laquelle distance cette énergie diminue jusqu'à ΔK $-\Delta(\Delta K)$ lorsque l'électron est repoussé plus loin, et augmente jusqu'à ΔK $+\Delta(\Delta K)$ lorsqu'il est attiré plus proche, pendant ses séquences de mouvement axiaux cycliques de résonance.

N -Représentation symbolique du volume sphérique de l'énergie magnétique en oscillation du photon-porteur d'un quark dans l'espace-Z. Ref. **Figure 2.5-c** telle qu'appliquée à la structure interne oscillante du photon-porteur et l'Équation (2.55). Ce volume correspond à son champ magnétique variant de zéro présence jusqu'à une présence maximum qui peut être calculée avec l'Équation (2.23), utilisant la longueur d'onde du photon-porteur obtenue avec l'Équation (2.67), et à l'incrément de masse magnétique Δm_m du quark obtenu avec l'Équation (2.68).

O -Représentation symbolique du volume sphérique de l'énergie magnétique en oscillation d'un quark up ou down dans l'espace-Z. Ref. **Figure 2.5-c** appliquée à la structure interne oscillante des quarks et aux Équations (2.63) et (2.64).

Étant donné que les trois porteurs-photons des quarks ont la même fréquence, ils demeurent synchronisés en permanence dans l'une des deux configurations possibles, qui sont "U ∥ U ≠ D" ou "U ∥ D ≠ U". Voir la **figure 2.10**.

Il en résulte que quelle que soit la phase de présence croissante ou décroissante de son oscillation magnétique "B" dans laquelle se trouve l'électron, la sphère magnétique la plus grande ou la plus petite centrée sur l'emplacement du proton sera en alignement de spin parallèle avec lui et le repoussera, ce qui interdit en permanence que l'électron puisse atteindre naturellement le proton, à moins qu'une énergie suffisante lui ait été induite accidentellement ou artificiellement à partir de sources extérieures, comme cela se fait couramment dans les accélérateurs à haute énergie.

Dans la représentation symbolique de la **Figure 2.9**, le volume de résonance de zitterbewegung "A" est orienté comme s'il se déplaçait vers le proton, pour souligner le fait que le demi-quantum ΔK de 13.6 eV d'énergie de momentum réinduit dans le photon-porteur de l'électron pendant que l'électron était capturé demeure orienté en permanence vers le proton, même si son mouvement est constamment inhibé par le fait que peu importe la phase d'augmentation ou diminution de présence de l'énergie de sa sphère magnétique en oscillation (Caractéristique "B" dans les **Figures 2.7** et **2.10**), cette dernière sera repoussée puisque soit l'une ou l'autre des deux sphères magnétiques en alignement mutuellement antiparallèle centrées sur la position du proton (**Figure 2.10**), sera en alignement de spin magnétique parallèle répulsif par rapport à la sphère d'énergie magnétique de l'électron "B".

Cette orientation parallèle répulsive du spin relatif de la sphère magnétique de l'électron par rapport à au moins l'une des deux sphères magnétiques concentriques du proton n'est cependant pas ce qui explique l'état de résonance axiale de l'électron dans l'orbitale fondamentale défini par la fonction d'onde de Schrödinger. Ce point sera clarifié sous peu, mais analysons en premier lieu la structure électromagnétique du proton.

Il peut sembler y avoir une déconnexion entre l'idée que l'énergie des sphères magnétiques oscillantes des photons-porteurs des quarks pourrait s'étendre aussi loin dans l'espace que l'orbitale fondamentale située à 5.29E-11 m du proton, et avec suffisamment de force en l'occurrence pour établir un état d'équilibre électromagnétique de moindre action qui garde l'électron captif à cette relativement grande distance du volume relativement minuscule de rayon 1.2E-15 m à l'intérieur duquel nous savons que les 6 quanta électromagnétiques constituant le proton sont captifs.

Ceci est plus facilement mis en perspective lorsque l'on considère que le champ magnétique du Soleil est connu pour atteindre les confins les plus éloignés du Système solaire, présumément jusqu'au nuage de Oort, même si la matière dont le Soleil est constitué est contenue dans une sphère dont le rayon est de loin plus court que le rayon de l'orbite de Mercure, sa planète la plus proche. De fait, l'immense champ magnétique du Soleil ne peut être constitué que de la somme des champs magnétiques individuels des innombrables particules élémentaires et photons-porteurs constituant la matière dont le Soleil est fait. La même conclusion peut de toute évidence être tirée pour tous les corps célestes, tel que mis en perspective à la Référence ([45], [8] Chapitre 16).

Il n'y a donc pas de déconnexion entre cette conclusion tirée au niveau sous-microscopique et ce qui est observé à l'échelle astronomique, car si un atome d'hydrogène était théoriquement grossi suffisamment pour que le diamètre de son proton rejoigne en dimension celui du Soleil, tel que souvent remis en mémoire lors de ces analyses, l'électron se stabiliserait aussi loin que l'orbite de Neptune, ce qui fait que toutes proportions gardées, le champ magnétique du proton serait aussi du même ordre de grandeur que celui du soleil.

Souvenons-nous aussi que dans la géométrie trispatiale, ce n'est pas dans l'espace-X normal que cette énergie magnétique s'étend et se contracte, mais à l'intérieur l'espace-Z magnétostatique, et que ce sont seulement les demi-quanta ΔK d'énergie de momentum et les jonctions trispatiales $\otimes$ au comportement ponctuel de chaque particule élémentaire, de chaque photon et de chaque photon-porteur, qui *vivent* en réalité, pour ainsi dire, à l'intérieur de l'espace-X normal, c'est-à-dire les deux seuls aspects de l'énergie électromagnétique des particules élémentaires qui sont détectables par collision longitudinale, soit la somme totale de l'énergie électromagnétique qui réside dans les deux autres espaces orthogonaux Y et Z, dont nous ne détectons la présence physique qu'à travers ces jonctions trispatiales $\otimes$ dont le comportement est quasi-ponctuel dans l'espace-X, et l'énergie ΔK de leur momentum translationnel; et le seul aspect de l'énergie électromagnétique qui peut être détecté par collision ou interaction transversale, soit seulement l'énergie électromagnétique qui réside dans les deux autres espaces orthogonaux et que nous détectons à travers ces jonctions trispatiales $\otimes$ au comportement toujours ponctuel dans l'espace-X, soit l'énergie des masses au repos m pour l'électron, le positon, le quark up et le quark down, et l'énergie des incrément de masse magnétique Δm_m des photons-porteurs, et finalement les demi-quanta d'énergie électromagnétique Δm_m des photons électromagnétiques libres.

En effet, ce n'est pas l'énergie magnétique des 6 composants internes du proton qui sont captifs à l'intérieur de leur volume physiquement mesuré, mais les 6 jonctions trispatiales $\otimes$ au comportement ponctuel qui sont les points d'ancrage individuels de cette énergie magnétique à l'intérieur de l'espace-X normal, et à travers lesquelles leur énergie électromagnétique oscille de manière cyclique, qui sont captives par paires en états de résonance transversale de zitterbewegung, et aussi collectivement dans le volume de résonance de moindre action commun résultant de leurs interactions électromagnétiques trispatiales mutuelles résultant en l'établissement de la structure stable du proton.

Le neutron, qui n'est pas illustré dans ce document, possède une structure électromagnétique impliquant les mêmes quarks up et down et leurs photons-porteurs légèrement plus énergiques, avec comme seule autre différence qu'au lieu d'impliquer 2 quark up et un quark down (uud), il implique 2 quarks down et un quark up (udd). Les détails des structures trispatiales des deux nucléons sont disponibles dans la Référence ([32], [8] Chapitre 14).

À propos du volume de résonance de l'orbitale de repos, la **Figure 2.10** met en perspective le fait que ce volume de résonance est dû à la fréquence d'oscillation immensément plus élevée de l'énergie des photons-porteurs des quarks du proton par rapport à la fréquence d'oscillation beaucoup plus lente de l'énergie magnétique de la masse au repos de l'électron.

Une comparaison de la fréquence de l'électron de l'Équation (2.15) et celle de l'un des photons-porteurs de l'Équation (2.67) permet de déterminer que minimalement, l'inversion de polarité magnétique de chaque photon-porteur de quark se produit plus de 600 fois pendant chaque occurrence d'inversion de polarité de l'énergie magnétique de l'électron, c'est-à-dire, pendant chaque cycle de présence physique de l'énergie magnétique de l'électron dans l'espace-Z:

$$\frac{\nu_{\text{photon-porteur de quark}}}{\nu_{\text{électron}}} = \frac{7.506837869\,\text{E}22}{1.235589976\,\text{E}20} = \frac{607.5508878}{1} \tag{2.72}$$

L'interaction constante due à cette différence de fréquences entre les diverses sphères magnétiques impliquant la loi d'interaction inverse du cube de la distance, qui oppose l'énergie "F" du momentum unidirectionnel ΔK qui cherche constamment à propulser l'électron vers le proton à une séquence ininterrompue de phases d'attraction-répulsion magnétique, ne peut alors résulter qu'en l'établissement de l'état de résonance axial stable que de Broglie identifia [58].

Dans la **Figure 2.10**, la séquence centrale "B" représente symboliquement un échantillon arbitraire de 6 occurrences de variation d'intensité de présence sphérique de l'énergie magnétique de l'électron en fonction de sa fréquence. D'une manière simplifiée, chacune de ces 6 occurrences est symboliquement confrontée dans la séquence inférieure par plus de 600 occurrences de variation d'intensité de présence sphérique de l'énergie magnétique des trois photons-porteurs des quarks up ou down du proton en fonction de leur propres fréquences.

L'état d'équilibre orbital de moindre action est par conséquent établi par le fait que le demi-quantum "F" d'énergie du momentum ΔK du photon-porteur de l'électron est alternativement inhibé dans son mouvement vers le proton, lorsque l'interaction fonction de l'inverse du cube devient répulsive – orientation de spins magnétiques parallèle entre les sphères d'énergie magnétique de l'électron et l'une des sphères d'énergie magnétique du proton – et est libérée de cette contre-pression pendant que l'interaction magnétique devient attractive – orientation de spins magnétiques antiparallèle entre les sphères d'énergie magnétique impliquées.

Tel que représenté à la **Figure 2.10**, pendant chacun des 600 cycles magnétiques du photon-porteur "N" de l'un des quarks, la sphère magnétique "B" de l'électron sera repoussée axialement du proton d'une distance Δd pendant la moitié du cycle de présence magnétique "N" du photon-porteur de quark, pendant lequel l'orientation de leurs spins est parallèle – donc répulsif, et puisque l'électron sera situé plus loin du proton lorsque leurs relation devient de nouveau antiparallèle – donc attractive – pour la même durée, il y aura impossibilité physique pour qu'il soit ramené axialement jusqu'à la distance $-\Delta d$, étant donné que la force inverse du cube sera moins intense à partir de cette distance plus éloignée du proton au début de la phase antiparallèle.

Par conséquent, et par structure, étant donné l'intensité de l'attraction inverse du cube plus faible au début de la phase attractive, l'électron ne peut être ramené qu'à la distance $-(\Delta d-\Delta(\Delta d))$, ce qui fera en sorte qu'il s'éloignera axialement progressivement du proton à chaque séquence d'inversion de polarité de spins magnétiques relatifs "B"/"N" jusqu'à ce que la présence de sa propre énergie magnétique "B" tombe à zéro, moment pendant lequel seulement le demi-quantum ΔK d'énergie du momentum du photon-porteur de l'électron sera actif, faisant progresser librement l'électron vers le proton aussi proche que la loi de l'inverse du carré de la force de Coulomb lui permettra d'aller, jusqu'à ce que son cycle de présence magnétique "B" recommence et que la séquence complète de répulsion magnétique à prédominance répulsive "B"/"N" recommence de nouveau, tel que représenté à la **Figure 2.10**.

Bien sûr, l'état de résonance réel de l'électron dans l'orbitale de moindre action de l'atome d'hydrogène ou de tout autre atome sera beaucoup plus complexe que décrit avec cet exemple limité, qui visait seulement à décrire la mécanique fondamentale proprement-dite de l'interaction entre l'énergie magnétique "B" et l'énergie du momentum ΔK de l'électron d'une part, et l'énergie magnétique des photons-porteurs des quarks du proton d'autre part. De toute évidence, le volume de résonance exact à l'intérieur duquel chaque particule électromagnétique massive de l'atome d'hydrogène seront circonscrites, soit un électron, un quark down et deux quarks up, ne pourra être déterminé que par une étude soigneuse de toutes les interactions électromagnétiques entre ces particules et leurs photons-porteurs.

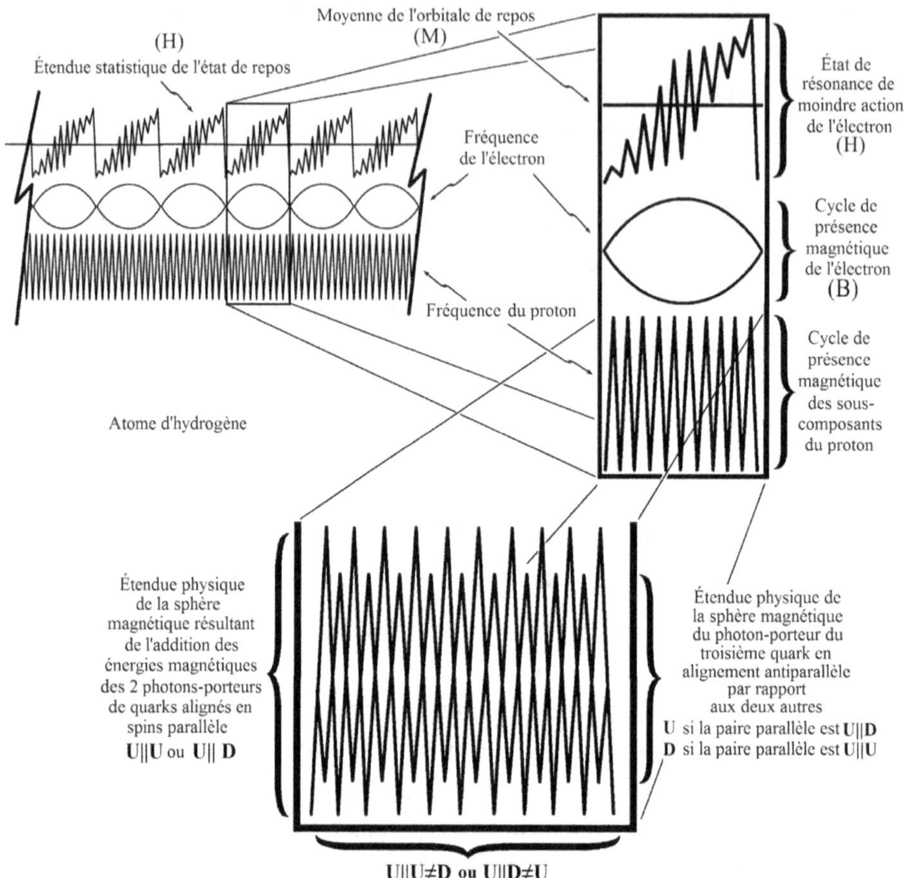

Figure 2.10: Établissement de l'état de résonance de moindre action de l'électron dans l'atome d'hydrogène.

Étant donné que la distance d'équilibre moyenne à laquelle ce processus force l'électron en mouvement à se stabiliser dans l'atome d'hydrogène coïncide avec la zone de plus dense probabilité de distribution de la méthode de Heisenberg, il semble que la trajectoire axiale de l'électron de part et d'autre de cette distance moyenne à l'intérieur du volume qu'il peut ainsi visiter en fonction de l'inertie de sa masse relativiste variante à tout moment donné, elle devrait correspondre avec la probabilité de distribution de Heisenberg pour toutes les localisations instantanées dans lesquelles l'électron peut être calculé se trouver stochastiquement par réduction théorique répétée de la fonction d'onde dans sa forme actuelle [36] [67], et dont le battement axial quantifié peut sans doute être associé aux régularités de la structure fine du spectre de l'hydrogène que Sommerfeld associa initialement à une orbite elliptique que l'électron suivrait, dans sa tentative pour expliquer le fractionnement très fin des raies spectrales principales ([18], p.114).

Donc, le volume de résonance très limité dans l'espace-X à l'intérieur duquel l'énergie ΔK du momentum et les jonctions trispatiales $\otimes$ d'un électron en mouvement seront localisées peut être représenté par:

$$\int_{-d}^{+d} |\psi|^2 \, dxdydz = 1 \tag{2.73}$$

alors que le volume de résonance théorique dans l'espace Z dans lequel la sphère d'énergie magnétique oscillant dynamiquement du même électron en mouvement peut être représentée comme ayant des répercussions de résonance, en raison des contacts mutuels entre elle et toutes les autres sphères d'énergie magnétique oscillant dynamiquement existant dans l'univers, serait:

$$\int_{-\infty}^{+\infty} |\psi|^2 \, dxdydz = 1 \tag{2.74}$$

Il semble aussi entièrement raisonnable de conclure que les quarks up et down élémentaires constituant la structure interne collisionable des protons et neutrons et leur photons-porteurs, qui sont connus pour être les seuls sous-composants électromagnétiques élémentaires de tous les noyaux d'atomes, tel qu'analysé à la Référence [36] ([32], [8] Chapitre 14), devraient être sujets à des états de résonance similaires dans leurs propres états d'équilibre électromagnétique de moindre action, qui pourraient alors êtres décris par les diverses méthodes de la mécanique quantique d'une manière plus satisfaisante que ce la chromodynamique quantique (QCD) a permis.

2.20.1. Interaction des volumes de résonance des atomes et molécules dans l'espace-Z magnétostatique

Il est présumé que ce sont les orbitales électroniques qui définissent le volume sphérique réel occupé par les atomes dans l'espace-X normal, mais du point de vue de l'espace-Z magnétostatique, il semblerait plutôt que ce soit le champ magnétique élastique intense en résonance des noyaux atomiques serait plutôt ce qui définit réellement les volumes atomiques dans cet espace, comme on peut le déduire de la mécanique de stabilisation de l'électron dans son orbitale de repos dans l'atome d'hydrogène qui vient d'être analysée, alors que les double-sphères magnétiques élastiques de l'électron entre en état de résonance stable par rapport aux six sphères magnétiques élastiques du proton dans les orbitales autorisées situées à des distances moyennes spécifiques du centre des champs magnétiques nucléaires, de la même manière que les planètes du système solaire sont stabilisées dans les diverses orbites stables autorisées dans le champ magnétique du Soleil dont la taille englobe le système solaire entier.

Selon cette perspective, l'univers entier serait ainsi peuplé, du niveau subatomique jusqu'au niveau astronomique, d'innombrables sphères magnétiques de particules élémentaires oscillant électromagnétiquement, interagissant élastiquement en alignement magnétique antiparallèle pour se capturer les unes les autres, ou se combinant en alignement magnétique parallèle forcé pour fusionner en des champs magnétiques statiques macroscopiques, dont les interactions établissent la hiérarchie complète des états d'équilibre stationnaire axiaux stables de résonance que l'on peut observer, en conjonction avec la contre-pression exercée par l'énergie cinétique de momentum des photons-porteurs de ces particules, qui est toujours orientée de manière vectorielle afin de contrecarrer la répulsion mutuelle par défaut résultant des orientations parallèles du spin en raison de leurs fréquences d'oscillation différentes. Voir les sections 3.19 à 3.21.

Par exemple, les électrons de deux atomes d'hydrogène se combinent naturellement en état de spin magnétique antiparallèle, puisque c'est leur état de moindre action, pour former, grâce à cette très forte liaison covalente, une molécule d'hydrogène H_2. Le résultat est l'association des deux sphères magnétiques composites des deux protons qui se repoussent de part et d'autre du lien électronique covalent en raison à la fois de leurs charges électriques de même signe mutuellement répulsives et de leurs états de spin parallèle permanent répulsifs par défaut, vraisemblablement dominants.

Les fréquences de résonance d'un volume de gaz hydrogène – composé de nombreux atomes H2 en interaction mutuelle, ou de gaz hélium – composé d'atomes d'hélium en interaction mutuelle, dans lesquels les champs magnétiques nucléaires sont complètement exposés pour interagir avec d'autres atomes ou molécules, restent à analyser selon cette perspective.

Il en va de même pour toute les molécules comprenant des atomes d'hydrogène, dont le proton est également exposé aux autres atomes ou molécules, contrairement aux atomes de poids atomique plus élevé et aux molécules dont les escortes électroniques environnantes sont principalement les éléments qui interagissent avec les autres atomes ou molécules, comme par exemple, la molécule d'eau, qui combine à la fois deux protons exposés et une sphère exposée principalement électronique.

2.21. Conclusion

Quoique l'article [10] reproduit dans le présent chapitre ne procure pas l'explication mécanique progressive des transitions entre les états stationnaires que de Broglie et Schrödinger tentaient de résoudre et que les Sections 1.28 et 1.29 analysent plus avant, il propose cependant une mécanique électromagnétique de stabilisation de l'électron dans l'état fondamental de l'atome d'hydrogène, qui, si elle était confirmée, pourrait possiblement le permettre. Par ailleurs, le Chapitre 1 du présent ouvrage, qui reproduit l'article [9], propose effectivement une mécanique d'émission et d'absorption de photons électromagnétiques selon la perspective trispatiale qui peut aider à les décrire.

De manière inattendue, cette mécanique met aussi en lumière la possibilité d'utiliser les diverses méthodes de la mécanique quantique pour établir des fonctions d'onde pour les particules élémentaires constituant la structure interne collisionable des protons et neutrons.

Cette mécanique d'établissement du volume de résonance représentable par une fonction d'onde est fondée sur l'identification des points d'ancrage $\otimes$ à l'intérieur de ce volume des deux quanta d'énergie électromagnétique constituant une particule électromagnétique élémentaire, soit les jonctions trispatiales à travers lesquelles les quanta d'énergie cinétique impliqués oscillent harmoniquement pour établir ce volume.

La géométrie trispatiale révèle que chaque particule électromagnétique élémentaire stable est en fait constituée d'une paire de quanta électromagnétiques séparés, soit un quantum électromagnétique élémentaire stable massif qui est intrinsèquement translationnellement inerte dans l'espace-X – électron, positon, quark up quark down – possédant une charge électrique mesurable et un champ magnétique mesurable, accompagné d'un photon-porteur, possédant une paire de charges électriques qui s'annulent mutuellement et un champ magnétique mesurable, et qui contribue le momentum ΔK du quantum inerte qu'il accompagne dans l'espace, ainsi que son incrément de masse électromagnétique Δm_m.

Cette géométrie révèle de plus que le spin des particules élémentaires est une propriété d'alignement relatif de polarité magnétique entre les particules électromagnétiques et non pas une propriété intrinsèque de moment angulaire de ces particules, et que le demi-quantum d'énergie magnétique de tout quantum électromagnétique oscille entre un état de présence maximale et un état de zéro présence dans l'espace-Z à la fréquence de son énergie.

Finalement, la géométrie trispatiale révèle que ce sont les différences de fréquences d'oscillation des demi-quanta d'énergie magnétique des quanta élémentaires qui expliquent la stabilité de toutes les orbitales de moindre action dans les atomes, ainsi que tous leurs états de résonance.

3. Gravitation, mécanique quantique et les états d'équilibre électromagnétique de moindre action

3.1. Introduction

Depuis un siècle, le défi de la physique fondamentale a été de réconcilier la mécanique quantique (MQ), qui traite des interactions sous-microscopiques entre les particules élémentaires depuis la perspective de la quantification, avec la mécanique relativiste, qui traite de la gravitation au niveau macroscopique depuis la perspective infinitésimalement progressive, principalement représentée par la théorie de la relativité générale (RG). La facilité avec laquelle les mouvements infinitésimalement progressifs peuvent être mathématiquement représentés par un nombre indéfini d'états excités momentanés de l'énergie neutre d'un champ quantique sous-jacent du vide postulé, qui est le fondement de la théorie quantique des champs (QFT en anglais), a naturellement privilégiée cette perspective impliquant la quantification dans toutes les tentatives passées pour réconcilier la MQ avec la gravitation. Mais, étant donné que toutes les particules collisionables identifiables dans les structures atomiques ont une charge électrique, et sont par conséquent de nature électromagnétique, cet article explore la possibilité de réconcilier la MQ avec la mécanique relativiste à partir de la perspective électromagnétique, en réconciliant la fonction d'onde avec les états de résonance électromagnétiques de moindre action dans lesquels les particules élémentaires chargées deviennent captives dans les structures atomiques et nucléaires, et ultimement, avec la gravitation.

Ce chapitre reproduit l'article [11] qui était l'article final d'une série d'articles publiés en 2000, 2007, 2013, 2016 et 2017, décrivant les divers aspects d'un paradigme entièrement nouveau de la physique fondamentale, qui ont tous été synthétisés dans une monographie publiée en français en 2017 par les Éditions universitaires européennes [8] sur invitation des éditeurs.

Le besoin de devoir référer à des explications claires et concises de chaque aspect spécifique de cette nouvelle perspective a résulté en la publication progressive de nombreux articles séparés, qui ont tous été approuvés par des examinateurs et acceptés pour publication, chacun desquels reliant d'une manière autonome un aspect spécifique du nouveau paradigme au paradigme traditionnel.

Le lecteur comprendra certainement que le contenu d'une monographie de près de 600 pages synthétisant et complétant les textes d'environ 20 articles séparés serait certainement plus facile à explorer via une vue d'ensemble simplifiée que le présent article est sensé procurer.

Tel que mentionné dans l'Avant-propos, l'article [11] qui est reproduit dans le présent chapitre, a été sélectionné en 2020 pour être republié comme Référence [12], en tant qu'un chapitre du livre électronique récemment ajouté intitulé "*Prime Archives in Space Research*" par le groupe *Vide Leaf Prime Archives*, dont le but est de promouvoir la recherche scientifique dans le monde en regroupant des travaux jugés valables, afin de permettre aux jeunes chercheurs dans les domaines concernés d'appliquer ces résultats à leurs pratiques de recherche.

3.2. *Les équations de Maxwell et l'induction mutuelle des champs électrique et magnétique*

Ce nouveau paradigme repose entièrement sur un aspect de la théorie électromagnétique qui a progressivement été occulté par la perspective généralisatrice procurée par l'utilisation du tenseur électromagnétique, qui représente les deux champs électrique et magnétique comme devenant une seule entité, soit *le champ électromagnétique*.

L'inconvénient du traitement par tenseurs malgré son utilité est qu'il occulte conceptuellement le fait que les deux champs E et B possèdent des propriétés, et représentent des aspects différents, de l'énergie électromagnétique; en particulier le fait que dans la réalité physique, selon la théorie des ondes continues de Maxwell, les deux champs ne peuvent que s'induire mutuellement tel que révélé, entre autres caractéristiques, par le fait que le vecteur de Poynting procure par structure la valeur moyenne de l'intensité du produit des intensités des deux champs oscillant en fonction du temps ([57], p. 989). Le vecteur de Poynting révèle en effet que le produit des deux champs dont les intensités varient en fonction du temps ne peut être que constants:

$$S = \frac{EB}{2\mu_0} \tag{3.1}$$

Tel que clairement expliqué dans les ouvrages de référence traditionnels, tels "*University Physics*" par Sears, Zemansky et Young [17], ou "*Physics*" par Halliday et Resnick [57], la loi de Faraday impose qu'un champ magnétique variant dans le temps agit comme une source de champ électrique. Ce processus est mis en pratique dans l'induction de force électromotrice (f.é.m.) dans les processus d'induction et les transformateurs. Similairement, la loi d'Ampère, qui est utilisée pour charger les condensateurs et établir un courant dans des conducteurs, démontre que les champs électriques qui varient dans le temps sont une source de champs magnétiques.

> *"Thus, when either field is changing with time, a field of the other kind is induced in adjacent regions of space. We are thus led naturally to consider the possibility of an electromagnetic disturbance, consisting of time-varying electric and magnetic fields, which can propagate through space from one region to another, even when there is no matter in the intervening region."* ([17], p. 696).

Traduction:

> *"Ainsi, lorsque l'un ou l'autre champ varie dans le temps, un champ de l'autre type est induit dans les régions adjacentes de l'espace. Nous sommes donc conduits naturellement à considérer la possibilité d'une perturbation électromagnétique, consistant en des champs électrique et magnétique variant dans le temps, qui peuvent se propager à travers l'espace d'une région à une autre, même lorsqu'il n'y a aucune matière dans la région intermédiaire."*

Malheureusement, de tels ouvrages de référence généraux et complets qui étaient utilisés pour donner aux étudiants une connaissance générale de tous les aspects de la physique fondamentale, particulièrement pour les préparer à transiter en douceur depuis les processus continus classiques jusqu'à la physique quantique et relativiste, sont progressivement passés de mode pour être remplacés par des ouvrages de référence qui effleurent superficiellement les concepts classiques qui furent directement extrapolés des équations classiques, elles-mêmes établies par les grands découvreurs du passé à partir d'expériences physiques qu'ils ont eux-mêmes exécutées, et qui constituent l'ensemble des conclusions mutuellement convergentes à propos de l'énergie électromagnétique dont la négligence ne peut que conduire à une diminution de notre compréhension de la réalité physique.

3.3. *L'énergie cinétique et la loi de Coulomb*

Dans les ouvrages traditionnels de référence, tel *"Physics"* de Halliday & Resnick, la relation entre l'énergie cinétique associée au momentum et l'interaction entre les charges due à la force de Coulomb est établie de la manière suivante.

À partir de l'équation électromagnétique de Coulomb appliquée au calcul de la force entre les charges de l'électron et du proton dans l'atome d'hydrogène, pris comme exemple traditionnel, et la force calculée à partir de la seconde loi de Newton pour le mouvement appliquée à la masse de l'électron en mouvement ([57], p. 1192) et ([44], [8] Chapitre 7):

$$F = \frac{e^2}{4\pi\,\varepsilon_0 r^2} \quad \text{et} \quad F = ma = m\frac{v^2}{r} \tag{3.2}$$

la relation suivante est établie dans Halliday & Resnick:

$$\frac{e^2}{4\pi\varepsilon_0 r^2} = m\frac{v^2}{r} \tag{3.3}$$

qui permet de calculer l'énergie cinétique associée au momentum de l'électron aussi bien avec l'équation cinétique de Newton qu'avec l'équation de Coulomb (Ref: Équation (47-19) dans la Référence [57]):

$$K = \frac{1}{2}mv^2 = \frac{e^2}{8\pi\,\varepsilon_0 r} \tag{3.4}$$

ce qui est le moyen par lequel l'énergie cinétique soutenant le momentum des particules chargées est associé à la force de Coulomb en fonction de la distance séparant des paires de charges, car la seule variable dans l'équation de Coulomb est r, soit la distance moyenne qui sépare l'électron, stabilisé dans l'orbitale fondamentale, du proton dans l'atome d'hydrogène, ce qui a pour effet que toute quantité d'énergie cinétique associée au momentum qu'une charge peut posséder dépend uniquement des distances qui la sépare des autres charges. Par conséquent, plus les charges s'approchent les unes des autres, plus grandes seront les quantités d'énergie cinétique associées au momentum qui y seront induites, étant donné que la force agit en fonction de *l'inverse* du carré de la distance.

Le cas de l'énergie potentielle est discuté plus loin dans la section 3.23 qui traite du momentum, du Lagrangien et du Hamiltonien et est complètement analysé en corrélation avec la conservation de l'énergie dans les systèmes fermés à la Référence [43].

Mais il y a plus! En 1903, Walter Kaufmann fut le premier expérimentaliste à associer le facteur gamma à l'induction d'énergie pendant les expériences qu'il effectua avec des électrons se déplaçant à vitesses relativistes dans une chambre à bulles, en les accélérant et déviant leurs trajectoires à l'aide de champs électriques et magnétiques [36], en démontrant que leur masse transversale variait avec la vitesse en conformité avec l'équation relativiste [74]; expériences qu'il exécutait en collaboration avec les théoriciens Max Abraham [39] et Woldemar Voigt, soit le physicien qui conçut initialement le facteur gamma [72], mieux connu sous le nom de facteur de Lorentz.

Il semble donc que le facteur gamma fut initialement relié expérimentalement strictement avec l'induction d'énergie et de masse en fonction de la vélocité, soit un constat avec lequel Henri Poincaré était d'accord:

> *"Les calculs d'Abraham et les expériences de Kaufmann ont alors montré que la masse mécanique proprement dite est nulle et que la masse des électrons est d'origine exclusivement électrodynamique. Voilà qui nous force à changer la définition de la masse; nous ne pouvons plus distinguer la masse mécanique et la masse électrodynamique, parce qu'alors la première s'évanouirait; il n'y a pas d'autre masse que l'inertie électrodynamique; mais dans ce cas, la masse ne peut plus être constante, elle augmente avec la vitesse, et un corps animé d'une vitesse notable n'opposera pas la même inertie aux forces qui tendent à le dévier de sa route, et à celles qui tendent à accélérer ou à retarder sa marche."*

Henri Poincare ([75], p. 137).

C'est un fait historique que ces physiciens qui travaillaient étroitement avec le découvreur de la méthode n'ont jamais accepté l'interprétation faite plus tard que le facteur gamma serait axiomatiquement associé à la dilatation du temps et la contraction des longueurs des corps en fonction de leur vélocité.

Cela signifie que non seulement l'énergie cinétique associée au momentum est induite par la force de Coulomb, mais aussi que l'énergie qui augmente la masse d'un électron en mouvement est aussi induite par au moins l'un des champs électrique ou magnétique ambiants, soit présumément en contexte le champ électrique, étant donné sa relation avec la force de Coulomb, ce qui signifie que le complément total d'énergie induite dans une particule chargée par le champ électrique associé à la force de Coulomb peut être calculée avec l'équation suivante directement tirée de l'Équation (3.3):

$$K_{Total} = mv^2 = \frac{e^2}{4\pi\,\varepsilon_0 r} \tag{3.5}$$

ce qui constitue la quantité totale d'énergie induite que Leibnitz considérait déjà à l'époque de Newton comme étant l'effet réel de l'application d'une force ([57], p. 222).

3.4. La Relativité Restreinte et le facteur gamma

Tel que déjà mentionné, le facteur gamma pour sa part fut initialement établi par Woldemar Voigt en 1887 [72], pour lequel existent dans les annales des liens épistolaires avec Larmor, Lorentz et Poincaré, qui sont aussi crédités comme ayant découvert la méthode. Cette méthode est clairement décrite dans un article très bien fait qui fut publié en 2003 par Richard E. Haskell [71]. En effet, il est clair selon cette description, que le facteur gamma a été établi strictement à partir de considérations géométriques et trigonométriques n'ayant aucun rapport avec l'électromagnétisme.

À la page 10 de la Référence [71], le premier postulat de la Relativité Restreinte est résumé de la manière suivante "*Le mouvement uniforme absolu ne peut être détecté d'aucune manière.*" et le second postulat est formulé comme étant "*La lumière se propage dans l'espace vide à la vélocité c qui est indépendante du mouvement de la source*".

Il faut noter ici que ces postulats sont présentés comme étant axiomatiques de nature, puisqu'ils ne sont pas présentés comme dérivant de causes physiques sous-jacentes expérimentalement établies.

Il est utile aussi de remarquer que ces postulats furent proposés de cette manière axiomatique par Einstein en 1905 sans aucune mention du fait que la vitesse constante de la lumière dans le vide et sa vitesse exacte de $c=299792458$ m/s avait été établie 40 ans plus tôt par Maxwell à partir de dérivées secondes partielles des équations de Gauss et Ampère, qui associaient les deux champs électrique et magnétique comme s'induisant mutuellement d'une manière qui ne pouvait que produire cette vélocité de manière stable pour l'énergie électromagnétique dans le vide.

De son côté, le premier postulat a été démontré mathématiquement par Poincaré, fondé sur la transformation de Lorentz, dans une note de 4 pages publiée en juin 1905 [76], suivie peu après d'une démonstration complète publiée en janvier

1906, intitulé "*Sur la dynamique de l'électron*" [77], concluant que la théorie de Lorentz expliquerait complètement l'impossibilité de démontrer un mouvement absolu, si toutes les forces étaient d'origine électromagnétique. Il semble donc qu'il y ait eu un consensus général dans la communauté de l'époque sur le fait que ces deux postulats étaient valides avant même qu'Einstein ne fonde sa Théorie de la relativité restreinte sur eux, ce qui explique pourquoi ses deux théories sont devenues si rapidement populaires au début du siècle dernier.

Il doit aussi être réalisé que les vérifications expérimentales totalement concluantes de la vitesse de l'énergie électromagnétique dans le vide effectuées de multiples manières au cours du dernier siècle valident effectivement d'abord et avant tout les calculs de Maxwell, qui furent effectués non pas axiomatiquement, mais dérivés d'équations expérimentalement établies par Gauss et Ampère. En effet, la constance de la vitesse de la lumière est si bien établie expérimentalement qu'en 1983, le mètre du système SI fut redéfini comme étant la distance fixe expérimentalement confirmée que la lumière parcoure en une seconde divisée par 299792458.

Pour sa part, la supposée impossibilité de démontrer le mouvement absolu de la terre, tel que mathématiquement démontré par l'analyse de la transformation de Lorentz par Henri Poincaré [76] [77], est maintenant fortement remise en question par la découverte que l'énergie du momentum de chaque particule élémentaire dont la terre est constituée existe physiquement et que c'est strictement le niveau facilement mesurable à tout moment donné de cette énergie adiabatique qui détermine son état de mouvement absolu. Cette question sera analysée à la Section 3.5.1.

Pour associer la constance de la vitesse de la lumière à la théorie de la RR, la procédure traditionnelle utilise la fameuse relation entre deux cadres de référence se déplaçant inertiellement à des vitesses constantes différentes, chacun hébergeant un observateur immobile dans son propre cadre de référence, tous deux ayant pour tâche de mesurer que la vitesse d'une impulsion lumineuse est la même pour les deux observateurs.

Tel que décrit aussi à la page 10, la mise en place traditionnelle implique que l'un des cadre de référence inertiel soit un train se déplaçant à vitesse fixe, et que si un signal lumineux est émis de l'arrière du train vers l'avant, alors les deux observateurs, soit un dans le train et un immobile sur la terre, devraient être capables de mesurer la vitesse de la lumière comme étant c.

On y expose ensuite une structure géométrique logiquement bien fondée qui permet d'associer avec l'Équation (5) de la Référence [71] le ratio de vitesses au carré v^2/c^2 à la composante *sin* de la fonction trigonométrique bien connue "sin^2 $\theta + cos^2 \theta = 1$", pour alors établir un précurseur du facteur gamma comme étant associé au temps (mais aussi axiomatiquement au concept de dilatation du temps) avec l'Équation (6) de la Référence [71]. Il est très intéressant de noter à ce point-ci que cette fonction trigonométrique particulière est aussi utilisée pour décrire l'induction mutuelle des champs électrique et magnétique de quanta localisés tels les photons électromagnétiques ([15], [8] Chapitre 6), tel que nous le verrons plus loin.

Il faut noter ici aussi que c est axiomatiquement introduit dans cette relation sans référence à son établissement préalable par Maxwell à partir d'équations électromagnétiques expérimentalement définies. La même procédure est ensuit utilisée pour associer le même ratio de vitesses au carré à la composante *cos* de la même fonction trigonométrique pour associer la longueur du train (mais aussi axiomatiquement le concept de contraction de la longueur) à cet autre précurseur du facteur gamma avec l'Équation (8) de la Référence [71].

Le facteur gamma est ensuite formellement établi avec l'Équation (14) de la Référence [71] comme étant associé à la dilatation du temps et à la contraction des longueurs des corps en mouvements. Le reste des Parties II et III décrit la transformation de Lorentz et la dynamique relativiste selon la perspective de la Relativité Restreinte.

3.5. *Déconnexion entre l'induction d'énergie fonction de la distance et le concept de contraction des longueurs en RR*

C'est à ce point-ci qu'il faut se remettre en mémoire l'induction d'énergie fonction de la distance par la force de Coulomb entre les particules chargées telle qu'établie avec l'Équation (47-19) de la Référence [57] précédemment reproduite comme l'Équation (3.4), car il y a une déconnexion claire entre cette propriété de la force de Coulomb en action permanente entre les particules chargées et le concept de contraction des longueurs tel qu'appliqué en RR aux corps macroscopiques en mouvement.

Pour mettre correctement ce problème en perspective, il est important de prendre conscience des distances physiques qui séparent les escortes électroniques des noyaux dans les atomes. Si par exemple un atome d'hydrogène était grossi de manière à ce que le proton devienne aussi gros que le Soleil, l'électron se stabiliserait aussi loin que l'orbite de Neptune, ce qui rendrait l'atome d'hydrogène aussi grand que le système solaire! Cela signifie que toutes proportions gardées, les distances séparant les escortes électroniques des noyaux à l'intérieur des atomes sont relativement astronomiques par rapport aux dimensions des particules élémentaires.

Étant donné que tous les corps macroscopiques sont faits de telles structures pratiquement *vides*, le concept même de *longueur* devient sans signification par rapport à leur composition interne, et ce qui serait impliqué lorsqu'une possible contraction de longueur d'un corps macroscopique est considérée, serait en réalité une contraction de *distance* entre les escortes électroniques et les noyaux des atomes constituants, ce qui constitue la seule manière possible pour que la longueur physique d'un corps macroscopique rigide soit diminuée sans déformation.

Ceci étant dit, une telle contraction des distances s'appliquerait par structure non seulement à la longueur des corps macroscopiques, mais aussi à leurs autres dimensions, soit leur largeur et épaisseur, et de telles diminutions de distances entre les électrons chargées des escortes électroniques et leurs noyaux atomiques chargés à l'intérieur de ces corps soumis à une *contraction des longueurs* impliquerait alors par structure une augmentation correspondante d'énergie à l'intérieur de la masse des corps dû à la force de Coulomb devenue plus intense à ces distances plus courtes entre les charges.

Mais, aucune telle augmentation d'énergie n'est même considérée en RR en relation avec la *contraction des longueurs* des corps macroscopiques en mouvement, ce qui signifie qu'en dépit d'une présomption générale que la RR est conforme à l'électromagnétisme, elle ne l'est pas en réalité, car la loi de Coulomb est au coeur de l'équation de Gauss pour le champ électrique, qui est en fait la première équation de Maxwell, de laquelle l'équation de Coulomb (3.2) peut facilement être dérivée ([32], [8] Chapitre 14).

Un autre problème majeur peut aussi être souligné en regard à la relation entre le facteur gamma axiomatiquement établi à partir des considérations strictement géométriques et trigonométriques qui le relie à la dilatation du temps et à la contraction des longueurs, et son utilisation pour conclure que les équations de Maxwell et l'équation de force de Lorentz peuvent être dérivées de la RR tel que décrit à la Partie IV de la Référence [71]. Puisque le facteur gamma semble n'avoir jamais été dérivé d'une équation électromagnétique, une telle association de la dilatation du temps et de la contraction des longueurs avec l'électromagnétisme est au mieux axiomatique.

En effet, en dépit d'une longue et infructueuse recherche dans la littérature formelle pour une telle dérivation, l'évidence semble révéler que la première dérivation du facteur gamma à partir d'une équation électromagnétique ait effectivement été effectuée et publié seulement en 2013, en tant que l'Équation (66) de la Référence ([42], [8] Chapitre 5), dérivée de l'Équation (51) de la même référence, elle-même une conversion de l'Équation (34) strictement d'origine électromagnétique de la même référence, et de laquelle toutes les équations relativistes peuvent être dérivées ([42], [8] Chapitre 5).

L'Équation (34) de la Référence ([42], [8] Chapitre 5) est en effet dérivée en ligne direct de l'équation de Biot-Savart via une dérivation sans faille réalisée par Paul Marmet qui relie directement l'augmentation de masse relativiste d'un électron en mouvement à l'augmentation simultanée de son champ magnétique avec la vélocité ([42], [8] Chapitre 5) [29].

Et même si une dérivation préalable du facteur gamma à partir d'une équation électromagnétique effectuée auparavant avait échappé à l'attention de cet auteur, le résultat serait le même, car il peut effectivement être vérifié qu'à partir de la perspective électromagnétique, le *facteur gamma* dérivé à la Référence ([42], [8] Chapitre 5) n'implique en aucune manière une quelconque dilatation du temps ou contraction des longueurs, mais strictement l'augmentation de l'énergie cinétique associée au momentum fonction de la vélocité et de la proximité entre les particules chargées fonction de la loi de Coulomb, en accord avec l'Équation (3.5) et en conformité avec les conclusions de Voigt, Abraham et Poincaré relativement aux expériences de Kaufmann [36] [39] [72] [75].

Donc, quelles que soient les dimensions associées au ratio variable du facteur gamma, m/s, joules ou kg, ces dimensions se simplifient toujours à aucunes dimensions peu importe le calcul dans lequel dans le facteur gamma peut être impliqué, ce qui signifie que le facteur de Lorentz est uniquement un cas particulier d'une fonction mathématique intrinsèquement sans dimensions, utilisable de manière générale pour introduire le dénominateur du ratio sous forme de la limite asymptotique d'un courbe de croissance obéissant à la puissance du ratio, dans ce cas-ci, le ratio au carré et la limite asymptotique dérivés d'une équation électromagnétique.

Par conséquent, il semble y avoir amples raisons de remettre en question la conformité de la RR avec les équations de Maxwell, et il y aussi des raisons remettre en question la réalité de la dilatation du temps et de la contraction des longueurs axiomatiquement associés au facteur de gamma à partir de considérations strictement géométriques et trigonométriques lorsqu'il est mis en perspective qu'une dérivation directe du facteur gamma d'une équation électromagnétique le relie strictement à la variation d'énergie induite par la force de Coulomb fonction des distances séparant les particules chargées.

Il va sans dire qu'une telle remise en question de la réalité de la dilatation du temps et de la contraction des longueurs axiomatiquement établies comme fondement pour la RR remet aussi en question la courbure de l'espace-temps de la RG, et toutes les conclusions axiomatiques qui en résultent. Il faut souligner ici que Einstein lui-même avait acquis la conviction vers la fin de sa vie que la gravitation suit les schémas de l'électromagnétisme ([7], p. 391), ce qui signifie qu'il en était aussi venu à douter de la validité des ses propres théories de la RR et de la RG. Voir aussi la Section 1.7.1 et l'Avant-propos à ce sujet.

Ces considérations sont au coeur du développement de la présente solution alternative qui est entièrement dérivée de l'ensemble des équations électromagnétiques convergentes établies expérimentalement par Coulomb, Ampère, Gauss, Faraday, Maxwell, Lorentz, Biot et Savart, sans aucune supposition axiomatique.

L'un de ses objectifs était de tenter de résoudre l'un des obstacles majeurs de la physique fondamentale qui est résumée par cette remarque de Feynman mentionnée dans ses fameux *"Cours de physique de Feynman"* [26]:

> *"There are difficulties associated with the ideas of Maxwell's theory which are not solved by and not directly associated with quantum mechanics...when electromagnetism is joined to quantum mechanics, the difficulties remain"*

Traduction:

> *"Il y a des difficultés associées aux idées de la théorie de Maxwell qui ne sont pas résolues par et ne sont pas directement associées avec la mécanique quantique... lorsque l'électromagnétisme est associée à la mécanique quantique, des difficultés demeurent."*

Cet auteur est convaincu qu'en définissant clairement l'induction mutuelle auto-entretenue des champs électrique et magnétique des quanta d'énergies constituant les particules électromagnétiques élémentaires localisées comme le photon électromagnétique et l'électron, ces difficultés peuvent être résolues.

La localisation permanente de l'électron lorsqu'il est en mouvement est assurée dans ce nouveau paradigme par la définition d'une trajectoire de résonance claire de l'électron en mouvement à l'intérieur du volume d'espace défini par la fonction d'onde.

3.5.1. Cadres de référence relatifs et mouvement absolu

Cette analyse des fondements de la théorie de la RR soulève maintenant la vieille question du rôle joué par l'utilisation de cadres de référence relatifs pour tirer des conclusions en physique fondamentale, une habitude qui a été popularisée par la célèbre expérience de pensée d'Einstein mentionnée précédemment, impliquant deux cadres de référence différents se déplaçant inertiellement à des vitesses constantes différentes, l'un étant matérialisé sous forme d'un train dans lequel un observateur se déplace à la même vitesse que le train, et l'autre matérialisé sous forme d'un observateur stationnaire debout au sol pendant que le train passe.

Les conclusions tirées de cette expérience de pensée sous-tendent complètement le concept traditionnel de relativité, qui a conduit à l'élaboration de la théorie de la Relativité Restreinte, soit la définition du *mouvement relatif* proposé par Poincaré [76] tel que perçu par des *observateurs*, mais non pas par rapport à des données collectées pendant des expériences physiquement réalisées, comme cela fut le cas lors de l'établissement de l'ensemble des équations électromagnétiques mutuellement convergentes qui sous-tendent avec succès toutes les réalisations technologiques dont nous bénéficions actuellement.

Il va sans dire que de tels cadres de référence inertiels se déplaçant à vitesses fixes ne peuvent être que des concepts mathématiques idéalisés, puisqu'il est impossible que de telles vitesses fixes se produisent naturellement dans la réalité physique, d'où la difficulté de faire correspondre les conclusions tirées de ces expériences de pensée idéalisées avec les processus physiques réels.

La transposition de l'utilisation du facteur gamma en tant que concept mathématique idéalisé tel que défini par Voigt, conduisant à la déconnexion observée entre le *concept idéalisé de contraction* de longueur des masses et des *distances existant physiquement* entre les particules élémentaires au sein des atomes dont ces masses macroscopiques réelles sont faites, qui a été analysée dans la Section 3.5, et en l'utilisant comme dérivée d'une équation électromagnétique ([42], [8] Chapitre 5), elle-même dérivée d'une chaîne d'équations initialement établies à partir de l'analyse des données recueillies au cours d'expériences physiquement réalisées, qui le relie plutôt à la manière dont l'énergie est adiabatiquement induite dans les particules élémentaires chargées par l'interaction de Coulomb, met définitivement en évidence les avantages de fonder les théories sur des équations émergeant de l'analyse de données reproductibles recueillies à partir d'expériences physiquement réalisées plutôt que sur des prémisses axiomatiques idéalisées.

Cette habitude d'émettre des hypothèses à partir de cadres de référence inertiels dans d'innombrables autres tentatives pour donner un sens aux données obtenues expérimentalement s'est ensuite profondément enracinée dans la communauté depuis le début du 20e siècle. La question fondamentale à laquelle cette méthode était censée répondre est la suivante :

Par rapport à quoi le mouvement des masses est-il relatif dans la réalité physique?

Est-il relatif à un médium sous-jacent? Par rapport au point de départ? Au point d'arrivée? Par rapport à l'observateur? À tel ou tel référentiel, ou à des référentiels multiples, inertiels, non inertiels, galiléens, mobiles ou non? etc.

La ligne séculaire de recherche et développement des concepts de *mouvement relatifs à des observateurs* avec toutes ses complexités a ses racines dans la certitude établie qu'il est impossible de démontrer un *mouvement absolu* dans l'univers.

Mais la manière dont la présente analyse révèle que l'énergie cinétique est adiabatiquement induite dans toutes les particules chargées conduit à observer qu'elles ne peuvent que toutes être autopropulsées en fonction de la quantité d'énergie de momentum ΔK qu'elles possèdent physiquement. Ainsi, leur mouvement, donc leur vitesse, ne peut dépendre que d'un seul critère, soit la présence réelle de leur composante d'énergie de momentum ΔK translationnelle. Tel qu'analysé à la référence ([15], [8] Chapitre 6), si l'état d'équilibre électromagnétique local le permet, il y aura obligatoirement une vitesse de la particule exprimée dans le vide, indépendamment de tout cadre de référence hypothétique.

Par conséquent, le mouvement dans l'univers est uniquement relatif à la quantité constamment mesurable d'énergie cinétique que chaque particule chargée possède localement (dans son propre cadre de référence) à tout instant donné.

Traditionnellement, on suppose que dans son propre cadre de référence, une particule élémentaire telle qu'un électron ou un photon n'a pas de vitesse, ce qui impliquerait selon les concepts classiques que son momentum tomberait à zéro. Mais l'analyse actuelle confirme que du point de vue électromagnétique, les composants *énergie porteuse* ΔK et Δm_m de la particule ont une existence permanente en tant que *substance existant physiquement*, ce qui signifie qu'à partir de la structure même de la particule et de la quantité continuellement variable de ses composants énergétiques ΔK et Δm_m, l'état de mouvement absolu de la particule peut être continuellement déterminé dans son propre cadre de référence inertiel, à l'aide de l'équation trispatiale d'énergie-momentum (1.50) (Voir Annexe A) à la fois pour une particule élémentaire massive comme l'électron, par exemple, et en mettant m_o à zéro dans l'équation, également pour un photon en mouvement libre:

$$E_e = \Delta K + \Delta m_m c^2 + m_0 c^2 \tag{1.50}$$

À partir de ces valeurs d'énergie, leur vitesse peut alors être calculée à l'aide de l'une des deux Équations (1.33), et ceci, strictement à partir des informations disponibles dans le propre cadre de référence de la particule:

$$v = c \frac{\sqrt{\lambda_C(4\lambda + \lambda_C)}}{(2\lambda + \lambda_C)} \quad \text{or} \quad v = c \frac{\sqrt{4EK + K^2}}{2E + K} \tag{1.33}$$

De plus, à partir du cadre de référence de la particule, la variation dans le temps de la quantité totale d'énergie porteuse d'un électron *révélera son état de mouvement absolu* par rapport à son environnement, et par conséquent, *son état de mouvement absolu dans l'univers*. Des augmentations et diminutions rapides de sa quantité totale d'énergie révèlent qu'il est stabilisé dans un état de résonance d'action stationnaire. Des augmentations et des diminutions lentes de sa quantité maximale d'énergie porteuse sur des périodes plus longues révéleront qu'il appartient à un atome faisant partie d'une masse macroscopique stabilisée sur une orbite elliptique macroscopique dans un système planétaire, etc.

<u>La limite inférieure absolue de vitesse</u>, selon cette perspective, consisterait en un électron possédant zéro énergie cinétique translationnelle en supplément de l'énergie dont sa masse au repos est constituée. Bien sûr, un tel électron qui serait totalement privé d'énergie translationnelle ne peut être qu'hypothétique, puisque toutes les particules chargées sont soumises à une accélération électrodynamique à partir du moment même où elles commencent à exister, et il n'est alors pas physiquement possible qu'une certaine quantité d'énergie porteuse ne leur soit pas induite par l'interaction coulombienne ambiante

<u>La limite supérieure absolue de vitesse</u> impliquant une oscillation électromagnétique est atteinte lorsqu'une quantité ΔK d'énergie cinétique de translation propulse une quantité égale d'énergie cinétique Δm_m captive en oscillation électromagnétique transversale, c'est-à-dire un photon électromagnétique en mouvement libre. Sa vitesse c bien connue est la vitesse de la lumière, tel que calculable avec la deuxième Équation (1.33), si E, l'énergie

constituant la masse au repos invariante de la particule chargée transportée, est mise à zéro. Voir les Équations (2.43) et (2.44).

<u>Le seul autre cas possible entre ces deux limites</u> impliquant une oscillation électromagnétique, s'applique à une quantité d'énergie cinétique captive en oscillation électromagnétique transversale qui est propulsée par une quantité moindre d'énergie cinétique de translation, telle que l'énergie cinétique constituant la masse au repos $m_o c^2$ d'un électron, plus la moitié Δm_m oscillant transversalement de l'énergie cinétique de son photon-porteur, ces deux quantités étant propulsées par la moitié unidirectionnelle ΔK du quantum d'énergie cinétique du photon-porteur. La vitesse d'un tel système sera obligatoirement comprise entre zéro et asymptotiquement proche de la vitesse de la lumière, un processus dont la mécanique est décrite à la Référence ([42], [8] Chapitre 5), et peut être calculée avec les deux équations (1.33).

Enfin, le dernier cas d'énergie cinétique dont le mouvement ne semble impliquer aucune oscillation électromagnétique transversale et pour lequel il ne semble donc pas y avoir non plus de facteur limitant la vitesse est le cas de l'énergie émise sous forme de neutrinos, dont la mécanique de libération dans le modèle trispatial est décrite à la Référence ([33], [8] Chapitre 12).

3.6. *Établissement des équations fondamentales à partir de données physiquement récoltées*

L'une des difficultés majeures en physique fondamentale est la puissance même des mathématiques en tant que langage descriptif. Si un soin insuffisant est apporté à éviter le plus possible les postulats axiomatiques, un nombre indéfini de théories peuvent être élaborées avec support mathématique complet qui peut toujours devenir totalement auto-consistantes par rapport à l'ensemble des prémisses sur lesquels chaque théorie est fondée. Mais l'auto-consistance même de toute théorie bien élaborée est si attirante pour nos esprits rationnels que cela rend très difficile la remise en question des fondements de structures si belles et intellectuellement satisfaisantes, et par conséquent, l'identification de prémisses axiomatiques possiblement inappropriées.

Étant donné cependant qu'il existe une seule réalité physique, il semblerait qu'une seule explication pourrait correctement rendre compte de chacun de ses aspects, et que les théories associées réussiraient à mieux les décrire si les postulats axiomatiques étaient évités dans toute la mesure du possible pour fonder leur élaboration.

Avant de pouvoir tirer des conclusions à propos de la réalité physique, il faut premièrement assembler des données expérimentales à propos de cette réalité physique, qui permettent ensuite d'extrapoler des hypothèses qui pourraient expliquer ces données. Quoiqu'il soit relativement facile de confirmer la validité de ces données elles-mêmes, en réobtenant de manière répétitive les mêmes résultats par divers moyens expérimentaux, la même chose ne peut pas être affirmée à propos des théories établies à partir de l'interprétation de ces données.

Par exemple, la charge unitaire de l'électron a été mesurée de manière concluante hors de tout doute possible, au fil du dernier siècle, comme étant invariante de manière absolue. Par conséquent, cette caractéristique de l'électron est considérée comme un élément objectivement valide de tout ensemble de prémisses pouvant être utilisé pour tirer des conclusions sur sa nature. Cependant, la conclusion à savoir si l'électron demeure localisé lorsqu'il est en mouvement, tel que traité selon la perspective de la mécanique relativiste, ou si sa *substance* s'étale en un volume diffus lorsqu'il est en mouvement, comme représenté par la fonction d'onde, tel que traité selon la perspective de la mécanique quantique, dépend entièrement des autres éléments de l'ensemble des prémisses sur lesquels chaque théorie est basée.

D'autres caractéristiques confirmées de manière concluante de l'électron sont l'invariance de sa masse au repos, le fait qu'il se comporte systématiquement de manière ponctuelle durant toute collision avec d'autres particules et qu'il possède une durée de vie présumée indéfinie, à moins de se convertir en énergie durant des interactions accidentelles très spécifiques avec d'autres particules, ce qui permet de le considérer comme étant *stable*.

Puisque toute la matière qui existe est faite d'atomes massifs, la gravitation doit logiquement émerger des propriétés de ces atomes. À leur tour, tous les atomes étant ultimement constitués d'un ensemble très restreint de particules élémentaires stables, chargées et massives prisonnières de leurs interactions mutuelles, cela implique logiquement que les propriétés des atomes doivent ultimement émerger des propriétés de ces sous-composants élémentaires.

L'ensemble ultime de ces particules élémentaires stables chargées et massives, constituant la structure interne de tous les atomes est très limité et leur existence a été confirmée hors de tout doute au moyen de collisions non-destructrices. Elles sont au nombre de 3, soit l'électron, qui établit les escortes électroniques autour des noyaux des atomes et déterminent les volumes atomiques; et les quarks up et down, qui s'avèrent être les ultimes sous-composants chargés et massifs de tous les nucléons dans les noyaux atomiques, qui déterminent leurs volumes, et qui furent détectés pour la première fois via collisions non-destructrices à haute énergie pendant les premières années d'opération du grand accélérateur linéaire de Stanford (SLAC) de 1966 à 1968 [21].

Ces trois particules chargées sont considérées élémentaires parce qu'aucune collision expérimentale n'a jamais révélé l'existence d'une limite infranchissable à une certaine distance de leur centre ponctuel qui aurait pu leur associer un volume, comme ce fut le cas pour les protons et les neutrons lors de collisions impliquant une énergie insuffisante, ce qui était un indice incontournable que les nucléons n'étaient pas élémentaires, et avaient une structure interne impliquant des particules plus petites, soit les quarks up et down déjà mentionnées, observées comme interagissant en triades des deux types, soit *uud* pour le proton et *udd* pour le neutron. Voir les Sections 1.23 et 2.16.

Ces trois particules étant élémentaires, leurs masses doivent logiquement être faites d'une substance non-différenciée, qui a été identifiée, dans le cas de l'électron, comme étant de l'énergie électromagnétique, étant donné ses propriétés électriques et magnétiques, et la même conclusion peut être tirée par similarité pour les quarks up et down pour la même raison.

Nous savons aussi que l'énergie électromagnétique est intimement liée à l'énergie cinétique associée au momentum, car nous avons des preuves indiscutables que les quantités exactes d'énergie cinétique accumulées par les électrons accélérant entre les électrodes d'un tube de Coolidge, par exemple, dû à la force de Coulomb qui est en action entre les électrons négatifs en cours d'accélération et les atomes ionisés positivement de l'anode, sont libérées sous forme de photons électromagnétiques dans les fréquences des rayons X, lorsqu'ils sont soudainement stoppés dans leur mouvement translationnel, lorsque momentanément capturés par les atomes ionisés positivement de l'anode (ou anticathode).

Nous observons donc que du point de vue électromagnétisme, la force de Coulomb, qui est connue pour être en action continue entre toutes les particules chargées en existence, appartient à la couche la plus profonde de la réalité physique en ce qui concerne l'induction d'énergie cinétique dans les particules élémentaires chargées en cours d'accélération. Par conséquent, cette force peut être identifiée comme étant la cause ultime de l'existence même de l'énergie cinétique au niveau sous-microscopique. Nous savons aussi par l'évidence expérimentale procurée par l'opération des tubes de Coolidge, que lorsque cette énergie cinétique s'échappe sous forme de photons de bremsstrahlung, elle possède les mêmes caractéristiques électromagnétiques déjà associées à l'ensemble restreint des 3 particules élémentaires électromagnétiques chargées et massives qui sont les seuls composants internes collisionables de tous les atomes en existence.

3.7. Procédure

Cet article mettra premièrement en perspective un aspect de l'énergie électromagnétique qui n'a été clarifié dans aucune des théories physiques utiles actuelles, soit le fait qu'aucune de ces théorie ne procure une description mécanique de l'induction mutuelle auto-entretenue des champs électrique et magnétique de l'énergie constituant la masse au repos des particules élémentaires qui serait cohérente avec leur localisation ponctuelle observée durant leurs collisions mutuelles, soit l'induction mutuelle des champs électrique et magnétique qui justifie l'existence même de l'énergie électromagnétique dans la théorie de Maxwell.

Une possible description de cette induction mutuelle dans le cadre d'une géométrie orthogonal augmentée de l'espace sera proposée qui met en lumière un ensemble de propriétés permettant d'expliquer mécaniquement la stabilité des orbitales électroniques et nucléoniques dans les atomes. Une telle mécanique est proposée à la Section 2.20.

Le rôle joué par la force de Coulomb dans l'induction d'énergie électromagnétique sera analysé, et une analyse qui en découle suivra de l'incohérence que cette nouvelle perspective révèle entre le concept actuel de momentum / lagrangien / hamiltonien fondé sur le principe de conservation de l'énergie et l'énergie cinétique adiabatique dont le mouvement est inhibé, qui est induite en permanence dans les trois particules élémentaires captives dans divers états de résonance dans les structures atomiques et nucléoniques, mais qui n'est pas prise en compte dans la définition de ce concept.

La relation entre ces états de résonance électromagnétique de moindre action et la fonction d'onde ainsi que la gravitation sera finalement mise en perspective, ainsi que la possibilité mise en lumière que les méthodes de la mécanique quantique pourraient être directement appliquées aux structures internes des nucléons.

3.8. La structure électromagnétique interne des électrons

Une autre caractéristique de l'électron, qui n'a pas encore été mentionnée, fut suspectée par Louis de Broglie dans les années 1920, et fut expérimentalement confirmée dans les années 1930. Il s'agit du fait que la substance même dont sa masse au repos est faite est en réalité de l'énergie électromagnétique, tel qu'établi par le fait, initialement découvert par Blackett et Occhialini [78], que des photons électromagnétiques sans masse de 1.022 MeV ou plus peuvent être déstabilisés pour se convertir en paires d'électron-positon massifs, et que les masses d'une paire électron-positon qui se métastabilise en configuration positonium se reconvertit à l'état de photons électromagnétiques sans masses à l'étape finale du processus de dégradation du positonium, qui fut aussi confirmé par Blackett et Occhialini à la même époque. Une confirmation supplémentaire de la nature électromagnétique de la masse de ces deux particules est bien sûr qu'elles sont électriquement chargées et sont connues de manière concluante pour posséder un moment magnétique.

Ces propriétés électromagnétiques intrinsèques de l'énergie constituant la masse au repos de l'électron ne sont cependant pas clairement intégrées dans sa représentation par la fonction d'onde, ni dans le concept de masse localisée tel que traité par la mécanique relativiste.

3.9. Aucune description de la structure électromagnétique interne de l'électron en mécaniques classique et relativiste

La mécanique relativiste traite tous les corps massifs, incluant les électrons, comme s'ils n'avaient pas de structure interne, ce qui quelquefois conduit à des résultats difficile à associer à des lois par ailleurs bien établies.

Par exemple, en mécanique classique et relativiste, cette difficulté devient particulièrement évidente par rapport aux mouvements de rotation des corps massifs, dont le moment angulaire est considéré conservatif; conclusion qui est en contradiction avec le fait qu'en réalité physique, toutes les masses macroscopiques en rotation ne peuvent être constituées que de la somme des masses d'une quantité de particules élémentaires massives en mouvement de translation sur des orbites circulaires autour de l'axe de rotation, car elles sont toutes soumises au 2ᵉ principe de la thermodynamique, qui impose que le changement de direction constant qui est imposé à ces sous-composants massifs implique *de facto* une dépense d'énergie sous forme de travail, ce qui vient en contradiction avec la définition de tout mouvement de rotation d'un corps macroscopique comme étant conservatif, car il est impossible selon le 2ᵉ principe de thermodynamique que l'état de mouvement de corps massifs tels ces particules élémentaires massives puissent ainsi constamment changer sans une dépense d'énergie.

Est-ce que cette omission pourrait être reliée au ralentissement de la rotation observée pour tous les corps mis en rotation pour des périodes prolongées dans le vide profond, après avoir été mis en rotation par une impulsion initiale, tels les deux sondes spatiales Pioneer 10 et 11 ([79], p. 23)? Ou de la bille d'acier de l'expérience de J.C. Keith en 1963 [80], qui fut mise en rotation sans friction à haute vélocité dans un vide profond, suspendue par des champs magnétiques? Ou la bille d'acier d'une expérience concordante effectuée par J.K Fremerey en 1973 [81]? Ou même des électrons individuels lancés en translation sur orbite circulaire parfaite dans un Betatron pendant les expériences de J.P. Blewett en 1946 ([82], p. 87)?

Malheureusement, le cas toujours inexpliqué du ralentissement translationnel des électrons observé par Blewett n'a pas été étudié plus avant et demeure sans réponse jusqu'à maintenant, suite à la mise hors service du Betatron G.E. de 100 MeV avant qu'il ait pu pousser sa recherche plus avant. Diverses rationalisations qui ne forçaient pas une reconsidération de la nature présumément *conservatrice* des mouvements de rotation ont été appliquées à tous les autres cas de ralentissement.

Dans la Référence CERN [83], le cas de l'énergie excédentaire qui devait être constamment fournie dans le Betatron de G.E. pour que les électrons soient maintenus sur leur trajectoire parfaitement circulaire supposément *conservatrice*, sans qu'aucun rayonnement ne soit détecté pour expliquer l'énergie excédentaire requise, a été rationalisé de la manière suivante:

> *"Then in 1946 Blewett measured the energy loss due to SR in the G.E. 100 MeV Betatron and found agreement with theory, but failed to detect the radiation after searching in the microwave region of the spectrum [4]. It was later pointed out by Schwinger however that the spectrum peaks at a much higher harmonic of the orbit frequency and that the power in the microwave region is negligible [5]."* ([83], p. 463)

Traduction:

> *" Puis, en 1946, Blewett a mesuré la perte d'énergie due à la RR dans le Betatron G.E. de 100 MeV et a trouvé un accord avec la théorie, mais n'a*

pas réussi à détecter le rayonnement après avoir cherché dans la région des micro-ondes du spectre [4]. Plus tard, Schwinger a cependant souligné que le spectre culmine à une harmonique beaucoup plus élevée de la fréquence orbitale et que la puissance dans la région des micro-ondes est négligeable [5]."

Le cas de l'énergie perdue mesurée par Blewett a ensuite été considéré comme réglé par la première observation du *rayonnement synchrotron* dans le synchrotron G.E. de 70 MeV qui est entré en service en 1947:

"The first direct observation of the radiation as a "small spot of brilliant white light" occurred by chance in the following year at the G.E. 70 MeV synchrotron, when a technician was looking into the transparent vacuum chamber [6]." ([83], p. 463)

Traduction:

"La première observation directe du rayonnement sous forme de "petite tache de lumière blanche brillante" a eu lieu par hasard l'année suivante au synchrotron G.E. de 70 MeV, alors qu'un technicien regardait dans la chambre à vide transparente [6]."

Cependant, on peut affirmer avec force que le cas n'est pas résolu, car les synchrotrons, de par leur conception même, sont incapables de reproduire exactement une *orbite circulaire parfaite* par rapport à laquelle Blewett a effectué ses mesures et qui ne peut être réalisée que dans un accélérateur de type Betatron, car la moindre oscillation transversale hors de l'orbite circulaire parfaite générera évidemment un rayonnement transversal de bremsstrahlung dans un synchrotron, aussi *proche* de l'orbite circulaire parfaite que des électrons puissent être contraints dans un synchrotron. L'argument de Schwinger peut bien sûr être valable, mais un test vraiment concluant ne peut être réalisé que dans un Betatron qui est le seul type d'accélérateur existant qui, par structure, est capable de forcer des électrons isolés à circuler sur des *orbites circulaires parfaites* sur lesquelles une perte d'énergie a été observée *sans détection d'émission d'énergie*.

Par conséquent, une expérience apportant une confirmation réelle d'une *dépense d'énergie sans rayonnement lors d'un mouvement parfaitement circulaire non naturellement compensé* ([52], [10] Chapitre 10) de particules électromagnétiques élémentaires tel que mesuré par Blewett reste à réaliser.

Il peut effectivement être observé que toutes les particules élémentaires massives captives à l'intérieur des corps macroscopiques en rotation sont en mouvement de translation sur des orbites macroscopiques parfaitement circulaires identiques à celle des électrons isolés observés par Blewett pendant ses expériences avec le Betatron. Il serait hautement intéressant que le ralentissement observé encore inexpliqué des électrons du Betatron soit finalement étudié en profondeur et mis en corrélation avec le ralentissement des corps en rotation, prenant en compte l'identité des orbites circulaires dans lesquelles les particules élémentaires chargées et massives sont contraintes à l'intérieur des corps macroscopiques.

De toute évidence, il ne viendrait à l'idée de personne de considérer le système solaire comme étant un corps massifs sans structure interne, étant donné que nous observons directement qu'il s'agit d'un système stabilisé de corps massifs plus petits, et que c'est la somme des masses individuelles de ces corps massifs qui constituent sa masse totale. C'est néanmoins ce qui est fait lors qu'il n'est assumé aucune structure interne pour les corps massifs macroscopiques, car ce ne sont pas les corps macroscopiques eux-mêmes qui sont massifs, mais bien les particules élémentaires sous-microscopiques massives individuelles dont la somme des masses constitue la masse totale des corps macroscopiques.

En ne présumant aucune structure interne aux masses macroscopiques, les mécaniques classique et relativistes n'en assument pas non plus pour la masse au repos des particules élémentaires massives telles l'électron, ce qui conduit à la conclusion présumée que l'électron possède un tel *volume* du simple fait de ne rien voir d'anachronique avec le concept du spin magnétique comme correspondant à un moment angulaire, puisque le concept même de *rotation* exige la présence d'un tel volume, ce qui est en contradiction, tel que déjà mentionné, avec le fait confirmé par toutes les expériences de collisions, qu'aucune limite infranchissable à une certaine distance du centre ponctuel des électrons n'a jamais été détectée, qui aurait révélé un tel volume mesurable, comme ce fut le cas pour les protons et neutrons.

En fait, le seul processus cyclique logique qui pourrait animer un objet sans volume mesurable tel l'électron au comportement ponctuel lors de tout événement de collision semble pouvoir se résumer à une seule possibilité de mouvement, soit un mouvement alternatif cyclique, hypothèse qui sera supportée par la manière avec laquelle l'induction mutuelle auto-entretenue des champs électrique et magnétique du quantum d'énergie constituant la masse au repos de l'électron peut être représentée dans une géométrie orthogonale augmentée de l'espace, qui sera présentée plus loin.

3.10. *Aucune description de la structure électromagnétique interne de l'électron en mécanique quantique*

La mécanique quantique pour sa part offre trois différentes descriptions de l'électron en mouvement, descriptions qui comprennent l'énergie constituant sa masse au repos plus l'énergie de son momentum, mais n'offre pas de représentations séparées de ces deux quantités.

La première représentation nous vient de la fonction d'onde de Schrödinger, qu'il établit pour représenter les états de résonance desquels de Broglie avait préalablement conclu que les électrons devaient être captifs lorsque stabilisés autour des noyaux des atomes [4]. En termes généraux, cette représentation décrit l'énergie de l'électron comme étant distribuée à l'intérieur des volumes définissables par la fonction d'onde.

La deuxième représentation fut simultanément et indépendamment développée par Heisenberg, soit une représentation qui répartit l'énergie de l'électron à l'intérieur d'un volume par ailleurs décrit par la fonction d'onde, selon des probabilités statistiques de densité de présence de l'énergie dont l'électron est constitué, ce qui permet, par exemple, de définir la zone de plus grande densité probable de la "substance" de l'électron dans l'orbitale de l'état fondamental de l'atome d'hydrogène comme correspondant à l'orbite de repos de l'atome classique de Bohr.

La troisième représentation est l'intégrale de chemin subséquemment développée par Feynman, qui remplace la trajectoire théorique de moindre action de l'électron en mouvement par l'infinité de toutes les trajectoires possibles que l'électron pourrait suivre à l'intérieur du volume défini par la fonction d'onde.

Il peut aussi être observé qu'en plus de ne pas séparer l'énergie de la masse au repos de l'électron de son énergie porteuse, ces représentations actuelles de la MQ n'offrent pas non plus une description de l'induction mutuelle auto-entretenue des champs électrique et magnétique de l'énergie du quantum constituant sa masse invariante de repos.

Nous verrons plus loin comment une possible quatrième représentation, qui utilise une telle description, pourrait permettre de décrire la trajectoire de résonance d'un électron localisé en permanence à l'intérieur du volume défini par la fonction d'onde de l'orbitale fondamentale de l'atome d'hydrogène, proposant ainsi une possible méthode générale qui permettrait la représentation des trajectoires de résonance des particules élémentaires chargées à l'intérieur de toutes les orbitales atomiques et nucléaires, soit à l'intérieur des volumes définissables par la fonction d'onde. Cette quatrième représentation est entièrement analysée aux Sections 2.17 à 2.20.

3.11. Aucune description de la structure électromagnétique interne des particules élémentaires dans la théorie quantique des champs

La théorie quantique plus générale des champs (QFT) présume que les particules électromagnétiques élémentaires telle que l'électron émergent en tant qu'*états locaux excités* d'un champ quantique d'énergie neutre sous-jacent, introduisant le concept de quantification de l'énergie, qui donna naissance à l'électrodynamique quantique (QED), qui permet de décrire les interactions entre les particules élémentaires comme étant un *échange de photons virtuels* quantifiés.

Mais il peut être aussi noté que la QFT, quoique fondée sur l'électromagnétisme, ne procure pas non plus une description de l'induction mutuelle interne des deux champs électrique et magnétique de ces états excités individuels.

3.11.1 Les progrès reprennent également du point de vue de la QFT

Tel que mentionné au tout début du Chapitre 1, la théorie des champs quantiques (QFT) émerge de l'interprétation de Ludwig Lorenz de la manière dont les champs électrique et magnétique de l'énergie électromagnétique en mouvement libre doivent être associés l'un à l'autre pour expliquer la vitesse de la lumière.

Tel que déjà mis en perspective, Lorenz a considéré que les champs E et B de l'énergie électromagnétique doivent atteindre leur maximum au même moment de manière synchrone pour que cette vitesse soit maintenue, tandis que Maxwell considérait que les deux champs devaient s'induire mutuellement de manière cyclique pour que la vitesse de la lumière soit maintenue, les deux interprétations étant également cohérentes avec l'ensemble des équations électromagnétiques.

Bien que l'interprétation de Maxwell conduise à une mécanique électromagnétique permettant de décrire la séquence complète des interactions entre les particules élémentaires électromagnétiques sous forme de séquences continuellement progressives, il ne fait aucun doute qu'une mécanique électromagnétique équivalente qui décrirait ces séquences comme étant discontinuellement progressives peut également être développée, qui prendrait également en compte la composante magnétique transversale des quanta électromagnétiques, étant donné le succès déjà obtenu par l'électrodynamique quantique (QED), qui émerge déjà de la QFT, et qui met actuellement davantage l'accent sur les aspects électriques de ces interactions.

Il se trouve que des ingénieurs électriciens aux connaissances profondes en électromagnétisme, Riccardo Storti et Todd Desiato, ont déjà récemment clarifié plus avant la QFT [84]. Tout bien considéré, il n'est pas surprenant que ce soient des ingénieurs qui repoussent aujourd'hui les limites de la physique fondamentale, considérant que la compétence mathématique rigoureuse n'est pas une option dans leur domaine, et que le véritable référentiel des connaissances appliquées et applicables de l'humanité sur tous les aspects de la mécanique et de l'électromagnétisme est précisément l'ensemble des ouvrages de référence en ingénierie, tel que mis en perspective à la Section 27 de la Référence [25], telles que les Références [85] [86] [87] [88] [89] [90] pour ne donner que quelques exemples, les référentiels de données expérimentales tels que les Références [35] [51] et [73], et les manuels d'introduction remarquablement bien faits tels que les Références [17] [18] [57] [62] [63].

3.12. Aucune description de la structure électromagnétique interne de l'électron en électromagnétisme

Fait surprenant, même en électromagnétisme tel que couramment formulé, quoique le fondement même de la théorie de Maxwell exige que les champs électrique et magnétique de l'énergie électromagnétique en mouvement doivent s'induire cycliquement mutuellement pour que cette énergie puisse même exister, il ne s'est pas avéré possible à ce jour de représenter de manière cohérente ce processus d'induction mutuel auto-entretenu à l'intérieur des photons électromagnétiques localisés, ni à l'intérieur des particules électromagnétiques élémentaires localisées telles l'électron.

En fait, c'est l'observation qu'une description mécanique de cette induction mutuelle des champs électrique et magnétique était absente de toutes ces théories généralement utiles applicables à la matière et l'énergie qui mit en lumière la possibilité que de résoudre ce problème particulier pouvait clarifier certains aspects de l'énergie électromagnétique qui permettraient peut-être de réconcilier ces théories les unes avec les autres et avec la réalité objective.

Lorsque la mécanique quantique fut établie dans les années 1920, il était déjà évident bien sûr que l'électromagnétisme devait être incorporée à la fonction d'onde nouvellement établie, étant donné la découverte préalable par H.A. Lorentz de la révolutionnaire première équation de la mécanique électromagnétique, soit $F = q(E + v \, x \, B)$, qui permettait de contrôler le mouvement des électrons sur des trajectoires précises en variant la densité relative des champs électrique et magnétique ambiants, des densités égales procurant un mouvement rectilinéaire de la particule chargée.

Très tôt donc après le développement de la fonction d'onde de Schrödinger et de la méthode statistique de Heisenberg, le bris de continuité entre la MQ et l'électromagnétisme donna lieu au développement de la théorie quantique des champs (QFT), qui conduisit à l'introduction de la perspective de la quantification.

Louis de Broglie pour sa part, demeurait intimement convaincu que le photon électromagnétique et l'électron demeurent localisés en permanence et suivent toujours des trajectoires précises lors de leurs mouvements. Il entreprit d'établir cette structure interne d'induction mutuelle des champs électrique et magnétique du photon électromagnétique localisé [91] [92] [93] [94], mais sa tentative pendant une dizaine d'années dans les années 1930 à coordonner cette induction mutuelle en harmonie avec la fonction d'onde, le convainquit qu'il était impossible de représenter exactement les particules élémentaires dans le cadre de la géométrie à 4 dimensions de l'espace-temps, ajoutant qu'une telle représentation pourraient éventuellement devenir possible en échappant à ce cadre d'espace-temps présumément trop restrictif ([27], p. 273).

À ce jour, nous savons que la lumière peut être polarisée, mais nous n'avons aucune description mécanique expliquant pourquoi l'énergie électromagnétique peut être polarisée.

Même si nous savons que l'énergie électromagnétique implique un processus d'induction mutuelle des champs électrique et magnétique, nous n'avons pas encore une description mécanique expliquant pourquoi le quantum électromagnétique qui constitue la masse au repos d'une particule électromagnétique élémentaire comme l'électron peut demeurer localisée pendant que ses champs électrique et magnétique internes s'induisent mutuellement de la manière auto-entretenue que nous pouvons observer.

Nous savons que seulement trois particules électromagnétiques élémentaires stables, chargées et massives sont les seuls composants de tous les atomes de l'univers (électron, quark up et quark down), mais nous n'avons encore aucune description mécanique expliquant pourquoi leur quanta d'énergie électromagnétique, faits de champs électrique et magnétique auto-entretenus qui s'induisent mutuellement, demeurent localisées de la manière quasi-ponctuelle que nous pouvons observer lorsqu'elles entrent en collision les unes avec les autres.

Puisque la gravitation est apparemment liée à la masse, elle ne peut qu'être liée aux trois seules particules électromagnétiques élémentaires auto-entretenues possédant une masse mesurable et qui sont de manière évidente les seuls et ultimes composants massifs de tous les atomes de l'univers.

3.13. Établissement de la structure interne des photons électromagnétiques

Suite à l'intuition de de Broglie que la géométrie de l'espace-temps à 4 dimensions semblait trop restrictive pour établir cette mécanique, une nouvelle géométrie plus étendue de l'espace fut éventuellement développée et proposée en 2000 [28], qui associe la relation triplement orthogonale de l'énergie électromagnétique, révélée par le traitement par onde plane, à l'orthogonalité de l'espace lui-même, ce qui permet effectivement une représentation mécanique par l'Équation (3.6) de l'induction mutuelle des aspects électrique et magnétique de l'énergie électromagnétique d'un photon localisé tel que de Broglie en faisait l'hypothèse, en conformité avec les équations de Maxwell, d'une manière qui peut expliquer la polarisation ([15], [8] Chapitre 6). Cette nouvelle géométrie plus étendue de l'espace est mise en perspective par rapport aux autres tentatives multidimensionnelles pour résoudre les problèmes restant en physique fondamentale à la Référence ([34], [8] Chapitre 19), et est complètement décrite à la Référence ([15], [8] Chapitre 6).

Résumée en quelques mots, cette géométrie étendue de l'espace est directement issue de la relation vectorielle triplement orthogonale bien connue correspondant à chaque point du front d'onde de l'onde électromagnétique continue de Maxwell sous forme d'un produit vectoriel du champ magnétique par le champ électrique, eux-mêmes perpendiculaires à la direction de mouvement de tout point du front d'onde en traitement par onde plane. La nouvelle géométrie résulte de *l'explosion*, pour ainsi dire, de chacun des trois vecteurs mutuellement orthogonaux associés *ijk* pour qu'ils deviennent des espaces vectoriels 3D pleinement épanouis mutuellement orthogonaux entre eux, pendant que le point central de jonction de l'ensemble de tous les vecteurs unitaires de tels complexes vectoriels demeure localisé au centre de chaque quantum électromagnétique localisé.

Par exemple, l'équation LC trispatiale (3.6) suivante pour le photon électromagnétique localisé autopropulsé décrit clairement, dans cette géométrie plus étendue de l'espace, comment la moitié de son énergie oscille transversalement entre un état de double composants électriques, ce qui permet d'expliquer la polarisation en conformité avec l'hypothèse de de Broglie, et un état magnétique unique, qui assure la localisation permanente du quantum, en conformité complète avec les équations de Maxwell; pendant que l'autre moitié demeure unidirectionnelle et associée au momentum, perpendiculairement à la moitié en oscillation transversale, soutenant la vitesse de la lumière du quantum complet dans le vide, sans aucun besoin du support d'un éther sous-jacent, pendant que ses champs électrique et magnétique, de densités égales par défaut, assurent son autoguidage en ligne droite lorsqu'aucun champ électromagnétique ambiant externe ne vient modifier ce ratio de densités égales d'une manière qui ferait dévier sa trajectoire ([15], [8] Chapitre 6):

$$E \, \vec{I} \, \vec{i} = \left(\frac{hc}{2\lambda} \right)_X \vec{I} \, \vec{i} + \left[\begin{array}{l} 2 \left(\dfrac{e^2}{4C} \right)_Y (\vec{J} \, \vec{j}, \vec{J} \, \overleftarrow{j}) \cos^2(\omega t) \\[2mm] + \left(\dfrac{L \, i^2}{2} \right)_Z \overleftrightarrow{K} \, \sin^2(\omega t) \end{array} \right] \qquad (3.6)$$

où

$$C = 2\varepsilon_0 \alpha\lambda \qquad L = \frac{\mu_0 \alpha\lambda}{8\pi^2} \qquad i = \frac{2\pi \, ec}{\alpha\lambda} \qquad \omega = \frac{2\pi \, c}{\alpha\lambda} \qquad (3.7)$$

3.14. Établissement de la structure électromagnétique interne de l'énergie porteuse des particules massives élémentaires

En ce qui concerne une possible représentation de la structure électromagnétique interne de l'énergie de la masse au repos de l'électron par rapport à la mécanique relativiste, une percée majeure fut faite par Paul Marmet en 2003, lorsqu'il réussit à dériver de l'équation de Biot-Savart une relation qui associe directement l'augmentation de masse relativiste d'un électron en cours d'accélération à l'augmentation simultanée de son champ magnétique [29], qui conduisit à l'observation que le champ magnétique de l'électron au repos correspond exactement à la moitié de sa masse au repos invariante, ce qui à son tour conduisit à conclure que l'autre moitié de cette masse invariante devait correspondre à son champ électrique.

Cela signifie que par structure, l'incrément de masse magnétique relativiste associé à la vitesse mesurable de l'électron ne peut impliquer que son énergie porteuse comme étant distincte de l'énergie constituant le quantum invariant de l'énergie constituant sa masse au repos, d'une manière qui lui fait acquérir les mêmes caractéristiques de masse magnétique que celles de la masse invariante de l'électron ([30], [8] Chapitre 4), soit une propriété d'inertie omnidirectionnelle dans l'espace normal correspondant au concept établi de masse électromagnétique.

En fait, puisque l'énergie cinétique associée au momentum traditionnel qui propulse l'électron ne peut être qu'unidirectionnelle par structure en propulsant translationnellement l'électron, et qu'en accord avec la nécessité vectorielle fondamentale conforme aux équations de Maxwell qu'un champ magnétique soit par structure orienté perpendiculairement à la direction de mouvement de l'énergie électromagnétique, alors le champ magnétique de l'incrément de masse contribué par l'énergie en excès de la masse invariante de l'électron, ne peut être qu'une composante orientée transversalement différente de l'énergie orientée translationnellement associée au momentum de l'énergie porteuse, qui existe ainsi séparément par structure du quantum d'énergie constituant la masse au repos invariante de la particule:

$$E_{\text{énergie porteuse totale}} = E_{\text{translationnelle}} + E_{\text{composante magnétique orientée transversalement}}$$

(3.8)

Étant donné qu'un champ magnétique ne peut pas être dissocié d'une contrepartie électrique dans la théorie de Maxwell, et que les deux aspects doivent obligatoirement s'induire mutuellement pour que l'énergie électromagnétique puisse même exister, le seul moyen par lequel cet aspect électrique peut être introduit est que la composante transversale de l'énergie porteuse que constitue l'incrément de masse magnétique soit impliqué dans un mouvement alternatif, pour ainsi dire, qui le ferait alterner entre cet état magnétique et un état électrique correspondant:

$$E_{total} = E_{trans.} + \left[E_{elec.} \cos^2(\omega t) + E_{mag.} \sin^2(\omega t) \right]$$

(3.9)

Cette forme de la relation conduit de toute évidence à la représentation LC suivante:

$$E = \frac{hc}{2\lambda} + \left[\frac{e^2}{2C_\lambda} \cos^2(\omega t) + \frac{L_\lambda i_\lambda^2}{2} \sin^2(\omega t) \right]$$

(3.10)

où

$$E_{\text{E}(\max)} = \frac{e^2}{2C} \qquad \text{et} \qquad E_{\text{B}(\max)} = \frac{L\,i^2}{2} \tag{3.11}$$

La similitude entre l'Équation (3.10) issue de l'équation de Biot-Savart et l'Équation (3.6) correspondant à la représentation électromagnétique du photon localisé dans la géométrie trispatiale était évidente, ce qui conduisit à la conclusion que l'énergie porteuse d'un électron en mouvement possède obligatoirement la même structure électromagnétique interne que celle d'un photon électromagnétique localisé; permettant ainsi de restructurer l'Équation (3.10) pour incorporer les champs électrique et magnétique locaux de l'énergie porteuse de l'électron pour aboutir à l'Équation (3.14) mentionnée plus loin, qui peut indifféremment être appliquée à l'énergie porteuse des particules élémentaires massives et aux photons électromagnétiques se déplaçant librement, en remplacement de l'Équation (3.6).

Une analyse subséquente permit ensuite de démontrer mathématiquement que la raison pour laquelle la vélocité du *photon-porteur* de l'électron était limité à des vélocités plus faibles que celle de la lumière était uniquement due au fait que la moitié unidirectionnelle de l'énergie du photon-porteur, correspondant à son momentum, est forcée de propulser la masse au repos électromagnétique invariante translationnellement inerte de l'électron en plus de simultanément propulser sa propre autre moitié électromagnétique translationnellement inerte, ce qui ne peut qu'en ralentir la vitesse en proportion, puisque la vitesse de la lumière d'un photon électromagnétique est maintenue dans le vide, dans cette géométrie de l'espace, seulement dû au fait qu'il ne peut être constitué par structure que deux moitiés égales, l'une demeurant unidirectionnelle, propulsant l'autre moitié, qui demeure translationnellement inerte pendant son oscillation électromagnétique transversale à la direction de mouvement, tel qu'analysé à la Référence ([42], [8] Chapitre 5).

Finalement, le fait que l'incrément de masse relativiste de l'électron en mouvement correspond exactement à la moitié en oscillation électromagnétique transversale de son énergie porteuse, tel que représenté par l'Équation (3.10), et que cet incrément de masse relativiste possède une inertie omnidirectionnelle tout comme la masse au repos invariante de l'électron, permet d'associer la même inertie omnidirectionnelle à la moitié en oscillation transversale du quantum d'énergie de tout photon électromagnétique en mouvement, tel que représenté par les Équations (3.6) et (3.14), ce qui procure une explication directe de l'angle de déflexion observé pour la lumière frôlant une masse stellaire, sans aucun besoin d'avoir recours à la solution de l'espace-temps courbe de la relativité générale ([15], [8] Chapitre 6) ([45], [8] Chapitre 16).

3.15. Établissement de la structure électromagnétique interne de la masse au repos des particules élémentaires localisées

À partir de la méthode utilisée par Marmet pour dériver sa conclusion de l'équation de Biot-Savart, une nouvelle équation générale alternative pour le calcul de l'énergie des quanta électromagnétiques équivalente à $E=hv$ fut alors dérivée, qui n'implique pas la constante de Planck. Elle est obtenu en intégrant sphériquement leur énergie à partir de l'infini jusqu'à une limite inférieure qui associe leur longueur d'onde longitudinale à la constante de structure fine; soit une limite inférieure qui correspond à l'amplitude transversale (/2) de l'oscillation électromagnétique du quantum d'énergie d'un photon localisé dans la géométrie trispatiale ([30], [8] Chapitre 4), Équation (11):

$$E = hv = \frac{e^2}{2\varepsilon_0 \alpha \lambda} \tag{3.12}$$

Cette définition permet incidemment d'observer que le quantum d'action de Planck appartient à un ensemble de constantes électromagnétiques qui se définissent inextricablement les unes les autres: $h=(e^2/2\varepsilon_o\alpha c)=(e^2\mu_o c/2\alpha)$. Comme dans les cas de l'identité de Euler ($e^{i\pi}+1=0$) et de la dérivation de la vitesse de la lumière dans le vide à partir des équations de Maxwell ($\varepsilon_o\mu_o c^2=1$), il peut être observé que la même règle logique à l'effet que toute valeur qui est définie uniquement par un ensemble de constantes ne peut qu'être elle-même une constante, garantie maintenant l'invariance de la constante de Planck.

Dans le présent cas, le quantum d'action de Planck peut être confirmé être une constante électromagnétique en confirmant en premier lieu l'invariance de la constante de structure fine ([34], [8] Chapitre 19), Équation (1) par rapport à trois autres constantes électromagnétiques préalablement établies (e, ε_o, et aussi H, qui est une constante d'intensité électromagnétique nouvellement définie ([53], [8] Chapitre 6, Équation (17)), pour ensuite confirmer l'invariance du quantum d'action de Planck h ([34], [8] Chapitre 19, Équation (4)) par rapport à trois constantes électromagnétiques préalablement établies (e, ε_o, et α maintenant confirmée comme étant invariante).

Cette nouvelle définition de l'énergie permet à son tour de définir les champs électrique et magnétique de tout photon localisé, ou de l'énergie porteuse de particules élémentaires massives, à partir de leur longueur d'onde et d'un ensemble spécifique de constantes électromagnétiques connues ([30], [8] Chapitre 4):

$$\mathbf{B} = \frac{\mu_0 \pi e c}{\alpha^3 \lambda^2} \qquad \text{et} \qquad \mathbf{E} = \frac{\pi e}{\varepsilon_0 \alpha^3 \lambda^2} \qquad (3.13)$$

Les Équations (3.13) s'appliquant autant au quantum d'énergie d'un photon libre qu'à celui de l'énergie porteuse de particules élémentaires massives, ont alors permis d'adapter l'Équation (3.6) pour utiliser ces définitions des champs plutôt que les définitions par inductance et capacitances moins familières et moins pratiques des Équations (3.7) pour représenter la structure électromagnétique interne des photons localisés et aussi celle de l'énergie porteuse des particules élémentaires massives:

$$E \vec{I}\vec{i} = \left(\frac{hc}{2\lambda}\right)_X \vec{I}\vec{i} + \left[\begin{array}{c} 2\left(\dfrac{\varepsilon_0 \mathbf{E}^2}{4}\right)_Y (\vec{J}\vec{j},\vec{J}\overleftarrow{j})\cos^2(\omega t) \\[4mm] + \left(\dfrac{\mathbf{B}^2}{2\mu_0}\right)_Z \overleftrightarrow{K}\,\sin^2(\omega t) \end{array} \right] V \qquad (3.14)$$

où

$$V = \frac{\alpha^5}{2\pi^2}\lambda^3 \qquad (3.15)$$

L'Équation (3.15) déterminant le volume qui doit être associé aux définitions de champs des Équations (3.13) pour implémenter l'Équation (3.14) est tirée d'une analyse profonde effectuée à la Référence ([30], [8] Chapitre 4) de l'équation procurant la densité d'énergie du champ électrique associé à l'équation de champ (3.13) lorsque les densités des deux champs *E* et *B* sont égales en contexte d'un mouvement en ligne droite d'une particule électromagnétique élémentaire chargée:

$$U = \varepsilon_0 E^2 = \varepsilon_0 \left(\frac{\pi e}{\varepsilon_0 \alpha^3 \lambda^2}\right)^2 = \frac{\pi^2 e^2}{\varepsilon_0 \alpha^6 \lambda^4}$$

$$= \frac{e^2}{2\varepsilon_0 \alpha \lambda} \times \frac{2\pi^2}{\alpha^5 \lambda^3} = E \times \frac{1}{V} = \frac{e^2}{2\varepsilon_0 \alpha \lambda} \times \frac{1}{\left(\dfrac{\alpha^5 \lambda^3}{2\pi^2}\right)} \qquad (3.16)$$

Il est important de noter ici que ce volume ne représente d'aucune façon un quelconque volume qu'aurait la particule. Il est par structure le *volume isotrope stationnaire théorique* que l'énergie cinétique incompressible en oscillation d'un quantum occuperait s'il était immobilisé sous forme d'une sphère de densité isotrope. Métaphoriquement parlant, il équivaut à accumuler toutes les feuilles d'un arbre dans la plus petite sphère uniformément isotrope possible pour plus facilement calculer le volume et la densité limite du matériel dont sont faites les feuilles, ce qui permet en contexte, de déterminer les paramètres limites absolus de densité de l'énergie des particules électromagnétiques, au-delà desquelles ils ne peuvent être augmentées.

À leur tour, les définitions des Équations (3.13) permirent de définir à la Référence ([30], [8] Chapitre 4) les champs électrique et magnétique correspondant à la masse au repos invariante de l'électron séparément de ceux de son énergie porteuse, en appliquant la longueur d'onde de Compton pour l'électron aux définitions de champs des Équations (3.13):

$$\mathbf{B} = \frac{\mu_0 \pi e c}{\alpha^3 \lambda_C^2} \qquad \text{et} \qquad \mathbf{E} = \frac{\pi e}{\varepsilon_0 \alpha^3 \lambda_C^2} \tag{3.17}$$

L'équation LC (3.6) permit alors de mettre à niveau complètement relativiste l'équation cinétique non relativiste de Newton $K=mv^2/2$ après l'avoir converti en premier lieu en son équivalent électromagnétique à la Référence ([42], [8] Chapitre 5). Il devint alors possible de la corriger en accord avec la structure électromagnétique de l'Équation (3.6) pour obtenir deux nouvelles équations relativistes dérivées de l'électromagnétisme, présenté comme les Équations (3.18) plus loin; la première desquelles permet de calculer tous les états de vitesses possibles pour toute particule électromagnétique élémentaire localisée, à partir de la vélocité zéro pour un électron au repos complet, en passant par l'éventail complet des vitesses relativistes pour toute particule élémentaire massive, jusqu'à la vélocité c pour les photons électromagnétiques se déplaçant librement ([42], [8] Chapitre 5, Équation (33a)), et la deuxième équation permettant de calculer la vélocité de toute particule élémentaire massive localisée à partir des longueurs d'onde séparées de l'énergie de sa masse invariante au repos plus celle de son énergie porteuse ([42], [8] Chapitre 5, Équation (49)); cette dernière équation plus restrictive étant identique à l'Équation (55) de la même référence dérivée de l'équation $E=\gamma m_o c^2$ de la théorie de la relativité restreinte à la Référence ([30], [8] Chapitre 4):

$$v = c\frac{\sqrt{4EK + K^2}}{2E + K} \qquad \text{et} \qquad v = c\frac{\sqrt{4\lambda\lambda_C + \lambda_C^2}}{2\lambda + \lambda_C} \tag{3.18}$$

En additionnant les équations pour champs magnétiques (3.13) et (3.17) pour la masse au repos de l'électron et pour son énergie porteuse, l'équation suivante est obtenue comme Équation (49) à la Référence ([30], [8] Chapitre 4) pour obtenir l'équation du champ magnétique d'un électron en mouvement:

$$\mathbf{B} = \frac{\pi \mu_0 ec}{\alpha^3} \frac{\left(\lambda^2 + \lambda_C{}^2\right)}{\lambda^2 \lambda_C{}^2} \qquad (3.19)$$

qui correspond incidemment exactement au champ magnétique associé à l'équation de Marmet ([29], Équation (23)) dérivée de l'équation de Biot-Savart.

À partir du produit de l'Équation (3.19) pour l'électron en mouvement, et de l'Équation (3.18) pour calculer les vitesses relativistes à partir des longueurs d'onde, l'Équation (3.20) fut alors établie pour le champ électrique d'un électron en mouvement en ligne droite à toute vélocité. La relation connue $\mu_o c^2 = 1/\varepsilon_o$ permet d'établir cette équation par simple substitution, puisque le produit des Équations (3.18) et (3.19) correspond exactement au côté droit de l'équation pour calculer le mouvement en ligne droite d'une particule chargée $E=vB$ tirée de l'équation de Lorentz:

$$\mathbf{E} = \frac{\pi e}{\varepsilon_0 \alpha^3} \frac{\left(\lambda^2 + \lambda_C{}^2\right)}{\lambda^2 \lambda_C{}^2} \frac{\sqrt{\lambda_C\left(4\lambda + \lambda_C\right)}}{\left(2\lambda + \lambda_C\right)} \qquad (3.20)$$

L'établissement formel de l'Équation (3.20) implique en réalité un produit vectoriel complexe dans la géométrie trispatiale, qui est décrit à la Référence ([34], [8] Chapitre 19) et qui reste à établir.

3.16. *Explication mécanique de la production de paires e^+e^- à partir du découplage de photons électromagnétiques de 1.022 MeV ou plus dans la géométrie trispatiale*

L'analyse de l'Équation (3.6) à la lumière des possibilités géométriques orthogonales grandement augmentées dans la géométrie trispatiale plus étendue de l'espace permet aussi d'établir une explication mécanique de la conversion de photons électromagnétiques sans masse en paires d'électron-positon massifs, tout en préservant l'oscillation cyclique de l'aspect magnétique de l'énergie de leur masse au repos entre un accroissement sphérique à partir de zéro présence jusqu'à une présence sphérique maximum, suivi d'une décroissance de présence sphérique jusqu'à zéro présence, à la fréquence de l'énergie de la masse au repos invariante de l'électron, qui correspond à un processus d'inversion cyclique du spin des particules électromagnétiques élémentaires, qui est une caractéristique d'importance critique révélée par la géométrie trispatiale ([31], [8] Chapitre 11), et qui sera mise en perspective plus loin.

Étant donné que la totalité de l'énergie constituant les masses au repos invariantes des deux particules générées de 0.511 MeV/c^2 possèdent la caractéristique d'inertie omnidirectionnelle (masse électromagnétique) après conversion d'un photon électromagnétique de 1.022 MeV, cela signifie aussi que le processus naturel de conversion fait en sorte que la moitié unidirectionnelle de l'énergie du photon acquière mécaniquement cette propriété d'inertie omnidirectionnelle. La manière par laquelle cette propriété d'inertie omnidirectionnelle est acquise mécaniquement par la moitié unidirectionnelle de l'énergie du photon-mère pendant le processus de conversion dans la géométrie trispatiale, ainsi que comment les signes opposés des charges des deux particules sont acquis, est analysé à la Référence ([31], [8] Chapitre 11).

L'équation trispatiale LC pour l'électron au repos peut être formulée comme suit:

$$E\,\vec{0} = m_e c^2\,\vec{0} = \left[\frac{hc}{2\lambda_C}\right]_Y \vec{J}\,\overset{\leftarrow}{i} + \left(\begin{array}{l} 2\left[\dfrac{(e')^2}{4C_C}\right]_X (\,\vec{I}\,\vec{j}\,,\vec{I}\,\overset{\leftarrow}{j}\,)\cos^2(\omega t) \\[2em] + \left[\dfrac{L_C i_C^{\,2}}{2}\right]_Z \overset{\leftrightarrow}{K}\,\sin^2(\omega t) \end{array} \right) \tag{3.21}$$

où λ_c est la longueur d'onde de Compton. Dans la géométrie trispatiale, l'équation pour la masse au repos du positon est identique à l'Équation (3.21) pour l'électron, sauf pour une inversion d'orientation de 180° du sous-vecteur-unitaire (*i*) dans l'expression (*J-i*) à l'intérieur de l'espace-Y électrostatique, qui réfère à l'inversion du signe de sa charge unitaire par rapport à celle de l'électron ([31], [8] Chapitre 11).

3.17. La force de Coulomb

Un examen de l'origine possible de l'énergie cinétique translationnelle associée au momentum qui propulse les particules élémentaires chargées tel l'électron conduit à observer qu'au niveau sous-microscopique, l'énergie cinétique est induite dans ces particules uniquement en fonction de la distance entre ces particules chargées. Il est aussi bien vérifié que la seule force connue capable d'induire de l'énergie cinétique dans des particules chargées en mouvement est la force bien connue de Coulomb.

Quoiqu'ayant été établie il y plus de 200 ans par C.A. Coulomb, la loi exhaustivement confirmée de Coulomb qui est en action entre les particules chargées en fonction de l'inverse de la distance qui les sépare semble être progressivement devenue invisible en arrière plan de l'électrodynamique quantique (QED), même si l'équation de Coulomb fait partie intégrante de la première équation de Maxwell, soit l'équation de Gauss pour le champ électrique, de la quelle elle peut d'ailleurs être facilement dérivée ([32], [8] Chapitre 14).

La force de Coulomb est à vrai dire une composante critiquement importante de chaque *photon virtuel* en QED, mais elle est métaphoriquement découpée en tellement de petites pièces qu'elle attire maintenant très peu l'attention. Métaphoriquement parlant, la QED nous fait prêter attention à chaque pixel individuel d'un métaphorique écran 4K qui représenterait le niveau sous-microscopique, mais si nous prenons un recul suffisant, son action infinitésimalement progressive peut de nouveau être observée.

À partir des observations faites à notre niveau macroscopique, la définition traditionnelle du concept de *force* fut historiquement établie par Newton comme consistant en une action mutuelle entre deux corps massifs, dans le sens que "*lorsqu'un corps exerce une force sur un deuxième corps, le second corps exerce toujours une force sur le premier*" ([57], p. 87). Newton établit cette conclusion comme sa troisième loi du mouvement, proclamant que les actions mutuelles de deux corps massifs l'un sur l'autre sont toujours égales.

Considérant chacun de ces corps séparément, la force fut alors définie comme étant l'interaction qui modifie le momentum d'un corps en fonction du temps pendant lequel cette interaction lui est appliquée. Cela conduisit à définir la force comme étant le produit de la masse d'un corps par son accélération, c'est-à-dire, son changement de vélocité ($F=ma$); et à définir son momentum à tout instant donné comme le produit de sa masse par sa vélocité instantanée ($p=mv$).

Cette *attraction apparente* observée, fonction de l'inverse du carré de la distance entre les corps massifs qui ne sont pas en contact les uns avec les autres, conduisit à ce que la *force* soit directement associée à l'augmentation naturelle du momentum translationnel du corps, sans aucun besoin immédiat de référer à la simultanéité de l'augmentation de son énergie cinétique translationnelle, fonction de la distance en diminution entre les corps impliqués, qui est obtenue en multipliant la force par la distance entre les corps à tout moment donné, puisque l'accélération est représentée par le carré de la vitesse momentanée divisé par la distance instantanée correspondante ($a=v^2/r$), qui donne la quantité totale d'énergie momentanément induite dans le corps à cette distance spécifique, comme correspondant à ($E=mv^2$), soit une quantité totale d'énergie cinétique induite que Leibnitz considérait l'effet réel de l'application d'une force ([57], p. 222), quantité qui est incidemment deux fois plus grande que la quantité associé au momentum translationnel (p), laquelle pour sa part est traditionnellement calculée en remplaçant (v) par (p/m) dans l'équation classique pour calculer l'énergie cinétique ($K=mv^2/2$), donnant ($K=p^2/2m$) ([8], p. 134).

De la perspective relativiste, la raison de la différence entre ces deux méthodes de mesure d'énergie est que ($E=\gamma m_o v^2$) inclue aussi l'énergie qui se convertit en l'incrément relativiste de masse qui fut mesuré transversalement par Walter Kaufmann en déviant les trajectoires d'électrons se déplaçant à vitesses relativistes dans une chambre à bulle au début du 20e siècle [64], et qui fut établi par Paul Marmet comme correspondant à l'incrément de masse magnétique représenté à l'Équation (3.8); alors que ($K=\gamma m_o v^2/2$) procure seulement la quantité correcte d'énergie cinétique translationnelle associée au momentum qui soutient la vélocité de la masse relativiste totale, soit une quantité d'énergie cinétique unidirectionnelle qui s'avère correspondre par structure à exactement la moitié de l'énergie cinétique totale qui doit être induite dans un électron en plus de la quantité d'énergie invariante de sa masse au repos pour qu'il se déplace à la vitesse relativiste correspondante, tel qu'analysé à la Référence ([42], [8] Chapitre 5), et représenté dans l'Équation (3.8).

Il doit être mis en perspective que ces définitions, tout à fait utiles au niveau macroscopique pour application à des corps massifs macroscopiques, furent établies avant la découverte que la force en action entre les particules élémentaires chargées induit réellement de l'énergie cinétique dans ces particules, dû au fait qu'elles sont chargées électriquement, alors en l'absence de cette information découverte plus tard, les mêmes définitions de force et de momentum furent appliquées à la force de Coulomb et appliquées par défaut à ces sous-composants élémentaires massifs des atomes, sans tenir compte du fait qu'en plus de leur masse, ils possèdent aussi une charge électrique, qui est précisément la caractéristique lié à l'induction d'énergie en électromagnétisme.

La force de Coulomb fut donc définie de la manière suivante:

> *"The force of attraction or repulsion between two point charges is directly proportional to the product of the charges and inversely proportional to the square of the distance between them." ([17], p.462).*

Traduction:

"La force d'attraction ou répulsion entre deux charges ponctuelles est directement proportionnelle au produit des charges et inversement proportionnelle au carré de la distance qui les sépare."

Mais une analyse approfondie de la force de Coulomb à la lumière de la structure électromagnétique des quantités l'énergie porteuse induites dans les particules chargées telles les électrons et positons révélée dans la géométrie trispatiale, et de la variation de ces quantités en fonction de la distance entre les particules chargées, révèle que la force proprement dite n'attire ni ne repousse de la manière dont elle est actuellement définie, mais qu'elle induit seulement adiabatiquement de l'énergie cinétique dans les particules élémentaires chargées électriquement, et que c'est la composante unidirectionnelle associée au momentum de cette énergie cinétique adiabatique qui s'oriente vectoriellement pour que les particules chargées de signes électrique opposés cherchent à se déplacer l'une vers l'autre, ou à s'éloigner l'une de l'autre en cas de signes de charge électrique identiques, lorsque les particules ne sont pas captives dans les divers états d'équilibre de résonance électromagnétique stables permis dans les structures atomiques, états dans lesquels leur mouvement translationnel est inhibé même si l'énergie cinétique associée au momentum demeure adiabatiquement maintenue, tel qu'analysé à la Référence ([45], [8] Chapitre 16). La présence adiabatiquement maintenue de cette énergie cinétique sera analysée plus loin.

Ceci met en lumière que la force de Coulomb ne serait pas en réalité une *force d'attraction ou répulsion* tel qu'elle est actuellement définie, mais plutôt une *force d'induction adiabatique d'énergie cinétique* qui induirait de l'énergie cinétique dans les particules élémentaires chargées adiabatiquement et continuellement, qu'elles soient ou non en mouvement, ce qui ferait de cette force un *agent-actif-qui-reste-à-comprendre-correctement* qui serait universellement ambiant en arrière plan, pour ainsi dire, et qu'il n'aurait pas besoin de se déplacer à quelque vitesse que ce soit pour agir simultanément sur toutes les particules chargées qui existent dans l'univers, mais augmenterait ou diminuerait seulement les quantités de cette énergie cinétique adiabatiquement induite d'une manière infinitésimalement progressive seulement en fonction des variations de distances entre les particules élémentaires chargées, qu'elles soient en mouvement ou non les une par rapport aux autres.

De plus, la découverte de Marmet et l'observation confirmée par l'expérience de Kaufmann, que la moitié du quantum d'énergie porteuse induite dans les électrons se convertit en masse, révèlent que non seulement la force de Coulomb induit l'énergie translationnelle des particules élémentaires chargées, mais elle induit aussi de la masse, constituée de l'autre moitié en oscillation électromagnétique de l'énergie porteuse induite, tel que représenté avec les Équations (3.8) à (3.10) et établi aux Références ([42], [8] Chapitre 5) ([30], [8] Chapitre 4).

Considéré selon cette perspective, et étant donné que cette énergie cinétique doit être induite dans les particules chargées *avant* que tout mouvement associé devienne possible, cela signifie qu'aucun mouvement des particules chargées n'est nécessaire pour que la force de Coulomb y induise adiabatiquement de l'énergie cinétique en fonction de la distance, et que cette énergie demeure induite même si la vélocité associée ne peut pas s'exprimer si les particules sont captives en état de résonance orbitale stationnaire, qui sont des états d'induction d'énergie cinétique du momentum dont le concept classique de momentum, donc aussi ceux du Lagrangien et du Hamiltonien, ne peuvent clairement pas rendre compte, puisque la vitesse translationnelle associée est alors contrainte à zéro, ou s'équilibre à zéro pour des électrons captifs dans de tels états de résonance axiale.

Aussi, la conception toujours acceptée est que la force de Coulomb serait en action dans l'atome d'hydrogène entre l'électron et le *proton*. Cette conception ne tient pas compte du fait que le proton n'est pas une particule élémentaire chargée, mais un système de particules élémentaires chargées, tout comme le système solaire n'est pas un corps unique, mais un système de corps massifs astronomiques plus petits.

Malheureusement, 50 ans après que cette découverte majeure fut confirmée expérimentalement à l'accélérateur linéaire de Stanford en 1968 [21], il semble que peu d'ouvrages de référence d'introduction à la physique des particules mentionnent clairement cette découverte avec référence appropriée, mais continuent à référer aux protons et neutrons comme étant des particules élémentaires, ce qui induit un haut niveau de confusion dans la communauté à cet égard.

De toute évidence, le système solaire est un système dont la structure interne est définie par des planètes stabilisées sur des orbites autour d'une étoile centrale, et de manière tout aussi évidente depuis les années 1960, il est connu que le proton est un système dont la structure interne est définie par des particules élémentaires en interaction qui sont chargées, massives, collisionables et au comportement quasi-ponctuel tout comme l'électron, qui furent nommées up quark et down quark, qui sont stabilisées électromagnétiquement dans des états d'équilibre de résonance de moindre action. Voir aussi la Section 1.23 à ce sujet.

Donc, puisque la force de Coulomb ne peut être en action qu'entre des particules chargées électriquement, elle ne peut de toute évidence être en interaction qu'entre les électrons et les quarks up et down qui sont captif à l'intérieur de la structure du proton. Ces trois particules sont donc les trois seules particules élémentaires stables, chargées et massives qui peuvent être identifiées comme étant les seuls composants élémentaires constitutifs de tous les atomes de l'univers, plutôt que les trois qui sont encore souvent enseignées de manière erronée comme constituant l'ensemble des trois particules élémentaires définissant la structure interne des atomes, soit l'électron, le proton et le neutron.

Par conséquent, du point de vue électromagnétisme, l'atome d'hydrogène *n'est pas un système à deux corps massifs en interaction* tel qu'il est toujours considéré, mais plutôt *un système à quatre particules électromagnétiques chargées* stabilisées en états de résonance électromagnétique de moindre action.

À la lumière de ces considérations, une définition provisoirement plus précise de la force de Coulomb pourrait être formulée de la manière suivante, par exemple:

> *"La force de Coulomb induit adiabatiquement et continuellement de l'énergie cinétique dans les particules élémentaires chargées en fonction de l'inverse du carré de la distance qui les sépare, induisant ainsi dans chaque particule chargée un quantum accompagnateur d'énergie cinétique dont la moitié unidirectionnelle s'oriente vectoriellement de manière à ce que les particules chargées tendent à se rapprocher les unes des autres lorsqu'elles ont des signes de charge opposés, et à s'éloigner les unes des autres lorsqu'elles ont des signes de charge identiques, quand elles ne sont pas captives des divers états de résonance permis dans les atomes, et à appliquer une pression dans ces direction vectorielles lorsque leur mouvement est inhibé par les états d'équilibre électromagnétique locaux."* ([45], [8] Chapitre 16).

Ainsi donc, de la perspective sous-microscopique, il semblerait que ce ne sont pas les corps macroscopiques eux-mêmes qui seraient soumis à une force, mais les particules électromagnétiques élémentaires individuelles chargées et massives au comportement ponctuel dont la somme des masses constitue la masse totale des corps macroscopiques, et que la seule force qui peut agir sur elles serait par structure la soi-disant *force de Coulomb*, qui ne serait pas vraiment attractive et répulsive tel qu'initialement définie par similarité avec l'apparente force d'attraction fonction de l'inverse du carré de la distance entre les masses macroscopiques qui était la seule interprétation possible à l'époque de Newton, mais serait plutôt un *agent-actif-qui-reste-à-comprendre-correctement-*

d'induction-adiabatique-d'énergie-cinétique, que nous nommons *force de Coulomb*, et qui pourrait être par nature présent de manière statique en permanence dans l'univers et en action entre toutes les particules élémentaires chargées qui existent.

Cela signifie que l'énergie cinétique induite dans toute paire de particules chargées est inversement proportionnelle à la distance qui les sépare peu importe le temps écoulé si elles sont maintenues à des distances fixes les unes des autres, et qu'elle varie adiabatiquement dans les deux particules si elles sont en mouvement relativement l'une par rapport à l'autre, peu importe leurs vitesses relatives et peu importe le temps écoulé pendant la séquence correspondante de mouvement.

Dans la géométrie trispatiale, les deux charges d'un photon électromagnétique acquerraient logiquement des signes vectoriels de charge opposés sur le plan Y-y/Y-z, mais apparaîtraient neutres le long de l'axe Y-x orienté perpendiculairement, le long duquel elles ne se déplacent pas, ce dernier état apparemment neutre étant celui observable à partir de la perspective que nous donne l'espace-X normal dans le cas des photons électromagnétiques.

Cette définition temporairement reformulée permettra maintenant de décrire le processus d'induction adiabatique d'énergie cinétique qui est en action à l'intérieur des atomes, entre les particules élémentaires massives et chargées dont ils sont faits.

Cependant, pour simplifier la description, les termes traditionnels d'*attraction* et de *répulsion* continueront à être utilisés dans ce texte, mais en gardant toujours à l'esprit que *attraction* se réfère à de l'énergie porteuse unidirectionnelle orienté vectoriellement vers une particule de signe de charge opposé, et que *répulsion* se réfère à l'inhibition du mouvement translationnel d'une quantité d'énergie porteuse unidirectionnelle.

3.17.1. Le concept de l'onde gravitationnelle

Les idées de *l'impossibilité de démontrer le mouvement absolu* et de définir le *mouvement relatif* en son lieu et place ne sont pas les seules idées qu'Einstein semble avoir emprunté de ce petit article publié par Poincaré le 9 juin 1905 [76] (Voir Section 3.4 et Sous-section 3.5.1). Le concept de *l'onde gravitationnelle se propageant à la vitesse de la lumière* qu'Einstein proposa en 1916 est aussi proposé dans cet article, dans lequel Poincaré le nommait l'*onde gravifique*:

"J'ai été d'abord conduit à supposer que la propagation de la gravitation n'est pas instantanée, mais se fait avec la vitesse de la lumière... Quand nous parlerons donc de la position ou de la vitesse du corps attirant, il s'agira de cette position ou de cette vitesse à l'instant où l'onde gravifique est partie de ce corps; quand nous parlerons de la position ou de la vitesse du corps attiré, il s'agira de cette position ou de cette vitesse à l'instant où ce corps attiré a été atteint par l'onde gravifique émanée de l'autre corps; il est clair que le premier instant est antérieur au second." ([76], p. 492).

Cependant, l'analyse du concept de la soi-disant force de Coulomb tout juste effectuée révèle que l'énergie adiabatique du momentum ΔK qui propulse un corps vers un autre dans l'univers n'est pas transmise d'un corps à l'autre selon le concept conçu par Poincaré, mais est immédiatement présente en permanence par structure dans chaque corps et qu'elle varie localement avec l'inverse de la distance qui les sépare, ce qui signifie que l'instantanéité de l'interaction entre les corps est réalisée par structure contrairement à l'attente de Poincaré, tel que décrit dans les Sections 1. 26 et 1.27, et que *le mouvement absolu est la véritable loi générale de la nature*, tel qu'analysé à la Sous-section 3.5.1, ce qui est également contraire à sa conclusion, également énoncée dans sa note de 1905:

" Il semble que cette impossibilité de démontrer le mouvement absolu soit une loi générale de la nature." ([76], p. 489)

Mais pour être juste envers Poincaré, il ne lui était pas plus possible de concevoir l'idée que le momentum ainsi que l'énergie de masse transversale étaient adiabatiquement induits sous forme *d'une substance existant physiquement* dans toutes les particules élémentaires, qu'il n'était possible pour Newton de concevoir l'idée que la masse des corps augmente avec la vitesse, car aucun indice dans ces directions n'était disponible dans l'étendue plus limitée des connaissances accumulées à leurs époques respectives.

3.18. *L'induction d'énergie cinétique adiabatique dans les structures atomiques et nucléaires*

Une analyse de la manière avec laquelle la température augmente adiabatiquement avec l'augmentation de profondeur dans la masse de la Terre [62] conduit à conclure que cette augmentation ne peut être associée qu'à une augmentation progressive, à mesure que la profondeur augmente, de la compression des orbitales électroniques autour des noyaux des atomes constituant la masse de la Terre, ce qui raccourcirait les distances moyennes entre les électrons et les quarks up et down qui sont les seuls sous-composants élémentaires chargés des nucléons constituant ces noyaux, ce qui ne peut qu'augmenter les quantités d'énergie cinétique induites par la force de Coulomb en fonction de l'inverse du carré de ces distances plus courtes.

A son tour, ce constat conduit à observer que pour les électrons stabilisés dans de tels états de moindre action, cette énergie cinétique ne peut être induite que de manière adiabatique, puisque cette énergie varie progressivement à mesure que les distances varient entre ces particules chargées sans qu'aucune énergie ne soit émise dans l'environnement ou contribuée par l'environnement pendant ce processus naturel de variation de distance dû à la compression ([43], [8] Chapitre 2). Voir aussi la Section 1.27 à ce sujet.

Puisque les trois seules particules élémentaires massives qui peuvent être détectées via collisions non-destructrices à l'intérieur de tous les atomes en existence (électron, quark up et quark down) sont chargées ([34], [8] Chapitre 19), cela signifie bien sûr que l'énergie cinétique est induite en permanence dans chacune d'elle, dont les quantités sont clairement mesurables aux distances de résonance axiales moyennes qui les séparent, et qui correspondent nécessairement aux orbitales électroniques pour les électrons, et aux orbitales nucléoniques pour les quarks up et down à l'intérieur des nucléons.

Un cas extensivement documenté d'un tel niveau d'induction adiabatique d'énergie porteuse par la force de Coulomb est celui de l'orbitale de repos de l'atome d'hydrogène:

$$E = \int_{a_0}^{\infty} \frac{1}{4\pi\varepsilon_o} \frac{e^2}{r^2} \cdot dr = 0 - \frac{1}{4\pi\varepsilon_o} \frac{e^2}{r_o} = -4.359743805\,\mathrm{E}\text{-}18\,\mathrm{J}\,(27.2\,\mathrm{eV}) \tag{3.22}$$

où (r_o) est le rayon de Bohr, qui correspond exactement à la distance moyenne qui sépare l'électron, stabilisé en état de résonance axiale dans l'orbitale de repos, des quarks up et down chargés captifs dans le proton central de l'atome d'hydrogène.

La structure électromagnétique interne précédemment établie de l'énergie porteuse de l'électron décrite par l'Équation (3.14) révèle maintenant que la moitié de cette énergie adiabatique se convertit systématiquement en un incrément de masse, qui possède une inertie omnidirectionnelle tout comme la masse au repos invariante de l'électron, qui augmente la masse momentanée de l'électron, que l'électron soit translationnellement immobilisé de cette manière, ou en mouvement libre à la vélocité correspondant à cette quantité d'énergie porteuse, tel que confirmé par les mesures de masse transversale effectuées par Kaufmann pour des électrons se déplaçant à des vitesses relativistes [64].

Cet état mesurable peut maintenant être directement associé à la différence entre la quantité totale d'énergie porteuse mesurés avec l'équation ($E=\gamma m_o v^2$) issue de l'équation mesurant la force associée à l'accélération ($F=\gamma m_o a$), et la moitié de cette quantité calculée avec l'équation ($K=\gamma m_o v^2/2$), qui procure seulement l'énergie cinétique translationnelle associée au momentum qui propulse la masse relativiste totale de la particule.

Puisque même force de Coulomb induisant adiabatiquement de l'énergie cinétique est structurellement en action entre les quarks up et down à l'intérieur du proton, les incréments de masse adiabatique dus à leurs niveaux d'énergie porteuse immensément plus élevés ne peuvent être que beaucoup plus importants que dans même les plus énergiques orbitales électroniques, étant donné les distances extrêmement courtes qui les séparent à l'intérieur des structures des nucléons.

Une étude approfondie des structures des nucléons dans le cadre de la géométrie trispatiale, à la lumière de la présence inévitable de cette énergie adiabatique induite en permanence qui contribue à augmenter la masse des particules élémentaires en fonction de ces distances axiales très courtes entre les quarks up et down, conduisit alors à l'élaboration d'équations LC trispatiales pour les masses au repos et les niveaux d'énergie porteuse de ces particules élémentaires chargées et massives constituant la structure interne des nucléons qui sont conformes avec l'observation ([43], [8] Chapitre 2) ([32], [8] Chapitre 14) ([49], [8] Chapitre 9).

Ces équations révèlent que le niveau d'énergie porteuse atteint pour chaque quark up et down à l'intérieur de la structure du proton est environ 600 fois plus élevé que l'énergie contenue dans la masse au repos de l'électron stabilisé dans l'orbitale de repos de l'atome d'hydrogène ([32], [8] Chapitre 14).

3.19. L'inversion cyclique de polarité des champs magnétiques des particules élémentaires

La nature oscillante de la composante magnétique de l'énergie de la masse au repos invariante des particules élémentaires ainsi que celle de leur énergie porteuse telle que révélée par les équations LC (3.14) et (3.21), rend évident que dans la géométrie trispatiale, la présence physique de cette composante magnétique ne peut qu'osciller entre zéro présence et une présence sphérique maximale dans l'espace, suivi d'un retour à zéro présence à la fréquence et jusqu'à l'extension sphérique physique associée à la quantité d'énergie contenue dans leur quanta.

Dans la géométrie trispatiale, une *jonction quasi-ponctuelle* ou *zone de passage quasi-ponctuelle* est située au centre de chaque quantum électromagnétique localisé, qui permet à son énergie de circuler librement entre les trois espaces ainsi interconnectés comme s'ils étaient des vases communicants, et ainsi se stabiliser localement dans un état d'équilibre dynamique auto-entretenu entre les trois espaces orthogonaux tridimensionnels qui constituent le complexe géométrique trispatial à l'intérieur duquel chaque quantum d'énergie électromagnétique existe (**Figure 3.1**), qui est complètement décrit aux Références ([15], [8] Chapitre 6) ([34], [8] Chapitre 19), et qui permet que l'énergie du quantum puisse être décrite comme une moitié unidirectionnelle soutenant le momentum translationnel dans l'espace-X normal pour le photon, pendant que l'autre moitié oscille électromagnétiquement transversalement entre deux espaces tridimensionnels séparés mutuellement perpendiculaires entre eux et avec l'espace-X normal, dont l'un est identifié comme étant l'espace-Y, qui permet la manifestation des propriétés représentées par le champ électrique E, pendant que l'autre est identifié comme étant l'espace-Z, qui permet la manifestation des propriétés représentées par le champ magnétique B. Cette deuxième moitié de l'énergie de la particule étant longitudinalement inerte par structure, elle possède donc une propriété d'inertie omnidirectionnelle par définition dans l'espace-X normal, c'est-à-dire, une *masse électromagnétique*.

Dans la géométrie trispatiale, cette jonction quasi-ponctuelle est sensée représenter le *comportement quasi-ponctuel* observé et mesuré des particules élémentaires chargées tels le photon ou l'électron pendant les collisions entre ces particules dans l'espace normal.

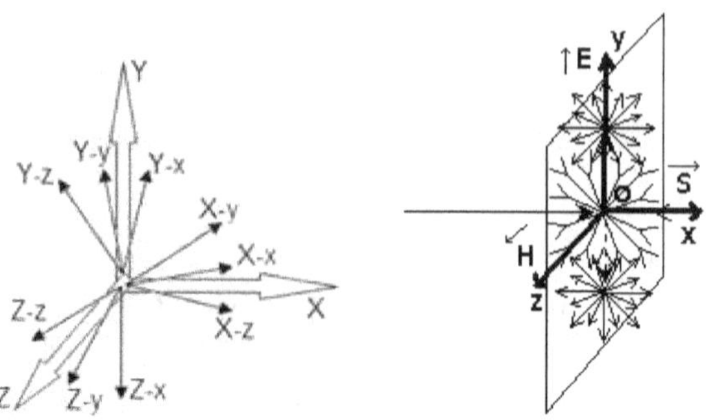

Figure 3.1: Structure orthogonale du complexe géométrique trispatial, et représentation par onde plane appliquée au photon localisé en permanence.

Dans cette géométrie de l'espace, l'énergie constituant la composante magnétique de la masse au repos de l'électron est par structure en mouvement interne constant, successivement dans deux orientations sphériques opposées, à partir d'un état initial de zéro présence à l'intérieur de l'espace-Z magnétostatique au début de chaque cycle, après avoir complètement transféré dans l'un des autres espaces du complexe, ce mouvement de l'énergie consistera en deux phases distinctes, la première étant une phase d'expansion sphérique pendant qu'elle pénètre omnidirectionnellement dans l'espace-Z à travers la jonction trispatiale, jusqu'à ce qu'une expansion radiale maximale ait été atteinte. La seconde phase consistera en un mouvement inverse à travers la jonction trispatiale sous forme d'une régression sphérique omnidirectionnelle jusqu'à ce que l'énergie ait complètement évacuée l'espace-Z. Ce processus d'oscillation redéfinit le spin des particules électromagnétiques élémentaires comme devenant une propriété relative à l'état des cycles d'expansion et régression de présence de l'énergie magnétique de toutes les autres particules électromagnétique élémentaires.

Ce comportement implique aussi que les deux pôles des champs magnétiques d'une particule électromagnétique élémentaire ne peuvent que coïncider par structure avec la jonction trispatiale quasi-ponctuelle situé en leur centre. Cela signifie qu'un alignement en orientation parallèle relative entre deux électrons se produira, par exemple, lorsque la présence magnétique de l'énergie des deux particules sera en expansion et régression en même temps de manière synchrone, ce qui équivaut à une répulsion sphérique fonction de l'inverse du cube de la distance entre les deux sphères magnétiques, puisque les énergies magnétiques des deux particules demeurent vectoriellement opposées l'une à l'autre pendant toute la séquence; alors qu'un alignement en orientation antiparallèle relative se produira lorsque la présence de l'énergie magnétique de l'un des électrons sera en phase d'expansion de présence sphérique pendant que celle de l'autre électron sera dans sa phase de régression de sa présence sphérique, ce qui équivaut à une attraction sphérique fonction de l'inverse du cube de la distance séparant les deux particules, puisque les énergies des deux sphères magnétiques demeurent vectoriellement orientés dans des directions convergentes pendant toute la séquence.

Point d'intérêt majeur, l'interaction magnétique fonction de l'inverse du cube entre deux électrons forcés d'interagir en orientation répulsive de spin parallèle a récemment été mesurée expérimentalement par Kotler et al. en 2014 [64].

De plus, la force qui peut être mesurée entre les deux électrons à partir des données recueillies, dont l'analyse résulte en l'établissement de l'Équation (3.23), correspond à exactement la moitié de la force qui peut être calculée à partir de l'interaction magnétique entre deux barres aimantées, à l'intérieur desquelles les deux pôles nord et sud sont séparés par structure par une distance mesurable à l'intérieur de chaque barre aimantée, et dont la force entre leur deux paires de pôles en interaction simultanée se calcule avec l'Équation (3.24), qui est l'équation standard établie pour ce calcul avec des barres magnétiques ([57],p 93).

$$F = \frac{3\mu_0\mu^2}{4\pi\,d^4} \qquad\qquad (3.23)$$

$$F = \frac{3\mu_0\mu^2}{2\pi\,d^4} \qquad\qquad (3.24)$$

Cette différence d'intensité de la force calculée avec ces deux équations semble directement associée au fait que dans les particules électromagnétiques au comportement quasi-ponctuel, à l'intérieur desquelles la distance entre les deux pôles se réduit à zéro par structure, les deux pôles ne peuvent exister qu'en alternance un à la fois en succession, ce qui associe directement les deux pôles, ainsi que le spin relatif des particules, aux deux phases d'expansion et de régression de présence de l'énergie magnétique du cycle d'oscillation électromagnétique du quantum d'énergie décrit par les équations LC trispatiales.

Point d'intérêt particulier, la présence alternative des deux pôles des champs magnétiques pour lesquels les deux pôles coïncident comme ceux observés pour les électrons au comportement quasi-ponctuel de l'expérience de Kotler et al. peut être très facilement confirmée à notre niveau macroscopique avec des aimants circulaires magnétisés parallèlement à leur épaisseur, tels des aimants de haut-parleurs ([49], [8] Chapitre 9).

Étant donné la nécessite que la bobine du haut-parleur tende constamment à conserver un alignement axial perpendiculaire parfait dans l'orifice central de ces aimants, cette orientation du champ magnétique pendant le processus de magnétisation force les deux pôles du champ magnétique macroscopique qui s'établit autour d'eux à coïncider géométriquement par structure en leur centre géométrique, la preuve en étant qu'à partir des données recueillies de l'interaction mutuelle de tels aimants, la force qui peut être calculée systématiquement obéit à l'Équation (3.23) tout comme pour les électrons de l'expérience de Kotler et al., et ne peu se conformer à l'Équation (3.24) en aucune circonstance, tel qu'analysé à la Référence ([49], [8] Chapitre 9), démontrant ainsi que pendant l'interaction entre deux tels aimants, pour lesquels les deux pôles magnétiques coïncident par structure à l'intérieur du champ magnétique de chaque aimant, ou en contexte, entre les deux électrons au comportement quasi-ponctuel de l'expérience de Kotler et al., seulement deux pôles à la fois sont en interaction simultanément, et jamais 4 pôles comme avec les barres aimantées.

Une conclusion surprenante de ce comportement observé et mesuré est que les champs magnétiques à l'intérieur desquels les deux pôles coïncident ne peuvent être que monopolaires par structure à tout instant donné, ce qui signifie que le champ magnétique de la masse au repos invariante des électrons, tel que décrit dans la géométrie trispatiale, et tel que mesuré pendant l'expérience de Kotler et al. est un monopole magnétique par structure à tout instant donné.

En fait, l'expérience de Kotler et al. et l'expérience des aimants circulaires démontrent hors de tout doute possible que seulement 2 pôles à la fois peuvent être simultanément en interaction pendent les interactions magnétiques entre champs magnétiques tels ceux des électrons, soit, seulement un pôle à la fois appartenant à chaque particule, ce qui semble complètement valider le processus d'inversion cyclique du spin magnétique mandaté par la structure interne des particules électromagnétiques dans la géométrie trispatiale.

3.19.1 Preuve expérimentale de la séparation physique des pôles magnétiques dans les barres aimantées

Finalement, des expériences récentes avec la nouvelle technique des ferrolens développée par Emmanouil Markoulakis [95] révèlent une nette séparation physique entre les deux pôles dans une barre magnétisée.

Du point de vue électromagnétique, ce qui semble se produire lorsque les électrons non pairés dans le matériau paramagnétique de la barre magnétisée sont forcés de se stabiliser en orientation parallèle de spin magnétique, leurs contributions individuelles d'énergie magnétique oscillant normalement dans le temps semblent fusionner en un pool statique commun dans l'espace, qui s'étend perpendiculairement à la dimension temps de façon non sphérique en raison de la distribution spatiale étendue des électrons impliqués, ce qui fait que le champ magnétique macroscopique ainsi établi se stabilise en *un dipôle magnétique statique dans l'espace*, dont cette expérience montre que les deux pôles demeurent physiquement séparés, chacun pouvant être considéré comme un *monopôle magnétique macroscopique statique*.

3.20. Interaction de champs magnétiques fonction de fréquences d'oscillation identiques

Cet état d'inversion cyclique de polarité magnétique de la composante magnétique de l'électron jette une lumière entièrement nouvelle sur la raison pour laquelle deux électrons peuvent s'associer en alignement de spin antiparallèle pour remplir les orbitales électroniques ou s'associer en lient covalent entre les atomes, en dépit de leur répulsion électrique fonction de l'inverse du carré de la distance qui les sépare, étant donné leurs signes identiques de charge, ce qui à première vue devrait logiquement empêcher une association d'aussi près de deux électrons.

La réponse évidente tient au fait que leurs champs magnétiques interagissent en fonction d'une loi d'interaction d'ordre supérieur à l'interaction électrique inverse du carré (**Figure 3.2**), ce qui signifie que lorsqu'ils sont forcés par les circonstances électromagnétiques locales de s'approcher suffisamment l'un de l'autre pour que l'interaction magnétique fonction de l'inverse du cube commence à surmonter l'interaction inverse du carré, ils pivoteront facilement vers l'alignement attractif de spin antiparallèle, qui est un état de moindre action par rapport à l'alignement magnétique parallèle des spins. Ce processus est analysé à la Référence ([43], [8] Chapitre 2).

Le même processus explique aussi pourquoi une paire d'électron et positon qui se capturent mutuellement en configuration positonium métastable réussit toujours à éventuellement s'approcher en spirale jusqu'à ce qu'ils se rencontrent et se convertissent à l'état de photons électromagnétiques comme étape finale systématique du processus de dégradation du positonium, qui bénéficie de la circonstance favorable additionnelle que contrairement à une paire d'électrons en interaction mutuelle, les deux particules s'attirent aussi en fonction de la loi de l'inverse du carré, ce qui les faits s'approcher facilement jusqu'au point d'équilibre où la loi d'interaction fonction de l'inverse du cube dominera ([43], [8] Chapitre 2). Leurs quanta respectifs d'énergie porteuse étant par structure égaux entre eux, leurs champs magnétiques oscilleront eux aussi à une fréquence commune et ne nuiront d'aucune manière au processus.

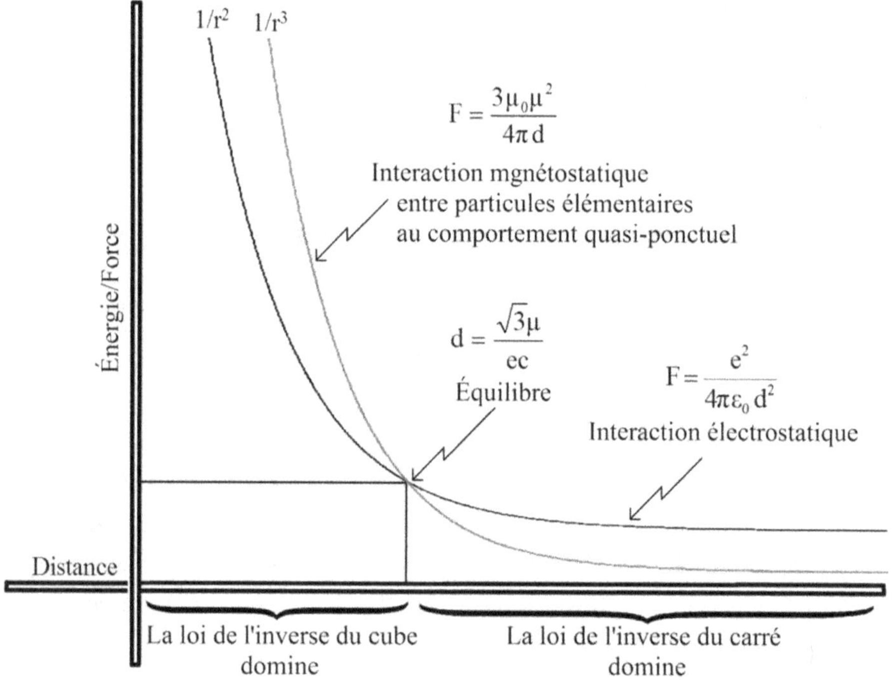

Figure 3.2: Intersection des courbes d'interaction inverse du carré et inverse du cube.

Le succès du processus de couplage antiparallèle des spins de paires d'électrons en lien covalent et en remplissage d'orbitales par paires, ainsi que le succès de l'état final de la dégradation du positonium à faire en sorte que l'électron et le positon se rejoignent physiquement pour se convertir à l'état de photons électromagnétiques, est intimement lié au fait que dans la géométrie trispatiale, la fréquence d'oscillation des champs magnétiques des deux particules est identique, ce qui leur permet de facilement s'ajuster en oscillation magnétique antiparallèle de moindre action parfaitement synchronisée.

3.21. *Interaction de champs magnétiques fonction de fréquences d'oscillation différentes*

La situation est très différente cependant lorsqu'un électron et un proton sont en interaction pour former un atome d'hydrogène, même s'ils démontrent des signes de charges opposés d'égale intensité similaires à ceux d'une paire électron-positon qui se métastabilise en configuration positonium.

La différence se situe au niveau de la charge positive *apparemment* unitaire du proton, qui rappelons-le, est un système de particules élémentaires chargées électriquement, et n'est pas lui-même une particule chargée. La particularité de la charge unitaire apparente du proton qui est souvent négligée est que sa présumée charge unitaire est le résultat de l'addition des charges fractionnaires de ses trois composant élémentaires, soit, +2/3 +2/3 -1/3 = +1. Cela signifie que l'électron n'est pas vraiment en interaction électromagnétique avec le proton comme tel, mais plutôt avec ses trois sous-composants électromagnétiques élémentaires chargés (uud).

Ainsi donc, contrairement au cas du positonium, dans lequel les énergies magnétiques des deux particules oscillent à exactement la même fréquence dans la géométrie trispatiale, l'atome d'hydrogène implique les fréquences des deux champs magnétiques de l'électron et de son énergie porteuse d'une part, qui sont maintenant en interaction avec les fréquences beaucoup plus élevées d'oscillation des champs magnétiques des sous-composants chargés du proton et de leur énergie porteuse immensément plus énergique d'autre part ([43], [8] Chapitre 2) ([32], [8] Chapitre 14). Voir également la Section 2.20.

Dans le meilleur des cas, l'inversion de polarité de la présence magnétique des composants internes les plus énergiques du proton se produit plus de 600 fois durant chaque cycle de présence magnétique de l'énergie magnétique de l'électron (**Figure 3.3**), ce qui, dû au fait que l'intensité de la force d'interaction magnétique inverse du cube faiblit rapidement avec la distance croissante, résulte en l'interaction magnétique entre l'électron et les composants internes du proton devenant répulsive de manière prédominante chaque fois que l'électron s'approche plus près du proton que la distance moyenne de l'orbitale de repos, qui se trouve à correspondre avec la distance à la quelle l'équilibre s'établit entre la force d'attraction électrique et de l'interaction magnétique (**Figure 3.2**).

L'interaction réciproque constante due aux différences des fréquences d'oscillation des divers champs magnétiques impliqués en interaction fonction de l'inverse du cube qui s'oppose à l'énergie unidirectionnelle soutenant le momentum de l'électron qui tend à constamment le faire s'approcher du proton, ne peut que résulter en l'établissement d'un état de résonance axiale stable (**Figure 3.3**) qui peut certainement être associé à l'intuition initiale de de Broglie que les orbitales électroniques devaient être de tels états de résonances qui correspondent, dans la géométrie trispatiale, aux divers états d'équilibre électromagnétique de moindre action dans lesquels les particules élémentaires chargées deviennent captives dans les structures atomiques et nucléoniques ([43], [8] Chapitre 2).

Le fondement mécanique détaillé de cet état de résonance est analysé aux Références ([43], [8] Chapitre 2) ([32], [8] Chapitre 14), et peut être résumé comme suit. Considérant la **Figure 3.3**, la séquence centrale représente un échantillon arbitraire de 6 occurrences de la variation d'intensité de la présence sphérique de l'énergie magnétique de l'électron en fonction de sa fréquence. D'une manière simplifiée, chacune de ces 6 occurrences est symboliquement confrontée dans la séquence du bas par plus de 600 occurrences de variation d'intensité sphérique de la présence de l'énergie magnétique d'un seul des quanta d'énergie porteuse de l'un des quarks up et down du proton en fonction de sa propre fréquence. Voir aussi la Section 2.20.

La **Figure 3.3** représente le fait que pendant que l'électron inverse la polarité de son spin une fois, ce composant interne du proton inverse la polarité de son propre spin plus de 600 fois, ce qui signifie que pendant chaque cycle de présence magnétique sphérique de l'énergie de l'électron, le champ magnétique de ce composant interne du proton alternera plus de 600 fois entre un état d'alignement parallèle de spin par rapport à l'orientation du spin de l'électron, donc le repoussera, et un état d'alignement de spin antiparallèle, et donc l'attirera.

L'état d'équilibre orbital de moindre action est par conséquent établit par le fait que la composante induite en permanence de l'énergie unidirectionnelle du momentum translationnel de l'électron, qui tend à constamment propulser l'électron vers le proton, est alternativement inhibé dans son mouvement chaque fois que l'interaction magnétique fonction de l'inverse du cube devient répulsive, induisant une répulsion entre les sphères magnétiques impliquées, et est ensuite libérée de cette contre-pression pendant que l'interaction magnétique devient attractive.

Tel que représenté à la **Figure 3.3**, pendant chacun des 600 cycles magnétiques du composant interne du proton, l'électron sera axialement repoussé du proton d'une distance $+d$ pendant la moitié du cycle de présence magnétique du sous-composant du proton pendant lequel l'alignement des spins est parallèle, et puisque l'électron sera plus loin du proton lorsque la relation devient antiparallèle pour la même durée, il y aura impossibilité physique pour qu'il soit ramené complètement à la distance -*d*, étant donné que la force d'interaction magnétique inverse du cube sera plus faible à cette distance plus lointaine du proton au commencement de la phase antiparallèle.

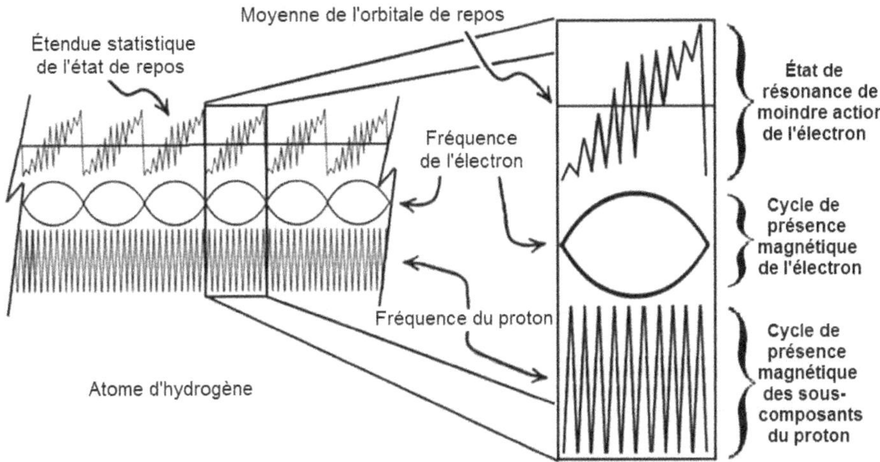

Figure 3.3: Établissement de l'état de résonance de moindre action de l'électron dans l'atome d'hydrogène.

Par structure donc, dû à l'attraction inverse du cube plus faible au début de la phase attractive, l'électron sera ramené vers le proton de seulement la distance -*(d-Δd)*, ce qui fera en sorte qu'il s'éloignera progressivement du proton à chaque séquence d'inversion de polarité jusqu'à ce que sa propre présence d'énergie magnétique tombe à zéro, moment pendant lequel l'énergie unidirectionnelle du momentum translationnel de son énergie porteuse cessera d'être inhibé, propulsant de nouveau l'électron vers le proton aussi loin que la loi de l'inverse du carré le lui permettra, jusqu'au début du prochain cycle de présence magnétique de l'énergie de l'électron, et que la séquence à prédominance répulsive de l'interaction magnétique soit ainsi réinitialisée, tel que représenté à la **Figure 3.3**.

Bien sûr, l'état de résonance de moindre action d'un électron dans l'atome d'hydrogène ou dans tout autre atome sera beaucoup plus complexe que suggéré avec cet exemple limité, qui est seulement destiné à décrire la mécanique fondamentale du processus, et impliquera obligatoirement toutes les interactions électromagnétiques entre le champ magnétique de l'électron et ceux de tous les autres composants électromagnétiques captifs dans les structures atomiques et nucléaires voisines.

Étant donné la distance moyenne d'équilibre autour de laquelle ce processus contraint l'électron à se stabiliser dans l'atome d'hydrogène, il devient aussi évident que la probabilité de distribution de toutes les localisations instantanées possibles que l'électron visitera stochastiquement autour de cette distance axiale moyenne sera similaire à la distribution statistique de Heisenberg, et sera restreinte à l'intérieur de limites axiales cohérentes avec le fait que l'amplitude axiale du volume que l'électron pourra ainsi visiter est dépendante de l'inertie de sa masse relativiste variante à tout instant donné ([43], [8] Chapitre 2) ([32], [8] Chapitre 14):

$$\int\limits_{-d}^{+d} |\psi|^2 \, dxdydz = 1 \qquad (3.25)$$

Il semble aussi entièrement raisonnable de conclure que les quarks up et down chargés constituant la structure interne des protons et neutrons, ainsi que leurs énergies porteuses, qui sont les uniques sous-composants de tous les noyaux atomiques dans la géométrie trispatiale, tel qu'analysé à la Référence ([32], [8] Chapitre 14), seraient sujets à des états de résonance similaires à l'intérieur de leurs états d'équilibre électromagnétiques de moindre action locaux, qui pourraient alors aussi potentiellement être décrits par les diverses méthode de la mécanique quantique.

3.22. *Les états de résonance en mécanique quantique et en électromagnétisme*

Il peut être observé que la mécanique quantique et l'électromagnétisme traitent des états de résonance à partir de perspectives entièrement différentes, la première au niveau général au moyen de la fonction d'onde, qui établit des volumes de résonance, tout comme d'une manière plus simple en mécanique classique pour calculer le volume d'espace visité par une corde de guitare en état de vibration; et la deuxième plus directement à partir de l'induction mutuelle de champs électrique et magnétique tel que concrétisé par les résonance LRC par exemple. C'est pourquoi il semble entièrement logique que les structure électromagnétiques LC internes que la géométrie trispatiale permet d'associer aux particules électromagnétiques élémentaires, qui permettent d'associer une localisation permanente aux électrons en associant le point de jonction trispatial interne du comportement LC de l'énergie de leur quantum avec leur comportement systématiquement quasi-ponctuel lors de collisions, puisse permettre de décrire directement la mécanique de la trajectoire du mouvement de résonance axial de l'électron à l'intérieur des volumes définis au niveau général par la fonction d'onde, qui, lorsqu'elle sera correctement mathématisée, pourrait procurer une quatrième représentation mécanique de la mécanique quantique qui réconciliera la localisation permanente de l'électron avec la fonction d'onde.

D'autres études peuvent aussi être localisées qui tentent d'associer directement la MQ et l'électromagnétisme à partir de la perspective des phénomènes de résonance. Un exemple est cette intéressante étude de V.A. Golovko [68] à propos des interactions de résonance entre les états stationnaires de la MQ et l'émission et l'absorption d'ondes électromagnétiques.

90 ans après l'identification par Louis de Broglie que les orbitales électroniques devaient être des états de résonance [4], les recherches à propos des états de résonance semblent recommencer dans de nouvelles directions. Un autre exemple est cette étude fascinante à propos des états de résonance dans la corona solaire par Antony Soosaleon qui implique les interactions entre les champs électrique et magnétique [96], qui propose une solution aux températures extrêmes non encore expliquées dans la corona solaire différente de celle qui découle naturellement de la géométrie trispatiale, telle que proposée à la Référence ([61], [8] Chapitre 15).

3.23. *Le momentum, le Hamiltonien et le Lagrangien*

Tel que mentionné précédemment, une analyse selon la perspective électromagnétique que l'augmentation adiabatique progressive de chaleur avec l'augmentation de profondeur dans la masse de la Terre ne peut être associée qu'à un gradient de compression adiabatique des orbitales électroniques vers les noyaux des atomes à mesure que la profondeur augmente dans la masse de la Terre ([43], [8] Chapitre 2). Ce processus implique obligatoirement une augmentation adiabatique de l'énergie cinétique induite par la force de Coulomb dans les électrons stabilisés dans les diverses orbitales, dû à la diminution des distances axiales qui en résulte, entre eux et les noyaux des atomes auxquels ils appartiennent.

Revenant à l'origine du concept du momentum, il peut être observé que ce concept fut intimement associé au mouvement avant que l'existence des particules élémentaires massives et chargées électriquement ne soient découvertes et que la force de Coulomb soit identifiée comme étant la cause ultime de l'induction d'énergie cinétique dans ces particules, tel que déjà mis en perspective.

Quoique les processus adiabatiques étaient déjà étudiés à l'époque, l'idée que de l'énergie cinétique translationnelle associée au momentum pouvait demeurer induite dans les corps stabilisés dans les états naturels de moindre action en équilibre dynamique stable pouvait être associée à de tels processus adiabatiques n'attira de toute évidence pas l'attention, telle l'énergie du momentum stabilisée des particules élémentaires constituant la masse de la Terre sur son orbite autour du Soleil.

Le concept initial de présence d'énergie cinétique comme dépendant du mouvement ne fut alors pas revisité et fut intégré inchangé aux représentations par le Lagrangien et ensuite le Hamiltonien pour application au niveau sous-microscopique, même après incorporation des concepts des champs électromagnétiques, ce qui perpétua la présomption qu'un mouvement translationnel devait se produire pour que l'énergie cinétique puisse même exister et que les champs électrique et magnétique associés puissent émerger au niveau sous-microscopique, au lieu de conclure que l'énergie cinétique devait obligatoirement exister initialement avant que le mouvement et les champs électrique et magnétique associés puissent émerger de sa présence.

Cela conduisit à la perception toujours actuelle que l'énergie cinétique associée au momentum doit se convertir en *énergie potentielle* pour que le processus demeure conservatif, lorsque le mouvement translationnel des électrons est inhibé lorsqu'ils sont capturés dans les structures atomiques, ce qui fait abstraction du fait qu'en réalité, cette énergie cinétique associée au momentum demeure induite adiabatiquement dans ces électrons même si leur mouvement translationnel est inhibé.

Il semble qu'en réalité, cette énergie cinétique adiabatiquement maintenue liée au momentum mais translationnellement inhibée continue de *lutter* contre cette inhibition, une lutte constante qui se manifeste sous forme d'une *pression* axiale constamment maintenue dans la direction vectorielle du noyau contre la *contre-pression* générée par l'interaction magnétique à prédominance répulsive entre l'énergie magnétique des électrons et celle des composants internes des nucléons dont les noyaux atomiques sont faits.

Par conséquent, contrairement aux attentes découlant du concept actuel du momentum conservatif, il semblerait que cette énergie cinétique associée au momentum serait en réalité une *substance* qui aurait une existence physique réelle et se comporterait en conséquence. Ce qui signifie qu'elle ne se métamorphoserait pas *miraculeusement* en une forme d'énergie potentielle inactive indéfinissable sans caractéristiques lorsque son mouvement est inhibé, pour tout aussi *miraculeusement* se re-métamorphoser en énergie cinétique unidirectionnelle active lorsque son mouvement cesse d'être inhibé tel qu'actuellement représentée, mais demeurerait constamment présente et active même lorsque son mouvement est inhibé, mais d'une manière dont le concept actuel de momentum / Lagrangien / Hamiltonien est incapable de rendre compte.

La conséquence du fait que le concept de momentum conservatif ait été intégré dans le Lagrangien et le Hamiltonien sans être adapté pour tenir compte de ce fait, est que par rapport aux concept de force, mouvement et matière, les mécaniques classique et relativiste (MC et MR) continuent de traiter cette *énergie cinétique réelle* presque comme un effet secondaire, dû au fait qu'en MC et MR le seul paramètre déterminant le momentum a part la masse est la vélocité. Puisque la masse est définie comme demeurant constant en MC et MR, cela fait paraître l'énergie cinétique comme étant une quantité émergente qui dépend de la présence préalable d'une vélocité, et non comme une quantité primordiale préexistante qui peut causer la vélocité lorsque son mouvement n'est pas inhibé par les circonstances électromagnétiques locales.

En réalité, la nature adiabatique de l'énergie cinétique induite dans les particules chargées impose qu'en réalité, la vélocité, la pression, la charge et la masse ne peuvent être que des propriétés émergentes de la présence maintenue adiabatiquement de cette énergie cinétique. De ces quatre propriétés de l'énergie cinétique, la pression et le signe des charges sont associés dans la géométrie trispatiale à l'inhibition forcée de la vitesse translationnelle du demi-quantum d'énergie cinétique unidirectionnel des particules élémentaires et de leur énergie porteuse, qui force cette énergie cinétique unidirectionnelle en des configurations qui induisent ces propriétés; alors que la masse, plus précisément définie comme étant une *inertie omnidirectionnelle*, est associée au fait que le demi-quantum en oscillation électromagnétique transversale de tout photon ou énergie porteuse d'une particule élémentaire massive, ainsi que le quantum entier d'une particule élémentaire massive, sont translationnellement inertes dans l'espace normal ([34], [8] Chapitre 19)].

Il pourrait bien s'avérer que le fait que l'énergie cinétique d'un corps est considérée tomber à zéro lorsque ce corps est translationnellement immobilisé, dans le concept conservatif traditionnel du momentum / Lagrangien / Hamiltonien, qui a rendu difficile jusqu'à maintenant l'identification claire de la nature de ces trois dernières propriétés de l'énergie cinétique, puisqu'elles semblent liées à la présence adiabatiquement maintenue, accompagnant la masse au repos invariante de toutes les particules élémentaires massives et chargées dont tous les corps massifs macroscopiques sont constitués, de quantités d'énergie cinétique non libérables et non sujettes au principe de conservation de l'énergie ([43], [8] Chapitre 2), et desquelles le Lagrangien et le Hamiltonien, tels qu'actuellement définis, sont incapables de rendre compte lorsque les vitesses associées tombent à zéro, ou s'équilibrent à zéro pendant les états de mouvement en résonance axiale.

3.24. *La déconnexion du momentum sous-microscopique*

Il peut aussi être observé qu'il y a une différence majeure entre la définition du momentum appliquée aux mécaniques classique et relativiste d'une part, et celle appliquée à l'électromagnétisme, la QED et la MQ d'autre part. Cette différence est liée au fait que les deux premières furent développées pour traiter des processus physiques au niveau macroscopique sans prendre en compte les propriétés électromagnétiques des particules élémentaires, alors que les trois autres furent développées pour traiter des processus physiques au niveau sous-microscopique de la réalité physique, niveau auquel il n'y a pas d'autre choix que de prendre en compte de ces propriétés, en dépit d'un certain chevauchement des deux niveaux par la mécanique relativiste et l'électromagnétisme.

Ce qui caractérise le premier groupe est qu'il traite strictement des masses et de leurs interactions observables, principalement au niveau macroscopique, sans tenir compte du fait que leurs masses mesurables au niveau macroscopique ne sont que l'addition des masses invariantes des particules élémentaires chargées dont ils sont faits et de la composante massive de leur énergie porteuse qui existent réellement au niveau sous-microscopique. Le second groupe pour sa part, traite directement des particules électromagnétiques élémentaires chargées électriquement et de leur énergie porteuse sans prendre en compte que l'énergie électromagnétique dont elles sont faites ne peut exister que sous forme d'états localisés auto-entretenus d'induction mutuelle de leurs aspects électrique et magnétique, ce qui est la condition fondamentale pour que l'énergie électromagnétique puisse même exister en théorie électromagnétique.

À ce niveau sous-microscopique, il fut clairement établi que la seule manière pour que le mouvement d'un électron puis être stoppé dans la nature par respect à son environnement, est qu'il soit capturé par un atome dans l'un des états de résonance électromagnétique permis dans cet atome; ce qui implique, en plus de perdre son demi-quantum d'énergie cinétique translationnelle sous forme d'un photon électromagnétique de bremsstrahlung, qui est sujet au principe de conservation de l'énergie, l'induction adiabatique simultanée d'exactement la même quantité d'énergie cinétique translationnelle de momenum de remplacement prescrite par la force de Coulomb à cette distance du noyau, et qui devrait aussi être associée au momentum / Lagrangien / Hamiltonien, tel que mis en perspective à la Référence ([43], [8] Chapitre 2), qui remplace immédiatement et de manière synchrone l'énergie émise, même si sa vitesse translationnelle vers le noyau est maintenant inhibée, car cette énergie demeurera induite aussi longtemps que la particule demeurera captive de cet état de résonance de moindre action.

Dans tous ces cas, au lieu de se convertir en une *énergie potentielle* virtuelle tel qu'actuellement présumé avec la conception courante du momentum / Lagrangien / Hamiltonien, lorsque la vélocité translationnelle des particules élémentaires chargées est inhibée, l'énergie cinétique induite ne peut que demeurer active, exerçant une *pression* continuelle dans la même direction vectorielle.

La conséquence de la définition du momentum comme étant conservatif est que dans tous les domaines de la physique conventionnelle, soit la mécanique classique, la mécanique relativiste, l'électromagnétisme, l'électrodynamique et la physique quantique, l'énergie cinétique est présumée exister seulement s'il y a mouvement translationnel d'une masse au niveau macroscopique ou d'une particule massive chargée au niveau sous-microscopique, et est vue par structure comme non-existante lorsque la vélocité translationnelle est réduite à zéro. C'est ici qu'il existe une déconnexion irréconciliable entre le concept traditionnel de momentum / Lagrangien / Hamiltonien et l'état réel de l'induction adiabatique d'énergie cinétique dans toutes les particules élémentaires chargées électriquement captives dans des états d'équilibre électromagnétiques de moindre action au niveau sous-microscopique.

3.25. Processus diabatiques et adiabatiques

Peu d'études ont été faites en ce qui concerne les processus adiabatiques au niveau sous-microscopique qui pourraient être associées au Hamiltonien, et toutes impliquent des changements d'états dus à des changements de conditions ambiantes fonction du temps. Ces changements fonction du temps sont couverts par le théorème adiabatique établit par Max Born et Vladimir Fock en 1928 [97]. Il est à noter que ces conclusions n'ont pas été revisitées depuis, et qu'aucune étude ne semble avoir été conduite à ce sujet après la découverte confirmée que les nucléons ne sont pas des particules élémentaires, mais sont des systèmes complexes faits de particules élémentaires chargées et massives, aussi stabilisées dans des états d'équilibres électromagnétiques de moindre action exactement comme les électrons dans leurs orbitales.

L'analyse Born-Fock a conclu que des changements rapides des conditions ambiantes (des champs magnétiques ambiants changeants, par exemple) empêchent les systèmes d'adapter leurs configurations, ce qui fait en sorte qu'elles demeurent inchangées, soit des processus nommés *processus diabatiques*, laissant le Hamiltonien dans un état équivalent à son état initial.

Alternativement, ils conclurent que des changements graduels des conditions ambiantes permettent aux systèmes d'adapter leurs configurations, ce qui permet à leurs probabilités de densité de se modifier pendant ces processus, nommés *processus adiabatiques*, permettant que leur Hamiltonien final se stabilise dans un état différent de leur Hamiltonien initial.

Une comparaison attentive de ces conclusions avec les conclusions tirées aux Références ([43], [8] Chapitre 2) ([49], [8] Chapitre 9), dans le cas de la stabilité de l'orbitale de repos de l'atome d'hydrogène, révèle que les systèmes auxquels ils référaient sont les volumes de résonance de moindre action dont les formes et amplitudes peuvent être déterminées par la fonction d'onde, chacun desquels correspondant à l'un des états de résonance électromagnétique de moindre action dans lesquels les électrons se retrouvent captifs dans les atomes.

La conclusion en question, tirée à la Référence ([43], [8] Chapitre 2), est que la fonction d'onde décrit la forme des volumes occupés par l'étendue statistique des positions qu'un électron peut possiblement occuper dans les diverses configurations orbitales en fonction des circonstances locales, tel que défini originalement, pendant que la mécanique de résonance décrite précédemment explique l'existence de ces volumes et leur élaboration en fonction du temps, impliquant que les électrons localisés sont forcés en des mouvements constants de résonance axiale en réaction aux fluctuations constantes des interactions magnétique locales; leur localisation permanente pendant le processus de résonance étant établi par corrélation de leur présence physique quasi-ponctuelle dans l'espace avec la jonction trispatiale quasi-ponctuelle située en leur centre dans la géométrie trispatiale. Voir Section 2.20.

Par conséquent, il peut être observé que le Hamiltonien tel qu'actuellement défini traite au niveau général de la manière avec laquelle le volume occupé par l'étendue statistique d'un état peut être contraint à évoluer pour se convertir en l'un des autres volumes autorisés, mais ne traite aucunement de la présence continuellement maintenue de la moitié unidirectionnelle translationnellement inhibée de l'énergie cinétique adiabatique constituant l'énergie porteuse de l'électron, qui agit maintenant principalement axialement vers le noyau, captive sur une trajectoire axiale de résonance clairement définissable de part et d'autre de la distance moyenne du volume de résonance par rapport au noyau, pendant qu'elle alterne entre des séquence d'augmentation et diminution de quantité adiabatique induite, à mesure que l'électron est repoussé et ensuite laissé libre de revenir vers le noyau à l'intérieur des volumes déterminés par la fonction d'onde ([43], [8] Chapitre 2).

3.26. *Réparation de la déconnexion du momentum sous-microscopique*

Il est clair à partir de l'analyse effectuée aux Références ([43], [8] Chapitre 2) ([52], [8] Chapitre 10) que la moitié en oscillation électromagnétique transversale de l'énergie porteuse des particules élémentaires chargées, qui procure à la particule son incrément de masse omnidirectionnellement inerte associé, n'est pas affectée même si son autre moitié unidirectionnelle est empêché de s'exprimer sous forme d'une vélocité translationnelle de la particule, pendant qu'elle est stabilisée dans l'un des états de résonance orbitale possibles dans les atomes.

Pour sa part, le mouvement naturel de la moitié unidirectionnelle de l'énergie induite peut être contré translationnellement par l'équilibre électromagnétique local d'une manière qui ne peut que conduire à ce que la vélocité inhibé s'exprime sous forme d'une *pression* de remplacement constamment exercée en direction du noyau, étant donné les signes opposés des charges de l'électron et celle de la somme des charges des composants internes chargés des nucléons du noyau, qui déterminent la direction vectorielle d'application de cette *pression*.

L'interaction magnétique à prédominance répulsive qui contrarie le mouvement de l'électron vers le noyau ne peut être par nature qu'une résistance de *contact* entre les sphères d'énergie cinétique magnétique en oscillation sphérique des particules impliquées et de leur énergie porteuse, qui *s'entrechoquent*, pour ainsi dire, à l'intérieur de l'espace-Z magnétostatique ([15], [8] Chapitre 6), ce qui procure une surface élastique de contact qui oppose par structure au mouvement de l'électron, le même type de résistance à se rapprocher du centre de masse du noyau que la surface de la Terre oppose aux corps reposant à sa surface à se rapprocher du centre de masse de la Terre.

De la stricte perspective électromagnétique, il faut toujours garder à l'esprit que tout corps macroscopique reposant sur le sol, ainsi que toute la matière dont le sol est fait à la surface de la Terre, sont ultimement fait d'atomes, dont les composants ultimes sont seulement des électrons, des quarks up et des quarks down, qui sont les seules particules élémentaires électromagnétiques stables, collisionables, au comportement quasi-ponctuel, chargées électriquement et massives qui ont jamais été détectées à l'intérieur des structures atomiques et nucléaires au moyen de collisions non destructrices, et qui sont les seuls composants de la matière dans lesquels la force de Coulomb peut induire de l'énergie cinétique.

Les particules chargées constituant les corps reposant à la surface de la Terre sont par conséquent en constante interaction fonction de l'inverse du carré de la distance avec les particules chargées constituant la masse de la Terre via la force de Coulomb, ce qui les fait apparemment se retrouver dans la même situation qu'un électron attiré vers un proton par la force de Coulomb dans un atome d'hydrogène, même pendant qu'il est captif de l'un ou l'autre des divers états d'équilibre électromagnétiques de moindre action leur permettant de former ces masses macroscopiques ([43], [8] Chapitre 2).

En d'autres mots, cette *pression*, qui remplace maintenant la vélocité inhibée de l'électron en direction d'application de l'énergie unidirectionnelle de son photon-porteur vers le proton, équivaut à une *force gravitationnelle* en newtons (N) que l'électron applique vers le noyau pendant qu'il est captif à distance orbitale de l'atome d'hydrogène.

À ce sujet, la Référence ([44], [8] Chapitre 7) établit clairement l'identité mutuelle de toutes les équations de force classiques en démontrant mathématiquement qu'elles peuvent toutes être convertie à la forme $F=ma$, ce qui inclue l'établissement de l'identité entre la force gravitationnelle macroscopique et la force de Coulomb, après avoir clarifié que la constante gravitationnelle qui doit être utilisée dans toute structure naturelle axiale impliquant plusieurs corps, doit prendre en compte les paramètres orbitaux spécifiques à l'ordre de grandeur relatif de ce système, pour demeurer cohérente avec la réalité observée, d'où l'établissement d'une constante gravitationnelle spécifique à l'atome d'hydrogène ([44], [8] Chapitre 7, Équation (13)) reproduite ici pour commodité:

$$G_p = \frac{4\pi^2 r_o^{\,3}}{M_p T^2} = 1.51417298\ 3\,\mathrm{E}29\ \mathrm{N \bullet m^2/kg^2} \tag{3.26}$$

où M_p=1.67262158E-27 kg est la masse du proton, r_o=5.291772083E-11 m est le rayon moyen de l'orbitale de repos de l'atome d'hydrogène, et T= 1.519829851E-16 s est le temps qui serait requis pour que l'électron orbite le proton une fois à la distance (r_o) si cela lui était possible; en remplacement de (M), la masse du Soleil, (r) la distance moyenne de l'orbite terrestre jusqu'au Soleil, et (T) le temps pris par la Terre pour parcourir une fois son orbite autour du Soleil, qui sont les valeurs qui sont intégrées dans la définition standard de la constante astronomique G ([44], [8] Chapitre 7).

Ce qui permet d'utiliser le temps potentiel que l'électron prendrait pour parcourir une fois une orbite située à la distance (r_o) du proton, tel que posé théoriquement avec l'atome de Bohr, est le fait que la quantité correcte d'énergie qui serait nécessaire pour que l'électron puisse se déplacer à la vélocité correspondante est induite en permanence par la force de Coulomb à cette distance du noyau de l'atome d'hydrogène. Cet élément de temps est donc cohérent avec la quantité de mouvement pleinement exprimée du momentum correspondant même avec sa définition actuelle, et peut être calculé à partir de la fréquence de l'énergie porteuse adiabatiquement induite à l'orbite de Bohr (4.359743808E-18 j), valeur qui correspond au nombre de fois que l'électron orbiterait le noyau à la distance (r_o) en 1 seconde à la vitesse correspondante:

$$T = 1 \text{ sec } / 6.57968391\mathrm{E}15 \text{ Hz} = 1.519829851\mathrm{E}{-}16 \text{ sec.} \tag{3.27}$$

Cette *pression* remplaçant la vélocité qui est maintenant orientée vers le noyau correspond à la *force* bien connue de 8.238721759E-8 newtons applicable à la distance moyenne de l'orbitale de repos de l'atome d'hydrogène, et est mise en perspective correcte telle que calculée à la Référence ([44], [8] Chapitre 7, Équation (14)), reproduite ici pour commodité:

$$F_g = \frac{e^2}{4\pi\,\varepsilon_o r_o^{\,2}} = G_p\,\frac{M_p m_e}{r_o^{\,2}} = 8.238721759\,\mathrm{E}-8\,\mathrm{N} \tag{3.28}$$

3.27. *Conclusion*

Observant que nous avons par nécessité exploré la réalité physique à partir de nos perceptions macroscopiques pour ensuite creuser vers le niveau sous-microscopique à mesure que notre compréhension augmentait à propos de la nature de la matière, de la masse et de l'énergie, ce qui conduisit éventuellement à ce que d'importantes questions demeurent sans réponse, en dépit de notre base de connaissances actuelles relativement profonde, il sembla intéressant de tenter d'aborder ces questions à partir de ce qui est maintenant connu du niveau sous-microscopique, en reconstruisant vers notre niveau macroscopique.

L'analyse de cette base de connaissance permit alors d'identifier les propriétés électromagnétiques de l'énergie comme gouvernant ce niveau sous-microscopique de la réalité physique, où une seule force inductrice d'énergie peut être identifiée, soit la force de Coulomb, tel que mis précédemment en perspective.

Cette perspective met aussi en lumière deux aspects majeurs des particules électromagnétiques élémentaires qui n'ont pas encore été prises en compte par les théories utiles qui furent développées au fil du temps. Soit le fait que les théories de mécanique actuelles ne prennent pas en compte de la présence physique des particules élémentaires chargées et massive dont les corps macroscopiques sont faits et des conséquences de leurs mouvements individuels sur les états de mouvement des corps macroscopiques auxquels ils appartiennent, tel qu'illustré par le problème que cela soulève par rapport à la rotation des corps macroscopiques par exemple, et le fait que ni la mécanique quantique ni l'électromagnétisme n'intègrent encore l'induction mutuelle obligatoire des aspects électrique et magnétique des quanta d'énergie électromagnétique d'une manière qui expliquerait pourquoi ces quanta s'auto-entretiennent de manière localisée et se comportent de manière quasi-ponctuelle pendant leurs collisions mutuelles.

Fait intéressant, le fondement alternatif de la réalité physique proposé ici semble rejoindre le point de zéro énergie du concept du vide quantique postulé comme hypothétique niveau de zéro excitation uniforme du vide quantique au début de l'univers, qui est le fondement de la théorie quantique des champs (QFT en anglais). La différence principale est que ce fondement alternatif propose un niveau hypothétique de zéro énergie uniforme dans l'espace au début de l'univers, qui prévoit ensuite un processus continue infinitésimalement progressif d'interaction entre les particules chargées qui offre des solutions mécaniques cohérentes que la QFT ne procure pas, qui sont entre autres, une description mécanique conforme aux équations de Maxwell de l'induction mutuelle des champs électrique et magnétique auto-entretenus constituant le quantum d'énergie localisé constituant chaque photon électromagnétique ([31], [8] Chapitre 11) ([32], [8] Chapitre 14), et celui la masse au repos invariante de chaque particule élémentaire chargée et massive [13, 35], une séparation claire entre l'énergie porteuse électromagnétiques des particules élémentaires et celle constituant leur masse au repos invariante ([42], [8] Chapitre 5) ([30], [8] Chapitre 4), ce qui permet de prendre conscience de la nature adiabatique de cette énergie porteuse induite dans toutes les particules élémentaires chargées en fonction des distances qui les séparent ([43], [8] Chapitre 2), et une mécanique de stabilité des états de résonance des orbitales électroniques et nucléoniques fondée sur l'électromagnétisme ([43], [8] Chapitre 2) ([49], [8] Chapitre 9). Voir aussi le Chapitre 2.

Considérant qu'à l'origine de l'univers, l'idée que le niveau inférieur absolu du niveau sous-microscopique aurait pu être un vide statique sans énergie ne contenant aucunes particules chargées entre lesquelles la force de Coulomb pourrait être en action, au lieu du point de zéro excitation du vide quantique proposé par la QFT, qui crée des paires particule-antiparticule au moyen de présumées fluctuations naturelles spontanées du vide quantique, la question se pose à savoir comment les premiers photons électromagnétiques auraient pu apparaître puisqu'aucune particule chargée n'auraient existé pour être accélérée pour éventuellement libérer les premiers photons de bremsstrahlung requis selon cette perspective, pour se déstabiliser mutuellement ensuite en un processus dont l'existence fut confirmée par K. McDonald et al. en 1997 à l'accélérateur SLAC [24], produisant les premières paires électron-positon qui auraient pu ensuite être accélérées par cette force inductrice par induction des premiers quanta d'énergie porteuse, aboutissant finalement aux premiers nucléons et premiers atomes d'hydrogène.

Cette question, qui resterait a résoudre bien sûr, est analysée à la Référence ([56], [8] Chapitre 17) où elle met tentativement à contribution l'idée que la constance du passage du temps pourrait être soutenu par de l'énergie cinétique et qu'un événement ponctuel dans le passé lointain aurait pu momentanément freiner ce mouvement, déclenchant ainsi l'émission dans l'espace des quanta initiaux d'énergie électromagnétique sous forme de photons de bremsstrahlung, initiant ainsi le processus de générations de particules chargées qui serait toujours en cours ([45], [8] Chapitre 16) ([61], [8] Chapitre 15).

Le concept d'auto-énergie des particules électromagnétiques élémentaires de la QFT est remplacé par un concept mécaniquement défini d'induction mutuelle auto-entretenu des aspects électrique et magnétique des quanta d'énergie constituant les masses localisées des particules élémentaires chargées ([15], [8] Chapitre 6) ([32], [8] Chapitre 14) ([31], [8] Chapitre 11).

Cette force étant statiquement présente et en action permanente entre chaque paire de particules chargées, chaque occurrence d'une telle interaction entre une paire de charges peut alors être vue comme une occurrence individuelle parmi une multitude de telles occurrences constituant un gradient universel strictement composé de l'addition des occurrences actives entre chaque paire de particules chargées de l'univers. Contrairement à la QFT, où la présence d'états excités individuels affecte l'intensité locale du gradient d'énergie, la présence de deux particules électromagnétiques est requise pour que chaque occurrence d'interaction par la force de Coulomb existe dans le gradient universel, ce qui fait que ce gradient en est un d'intensité de ces occurrences d'interaction et non un d'intensité ou densité d'énergie comme en QFT.

Quoique le gradient implique la force de Coulomb, il n'implique pas le champ électrique traditionnel continu associé à cette force, mais uniquement l'ensemble limité de toutes les occurrences discrètes d'interaction qui existent réellement entre les charges existant réellement dans l'univers en un assemblage discontinu d'occurrences individuelles.

Il devient possible maintenant de séparer ce gradient en quatre plages d'intensités, dont les limites correspondent au diverses plages d'intensité de résonance qui peuvent être identifiées dans la nature. Tel que mis en perspective à la Référence ([45], [8] Chapitre 16), le niveau le plus intense est déterminé par les états de résonance caractérisant les particules élémentaires chargées en interaction à l'intérieur des nucléons. Le deuxième niveau s'applique aux états de stabilisation des nucléons à l'intérieur des noyaux d'atomes. Le troisième niveau s'applique aux états de résonance électroniques à l'intérieur des atomes et molécules, ainsi qu'entre les atomes et molécules en contact direct les uns avec les autres dans toute accumulation de matière. Et finalement, un quatrième et dernier niveau d'intensité s'applique à tout atome, molécule et masse plus grande en état de chute libre, soit une catégorie qui comprend les orbites macroscopiques des corps au niveau astronomique.

Ces divers niveaux d'intensité d'induction d'énergie porteuse adiabatique par la force de Coulomb, dont l'une des composantes majeures est l'incrément de masse adiabatique induite en permanence qu'elle procure pour chaque particule chargée qui existe, peut alors être associé directement avec les 4 forces du Modèle Standard tel que mis en perspective à la Référence ([45], [8] Chapitre 16), quatre forces qui s'avèrent finalement des représentations alternatives des divers niveaux d'intensité d'application de la même force de Coulomb sous-jacente d'induction adiabatique d'énergie.

C'est par conséquent à ce point qu'une relation claire peut être établie entre la mécanique quantique et le gradient gravitationnel global, puisque la fonction d'onde établit avec précision la localisation et la forme des volumes à l'intérieur desquels chaque électron se stabilise dans son état d'équilibre de résonance électromagnétique de moindre action orbital au moyen d'une occurrence d'interaction du gradient, tel que clarifié à la Référence ([43], [8] Chapitre 2) et est par conséquent liés au troisième niveau d'intensité du gradient universel d'intensité d'interactions. Cette occurrence d'interaction peut alors être reconnue comme étant une occurrence locale de la *force de gravité* classique en action en fonction de l'inverse du carré de la distance séparant l'électron de chacun des sous-composants élémentaires chargés du noyau, chacun d'entre eux correspondant à une occurrence de la catégorie des attracteurs tertiaires, tel que décrit à la Référence ([45], [8] Chapitre 16).

Chaque élément du gradient global contribue aux variations adiabatiques d'induction, fonction de la distance, imposées aux particules chargées par les circonstances locales dynamiques qui définissent leurs masses locales effectives. Soit des circonstances dynamiques qui évolues au fil du temps au rythme de l'accumulation de la matière dans les corps stellaires, dont l'un des plus remarquables processus est celui qui associe mécaniquement le seuil d'ignition stellaire à la compression adiabatique progressive des orbitales de repos des atomes d'hydrogène, à mesure que la profondeur augmente vers le centre des masses proto-stellaires, dû à l'accumulation progressive des atomes d'hydrogène primordial, jusqu'au point où les orbitales de repos des électrons des atomes d'hydrogène atteignent la distance axiale au centre de telles masses, qui leur procure le niveau d'énergie requis pour déclencher la nucléogénèse des neutrons qui initie le processus de fusion, tel qu'analysé aussi à la Référence ([45], [8] Chapitre 16).

Point d'intérêt, étant donné que les états de résonance des quarks up et down à l'intérieur des nucléons sont par structure soumis à la même mécanique de résonance que les électrons dans leurs orbitales atomiques, il peut être conclu que les diverses représentations de la fonction d'onde de la mécanique quantique pourrait être adaptées pour leur être directement appliquées à l'intérieur des nucléons d'une manière plus satisfaisante que la Chromodynamique Quantique (QCD) ne le permet, ce qui associerait la mécanique quantique au niveau le plus intense du gradient gravitationnel.

Finalement, étant donné la variabilité fonction de la distance de la grandeur de l'incrément de masse adiabatique qui fait partie de tout quantum d'énergie porteuse induit dans chaque particule chargée par la force de Coulomb, représenté aux Équations (3.10) et (3.14), tel que déterminé aux Références ([42], [8] Chapitre 5) ([30], [8] Chapitre 4), il peut être observé que la somme maximale des masses au repos invariantes expérimentalement confirmées des trois quarks up et down constituant la structure interne en interaction des protons et neutrons, est de l'ordre de 2% à 2.4% de la masse mesurée des nucléons, il s'avère par conséquent que plus de 97% des masses de tous les corps massifs qui existent ne peut être que d'origine adiabatique et font donc partie des photon-porteurs des particules élémentaires électromagnétiques chargées et massives ([43], [8] Chapitre 2) ([32], [8] Chapitre 14).

Cela signifie que la masse des nucléons peut varier en fonction de l'intensité locale du gradient gravitationnel et que plus de 97% de la masse mesurable dans l'univers est induite adiabatiquement de cette manière par la force de Coulomb, ce qui révèle que la masse des corps astronomiques est aussi variable en fonction des distances qui les séparent ([45], [8] Chapitre 16).

Annexe A

A.1. Dérivation de l'équation relativiste d'énergie-momentum

La Référence [17] mentionne à la page 835 que la combinaison des équations $E=\gamma m_o c^2$ et $p=\gamma m_o v$ est utilisée pour générer l'équation relativiste d'énergie-momentum $E^2=(pc)^2+(mc^2)^2$ (2.41), mais elle n'offre pas la dérivation détaillée de cette équation.

Voici donc, par commodité, la dérivation complète, étape par étape, de cette fameuse équation:

$$E = \gamma m_0 c^2 \qquad\qquad p = \gamma m_0 v \qquad\qquad (A.0)$$

$$\frac{E}{m_0 c^2} = \frac{1}{\sqrt{1-v^2/c^2}} \qquad\qquad \frac{p}{m_0 v} = \frac{1}{\sqrt{1-v^2/c^2}}$$

$$\left(\frac{E}{m_0 c^2}\right)^2 = \frac{1}{\sqrt{1-v^2/c^2}} \qquad\qquad \left(\frac{p}{m_0 v}\right)^2 \frac{v^2}{c^2} = \frac{v^2/c^2}{\sqrt{1-v^2/c^2}}$$

$$\frac{E^2}{m_0^{\,2} c^4} = \frac{1}{\sqrt{1-v^2/c^2}} \quad (A.1) \qquad\qquad \frac{p^2}{m_0^{\,2} c^2} = \frac{v^2/c^2}{\sqrt{1-v^2/c^2}} \quad (A.2)$$

En soustrayant terme pour terme l'équation de la quantité de mouvement (A.2) de l'équation de la masse (A.1), on obtient:

$$\frac{E^2}{m_0^{\,2} c^4} - \frac{p^2}{m_0^{\,2} c^2}\frac{c^2}{c^2} = \frac{1}{\sqrt{1-v^2/c^2}} - \frac{v^2/c^2}{\sqrt{1-v^2/c^2}} \qquad (A.3)$$

$$\frac{E^2}{m_0^{\,2} c^4} - \frac{p^2 c^2}{m_0^{\,2} c^4} = \frac{1}{\sqrt{1-v^2/c^2}} - \frac{v^2/c^2}{\sqrt{1-v^2/c^2}}$$

$$\frac{E^2 - p^2 c^2}{m_0^{\,2} c^4} = \frac{1-v^2/c^2}{1-v^2/c^2} = \frac{\gamma}{\gamma} \qquad (A.4)$$

$$\frac{E^2 - p^2 c^2}{m_0^{\,2} c^4} = \frac{\gamma^2}{\gamma^2}$$

$$\gamma^2\left(E^2 - p^2 c^2\right) = \gamma^2 m_0^{\,2} c^4$$

$$\gamma^2 E^2 - \gamma^2 p^2 c^2 = \left(mc^2\right)^2 \qquad \text{où } \gamma m_o = m$$

$$\gamma^2 E^2 = (pc)^2 + \left(mc^2\right)^2 \qquad \text{où } p = \gamma m_o v = mv \qquad (A.5)$$

Et finalement $E=\gamma E$ et nous obtenons l'Équation (2.41):

$$E^2 = (pc)^2 + \left(mc^2\right)^2 \tag{2.41}$$

Considérant l'étape (A.4) pendant la séquence de dérivation, la tentation est forte de simplifier les deux occurrences du facteur γ de Lorentz à 1 avant de poursuivre, mais cela conduit à la version non relativiste souvent rencontrée et erronée $E^2 = (pc)^2 + (m_o c^2)^2$, qui est fréquemment donnée comme étant la représentation ultime de la théorie de la Relativité Restreinte, mais qui est en fait simplement newtonienne, puisqu'une telle simplification à 1 fait disparaître de l'équation toutes les occurrences du facteur γ. Une telle simplification a pour conséquence que seule la valeur classique de l'énergie cinétique du momentum ΔK est alors fournie à la masse au repos de la particule en mouvement, en plus de laisser de côté la composante d'énergie magnétique $\Delta m_m c^2$ de l'énergie porteuse qui oscille transversalement de façon électromagnétique et fournit l'incrément de masse relativiste mesurable transversalement lié à la vitesse.

La procédure appropriée consiste donc à mettre au carré les occurrences du facteur γ mutuellement réductible, afin qu'elles puissent être réunies avec les deux occurrences de m_o au fur et à mesure du développement.

À première vue, la fusion de la dernière occurrence du facteur γ au carré avec l'énergie au carré ($\gamma^2 E^2$) peut sembler problématique, mais étant donné que ce facteur est une quantité sans dimension (Voir Section 3.5), il peut être multiplié avec la composante *énergie* sans aucun effet négatif pour l'intégrité de l'équation pour ensuite simplement augmenter la quantité totale d'énergie sur le côté gauche de l'équation à la même valeur relativiste qu'elle a maintenant sur le côté droit.

Une mise en garde doit également être faite concernant la légende urbaine mathématiquement erronée et profondément ancrée dans la communauté de la physique selon laquelle il suffit de mettre m à zéro dans le terme $(mc^2)^2$ de l'Équation (2.41) pour réduire l'équation à $E=pc$, qui donnerait supposément alors l'énergie d'un photon en mouvement libre.

C'est ignorer la règle mathématique de base selon laquelle si un élément d'une équation est mis à zéro dans l'un de ses termes, il doit également être mis à zéro dans tous les autres termes, y compris dans le terme $(pc)^2$ dans le cas présent, puisque les étapes (A.0) et (A.4) révèlent en contexte que le symbole du momentum p ne peut être défini en contexte que comme étant égal à mv dans l'équation énergie-momentum, et qu'aucune dérivation logique ne peut le rendre égal à $\lambda v/c$.

De plus, l'analyse effectuée dans cet ouvrage révèle que procéder de cette manière est doublement erroné car $p=mv$ ne fournit que la moitié de l'énergie du photon-porteur de la particule massive, c'est-à-dire seulement son demi-quantum d'énergie de momentum ΔK, alors que $p=\lambda v/c$ fournit l'énergie totale d'un photon en mouvement libre, c'est-à-dire son demi-quantum d'énergie de momentum ΔK plus l'énergie de son demi-quantum électromagnétique $\Delta m_m c^2$ oscillant transversalement.

Par conséquent, le fait de mettre m à zéro seulement dans le terme de masse $(mc^2)^2$ de l'équation énergie-momentum sans le mettre à zéro en contexte dans le terme du momentum $(pc)^2$ révèle une incohérence logique équivalant à un niveau d'illettrisme mathématique qui rappelle l'incohérence logique observée pour l'équation défectueuse (7.1.2) trouvée à la Référence [7], qui n'a apparemment attiré aucune attention dans la communauté de la physique formelle, tel qu'analysé à la Section 1.7.2.

Les mathématiques sont un langage qui doit être appris au même niveau de compétence que pour son applicabilité en ingénierie avant que les questions fondamentales de physique ne soient étudiées en profondeur, sinon des ravages tels que ceux provoqués par l'interprétation de Copenhague risquent d'affecter la communauté de nouveau. En effet, on peut observer que les scientifiques qui ont le plus fortement influencé l'évolution de la physique théorique, tels que Gauss, Maxwell, Minkowski et Poincaré, étaient tous en réalité des mathématiciens de haut niveau qui ont synthétisé de manière cohérente les équations établies à partir de données expérimentales confirmées obtenues par des expérimentateurs de terrain.

A.2. *Équation trispatiale d'énergie-momentum*

Il est à noter que l'équation (2.41) traditionnelle relativiste d'énergie-momentum n'est utilisée nulle part pour faire quelque calcul que ce soit dû à sa complexité de résolution. La nouvelle Équation (1.50) d'énergie momentum trispatiale cependant:

$$E_e = \Delta K + \Delta m_m c^2 + m_0 c^2 \tag{1.50}$$

est facile à utiliser pour tout calcul d'énergie de mouvement, car ses deux composants ΔK et $\Delta m_m c^2$ sont toujours égaux par structure, et qu'il n'est pas nécessaire d'utiliser le facteur γ pour la résoudre.

Contrairement à l'équation relativiste (2.41), m_o apparait dans un seul de ses termes. Par conséquent, il suffit effectivement dans le cas de l'Équation (1.50) de mettre m_o à zéro dans le terme $m_o c^2$ pour réduire l'équation à $E=\Delta K+\Delta m_m c^2$, qui devient alors effectivement l'Équation (2.13) du photon-porteur de la particule, qui est aussi l'une des équations standard pour calculer l'énergie d'un photon électromagnétique.

$$E = \Delta K + \Delta m_m c^2 \tag{2.13}$$

Connaissant alors l'énergie de tous les termes de l'équation, que ce soit pour l'Équation (1.50) ou l'équation (2.13), il devient facile de calculer sa vitesse de la particule à l'aide de l'une des deux équations (1.33):

$$v = c\frac{\sqrt{\lambda_c\left(4\lambda + \lambda_c\right)}}{\left(2\lambda + \lambda_c\right)} \quad \text{ou} \quad v = c\frac{\sqrt{4EK + K^2}}{2E + K} \tag{1.33}$$

Voir aussi Section 3.5.1.

Annexe B

B.1. Les équations de Maxwell

Les Équations de Maxwell		
Ordres de grandeur atomique, macroscopique et astronomique		**Ordre de grandeur subatomique**
Forme integrale	**Forme différentielle**	**Forme premier niveau**
1 $\oint \mathbf{E} \cdot d\mathbf{S} = {}^{q}\!/_{\varepsilon_0} = \Phi_E$	$\nabla \cdot \mathbf{E} = \rho/\varepsilon_0$	$\mathbf{E}_\lambda = \dfrac{\pi e}{\varepsilon_0 \alpha^3 \lambda^2}$
2 $\oint \mathbf{E} \cdot d\mathbf{l} = -d\left(\int \mathbf{B} \cdot \hat{n} d\mathbf{S}\right)\!/dt = -d\Phi_B/dt$	$\nabla \times \mathbf{E} = -\partial \mathbf{B}/\partial t$	$v = \dfrac{\mathbf{E}_{\lambda_C} \times \Delta \mathbf{E}_\lambda}{\mathbf{B}_{\lambda_C} + \Delta \mathbf{B}_\lambda}$
3 $\oint \mathbf{B} \cdot d\mathbf{S} = 0$	$\nabla \cdot \mathbf{B} = 0$	$\mathbf{B}_\lambda = \dfrac{\mu_0 \pi e c}{\alpha^3 \lambda^2}$
4 $\oint \mathbf{B} \cdot d\mathbf{l} = \mu_0\left(i + \varepsilon_0 d(\Phi_E)/dt\right)$	$\nabla \times \mathbf{B} = \mu_0\left(\mathbf{J} + \dfrac{\varepsilon_0 \partial \mathbf{E}}{\partial t}\right)$	$c = \dfrac{\mathbf{E}_\lambda}{\mathbf{B}_\lambda}$

B.2. Équations pour les ordres de grandeur atomique, macroscopique et astronomique

L'ensemble des équations connues sous le nom d'équations de Maxwell ont été développées en réalité par Gauss, Faraday et Ampère à partir d'expériences menées physiquement. La principale contribution de Maxwell à la science, après avoir analysé le fait observé que les changements de champs magnétiques induisent un courant dans des fils conducteurs, et que réciproquement, tel que précédemment découvert par Oersted, que le courant électrique circulant dans un fil induit un champ magnétique autour du fil, a été son intuition que cette induction mutuelle de champs électriques et magnétiques pouvait se produire dans l'espace sans supports matériels tels que des aimants et des fils électriques.

Cela le conduisit à associer cette hypothèse à l'énigme de la propagation de la lumière après que Faraday l'eut informé, tel que mentionné au début de la Section 1.1, que lorsqu'il plaçait une plaque de verre entre les pôles d'un électroaimant, le champ magnétique faisait tourner le plan de polarisation de la lumière traversant la plaque.

Il tira ensuite la conclusion que la lumière devait être de l'énergie électromagnétique réelle et que, étant donné que la gamme des fréquences de la lumière visible était plutôt limitée, c'est-à-dire d'environ 405 THz pour la lumière rouge jusqu'à environ 790 THz pour la lumière violette, cette gamme limitée devait faire partie d'un spectre potentiellement plus complet, comprenant d'autres fréquences qui seraient invisible pour nous cette fois, et qui s'étaleraient dans les deux directions, c'est-à-dire aux fréquences plus hautes que les 790 THz de la lumière violette et plus basses que les 405 THz de la lumière rouge.

Son hypothèse à cet égard fut confirmée pour la première fois 20 ans plus tard lorsque Hertz confirma l'existence des fréquences radio. Le reste appartient à l'histoire, et sa théorie des ondes continues de l'énergie électromagnétique s'est avérée totalement efficace pour traiter l'énergie électromagnétique du niveau atomique jusqu'au niveau astronomique.

La première équation de Maxwell est en fait l'Équation de Gauss pour le champ électrique, qui est une généralisation de la loi de Coulomb, établissant un champ d'interaction électrique potentiel, en retirant une charge de l'équation de Coulomb (voir sous-section 1.7.1).

La deuxième équation, dérivée de la loi de Faraday sur l'induction, signifie qu'une variation d'un champ magnétique est nécessaire pour qu'un champ électrique soit produit. Dans le contexte des champs ponctuels localisés du présent modèle, elle peut être interprétée sans modification comme signifiant que toute variation de l'aspect magnétique d'un événement électromagnétique est obligatoirement accompagnée d'une variation inverse correspondante de son aspect électrique.

La troisième équation correspond à la loi de Gauss pour le magnétisme, qui définit un champ d'interaction magnétique potentiel comme contrepartie du champ électrique potentiel défini avec la première équation, et implique qu'autant d'énergie *magnétique* sort d'un volume donné contenant la source du champ qu'il en entre, d'où la valeur zéro résultante.

La quatrième équation, dérivée de la loi d'Ampère et appelée équation d'Ampère-Maxwell, tenait initialement compte de l'observation selon laquelle un champ magnétique est produit par un courant électrique dans un fil, et que Maxwell étendit à la conclusion qu'un champ magnétique peut être produit par un champ électrique changeant, et réciproquement, même sans support matériel, ce qui constitue la plus grande découverte de Maxwell.

B.3. Équations pour l'ordre de grandeur subatomique

Les quatre équations électromagnétiques de premier niveau de l'ordre de grandeur subatomique ont été développées pendant la première vague de dérivations qui suivit la découverte de Paul Marmet, et ont été publiées en 2007 dans le "*International IFNA-ANS Journal*" de l'Université d'État de Kazan ([30], [8] Chapitre 4).

Le terme "*premier niveau*" fait référence au fait que, contrairement aux équations de Maxwell traditionnelles mentionnées dans tous les ouvrages de référence, et telles que présentées ci-dessus, les équations du niveau subatomique ne sont qu'à une étape de l'affichage de l'ensemble complet des constantes et variables qui peuvent être immédiatement utilisées pour calculer une valeur physique, tout comme l'équation de Coulomb (2.19). L'analyse de la raison pour laquelle l'élaboration de telles équations de premier niveau est nécessaire pour progresser en physique fondamentale a été faite dans la Section 27 de la référence [25].

L'équation électrique de Gauss de premier niveau a été développée en tant qu'Équation (40) dans la référence [30]. Voir la Section 2.7 pour exemple d'utilisation:

$$\mathbf{E}_\lambda = \frac{\pi e}{\varepsilon_0 \alpha^3 \lambda^2} \tag{B.1}$$

ainsi que l'équation magnétique de Gauss de premier niveau développée en tant qu'Equation (34) dans la même référence:

$$\mathbf{B}_\lambda = \frac{\mu_0 \pi e c}{\alpha^3 \lambda^2} \tag{B.2}$$

L'équation du champ électrique composite E de premier niveau nécessaire pour calculer la vitesse d'une particule massive chargée, qui est en fait le champ E entièrement résolu de l'équation de Lorentz F=q$(E + v \times B)$, a ensuite été résolue sous forme de l'Équation (58) dans la même référence, et est ici entièrement développée pour commodité:

$$\mathbf{E} = \mathbf{E}_{\lambda_C} \times \Delta\mathbf{E}_\lambda = \frac{\pi e}{\varepsilon_0 \alpha^3} \frac{\left(\lambda^2 + \lambda_C^2\right)\sqrt{\lambda_C(4\lambda + \lambda_C)}}{\lambda^2 \lambda_C^2 \; (2\lambda + \lambda_C)} \tag{B.3}$$

L'équation du champ magnétique composite B de premier niveau nécessaire pour calculer la vitesse d'une particule chargée massive, qui est le champ B entièrement résolu de l'équation de Lorentz, a été résolue sous forme de l'Équation (49) dans la même référence, et est entièrement développée ici pour commodité:

$$\mathbf{B} = \mathbf{B}_{\lambda_c} + \Delta\mathbf{B}_{\lambda} = \frac{\pi\mu_0 ec}{\alpha^3}\frac{\left(\lambda^2 + \lambda_C^2\right)}{\lambda^2\lambda_C^2} \tag{B.4}$$

Les Équations (B.3) et (B.4) peuvent alors être utilisées directement pour calculer la vitesse d'une particule massive chargée avec l'équation traditionnelle $v=E/B$. De même, les Équations (B.1) et (B.2) peuvent être utilisées directement pour calculer la vitesse de tout photon en mouvement libre avec l'équation $c=E_\lambda/B_\lambda$.

Épilogue

Le but du présent projet était d'explorer les processus de conversion mécanique impliquant l'énergie électromagnétique et l'ensemble très limité de particules électromagnétiques élémentaires stables dont l'existence a été confirmée au niveau subatomique de la réalité physique, au moyen de collisions non destructrices, et qui sont les éléments constitutifs de tous les atomes, ainsi que les photons électromagnétiques en mouvement libre qui sont émis par ces particules élémentaires stables lorsqu'elles se stabilisent au sein des structures atomiques et dont l'absorption les amène à modifier temporairement ou définitivement leurs états d'équilibre stationnaire, ainsi que les processus par lesquels elles se stabilisent dans la hiérarchie observée de ces états d'équilibre stable.

L'étape suivante consistera à établir les diverses fonctions d'ondes de résonance complexes impliquant le mélange de fréquences de battement fixes et variables qui définissent les volumes de résonance de chacun de ces états d'équilibre électromagnétiques stationnaires stables selon la méthode décrite à la Référence ([25] Section 27).

La méthode utilisée pour définir la géométrie trispatiale et explorer le niveau subatomique de la réalité physique jusqu'au niveau atteint dans ce projet est analysée et décrite à la Référence [98]. Aussi surprenant que cela puisse sembler à la plupart des gens, n'importe qui aurait pu écrire cet ouvrage, car la nature a doté chacun de nous d'un exemplaire personnel du corrélateur le plus puissant qui existe, notre néocortex. La Référence [25] décrit et explique pourquoi et comment il peut permettre à chacun de nous de faire progressivement dériver notre compréhension personnelle de la réalité physique vers un état qui serait aussi proche que possible de la compréhension objective de cette réalité physique, par le moyen très simple de confirmer systématiquement la validité de tous les éléments choisis comme base pour tirer chacune de nos conclusions, parce qu'un réseau neuronal multicouche tel le néocortex est incapable de fournir une conclusion invalide à partir d'un ensemble dont tous les éléments sont valides.

La Référence [99] analyse et décrit comment chaque enfant peut être guidé vers une maîtrise aussi complète que possible de son corrélateur personnel. Malheureusement, d'innombrables enfants sont privés de cette assistance dans ma propre communauté et dans beaucoup d'autres par des pédagogues formellement qualifiés qui demeurent peu familiers avec les connaissances accumulées et la compréhension que les découvreurs ont acquises à propos des divers aspects de notre capacité de compréhension. Le résultat est que nombreux sont ceux qui tolèrent, et souvent encouragent même, la prescription de médicaments abrutissants pour contrôler le comportement indiscipliné des enfants, dont une cause importante est précisément ce manque d'encadrement formel approprié, tel qu'observé lors une étude de terrain réalisée dans les écoles primaires d'une grande ville de ma communauté, qui est accessible via la Référence [100].

Bibliographie

[1] Selleri, F. (1994) *Le grand débat de la théorie quantique.* Champs. Flammarion. France.

[2] Petkov, V. Editor. (2012) *Space and Time - Minkowski's Papers on Relativity.* Minkowski Institute Press. Montreal. Canada. https://www.amazon.com/Space-Time-Minkowskis-papers relativity/dp/0987987143.

[3] Planck, M. (1931) *Positivismus und reale Aussenwelt.* Akademische Verlagsgeselschaft M. B. H., Leipzig. https://catalog.princeton.edu/catalog/2057791

[4] Einstein, A., Schrödinger, E., Pauli, W., Rosenfeld, L., Born, M., Joliot-Curie, I. & F., Heisenberg, W., Yukawa, H., et al. (1953) *Louis de Broglie, physicien et penseur.* 2e Éditions Albin Michel, Paris.

[5] Einstein A. (1910) *Le Principe de relativité et ses conséquences dans la physique moderne.* Traduit de l'allemand par E. Guillaume. Archives des sciences physiques et naturelle 29 (1910): 5-28; 125-144. http://www.minkowskiinstitute.org/mip/books/einstein2.html

[6] Pais, A. (2005) *Subtle is the Lord: The Science and the Life of Albert Einstein.* Oxford University Press. New York.

[7] Ciufolini I & Wheeler JA (1995). *Gravitation and Inertia,* Princeton University Press.

[8] Michaud A (2017) *Mécanique électromagnétique des particules élémentaires* - 2e édition. Editions universitaires europeennes. Allemagne. ISBN-13: 978-3-330-87852-5 https://www.morebooks.de/store/fr/book/m%C3%A9canique-%C3%A9lectromagn%C3%A9tique-des-particules-%C3%A9l%C3%A9mentaires/isbn/978-3-330-87852-5.

[9] Michaud, A. (2020) *Electromagnetism according to Maxwell's Initial Interpretation.* Journal of Modern Physics, 11, 16-80. https://doi.org/10.4236/jmp.2020.111003. https://www.scirp.org/pdf/jmp_2020010915471797.pdf.

[10] Michaud, A. (2018) *The Hydrogen Atom Fundamental Resonance States. Journal of Modern Physics,* 9, 1052-1110. doi:10.4236/jmp.2018.95067. https://file.scirp.org/pdf/JMP_2018042716061246.pdf.

[11] Michaud, A. (2017) *Gravitation, Quantum Mechanics and the Least Action Electromagnetic Equilibrium States*. J Astrophys Aerospace Technol 5: 152. doi:10.4172/2329-6542.1000152.
https://www.omicsonline.org/open-access/gravitation-quantum-mechanics-and-the-least-action-electromagneticequilibrium-states-2329-6542-1000152.pdf.

[12] Michaud, A. (2020) *Gravitation, Quantum Mechanics and the Least Action Electromagnetic Equilibrium States*. In: Amenosis Lopez, editor. Prime Archives in Space Research. Hyderabad, India: Vide Leaf. 2020.
https://videleaf.com/gravitation-quantum-mechanics-and-the-least-action-electromagnetic-equilibrium-states/

[13] Rousseau, P. (1959) *La Lumière. Presses Universitaires de France, Collection "Que sais-je?"*. France.

[14] Michaud, A. (2013) Deriving Eps_0 and Mu_0 from First Principles and *Defining the Fundamental Electromagnetic Equations Set.* International Journal of Engineering Research and Development e-ISSN: 278-067X, p-ISSN: 2278-800X, Volume 7, Issue 4 (May 2013), PP. 32-39.
http://ijerd.com/paper/vol7-issue4/G0704032039.pdf.

[15] Michaud, A. (2016) *On De Broglie's Double-particle Photon Hypothesis.* J Phys Math 7: 153. doi:10.4172/2090-0902.1000153,
https://www.omicsonline.org/open-access/on-de-broglies-doubleparticle-photon-hypothesis-2090-0902-1000153.pdf.

[16] Cornille, P. (2003) *Advanced Electromagnetism and Vacuum Physics*. World Scientific Publishing, Singapore.

[17] Sears F., Zemansky M., Young H. (1984) University Physics, 6th Edition, Addison Wesley.

[18] Eisberg, R., and Resnick, R. (1985) *Quantum Physics of Atoms, Molecules, Solids, Nuclei, and Particles*. 2nd Edition, John Wiley & Sons, New York.

[19] Griffiths, D.J. (1999) *Introduction to Electrodynamics*. Prentice Hall, USA.

[20] Jackson, J.D. (1999) *Classical Electrodynamics*. John Wiley & Sons. USA.

[21] Breidenbach M. et al. (1969) *Observed Behavior of Highly Inelastic Electron-Proton Scattering*, Phys.Rev.Let.,Vol.23,No.16,935-939.
https://journals.aps.org/prl/abstract/10.1103/PhysRevLett.23.935.

[22] Ohanian, H.C., Ruffini, R. (1994) *Gravitation and Spacetime*, Second Edition, W.W. Norton. P. 194.

[23] Anderson, C.D. (1933) *The Positive Electron*. Phys.Rev.43,491.
https://journals.aps.org/pr/pdf/10.1103/PhysRev.43.491.

[24] McDonald, K., et al. (1997) *Positron Production in Multiphoton Light-by-Light Scattering*, Phys.Rev.Lett.79,1626.
http://www.slac.stanford.edu/exp/e144/.
http://journals.aps.org/prl/abstract/10.1103/PhysRevLett.79.1626.

[25] Michaud, A. (2019) *The Mechanics of Conceptual Thinking. Creative Education*, 10, 353-406.
https://doi.org/10.4236/ce.2019.102028.
http://www.scirp.org/pdf/CE_2019022016190620.pdf.

[26] Feynman R.P., Leighton R.B and Sands M. (1964) *The Feynman Lectures on Physics*. Addison-Wesley, Vol. II, p. 28-1.

[27] De Broglie, L. (1993) *La physique nouvelle et les quanta, Flammarion, France 1937*, 2nd Edition 1993, with new 1973 Preface by Louis de Broglie. ISBN: 2-08-081170-3.

[28] Michaud, A. (2000) *On an Expanded Maxwellian Geometry of Space. Proceeding of Congress-2000. "Fundamental Problems of Natural Sciences and Engineering"*. St Peterburg State University. Russia. Volume 1. pp. 291-310.

[29] Marmet, P. (2003) *Fundamental Nature of Relativistic Mass and Magnetic Fields*. International IFNA-ANS Journal, 9. 64-76. Kazan State University, Kazan, Russia.
http://www.newtonphysics.on.ca/magnetic/index.html.

[30] Michaud, A. (2007) *Field Equations for Localized Individual Photons and Relativistic Field Equations for Localized Moving Massive Particles*, International IFNA-ANS Journal, No. 2 (28), Vol. 13, 2007, p. 123-140, Kazan State University, Kazan, Russia.
https://www.gsjournal.net/Science-Journals/Research%20Papers-Relativity%20Theory/Download/2257.

[31] Michaud, A. (2013) *The Mechanics of Electron-Positron Pair Creation in the 3-Spaces Model*. International Journal of Engineering Research and Development e-ISSN: 2278-067X, p-ISSN: 2278-800X, Volume 6, Issue 10 (April 2013), PP. 36-49.
http://ijerd.com/paper/vol6-issue10/F06103649.pdf.

[32] Michaud, A. (2013) *The Mechanics of Neutron and Proton Creation in the 3-Spaces Model*. International Journal of Engineering Research and Development e-ISSN: 2278-067X, p-ISSN : 2278-800X, Volume 7, Issue 9 (July 2013), PP.29-53. http://www.ijerd.com/paper/vol7-issue9/E0709029053.pdf.

[33] Michaud, A. (2013) *The Mechanics of Neutrinos Creation in the 3-Spaces Model*. International Journal of Engineering Research and Development. e-ISSN: 2278-067X, p-ISSN: 2278-800X, Volume 7, Issue

7 (June 2013), PP. 01-08. http://www.ijerd.com/paper/vol7-issue7/A07070108.pdf.

[34] Michaud, A. (2017). *The Last Challenge of Modern Physics*. J Phys Math 8: 217. doi: 10.4172/2090-0902.1000217. https://www.omicsonline.org/open-access/the-last-challenge-of-modern-physics-2090-0902-1000217.pdf.

[35] Bartels, J., Haidt, D., Zichichi, A. Editors (2000) *The European Physical Journal C - Particles and fields*. Springer, Germany.

[36] Kaufmann, W. (1903) *Über die "Elektromagnetische Masse" der Elektronen, Kgl. Gesellschaft der Wissenschaften Nachrichten*, Mathem.-Phys. Klasse, pp. 91-103. http://gdz.sub.uni-goettingen.de/dms/load/img/?PPN=PPN252457811_1903&DMDID=DMDLOG_0025.

[37] Lorentz, H.A. (1904) *Electromagnetic phenomena in a system moving with any velocity smaller than that of light*, in: KNAW, Proceedings, 6, 1903-1904, Amsterdam, 1904, pp. 809-831. https://en.wikisource.org/wiki/Electromagnetic_phenomena.

[38] Einstein, A. (1934) *Comment je vois le monde*, Flammarion, France, 1958.

[39] Abraham, M. (1902) *Dynamik des Elektrons, Nachrichten von der Gesellschaft der Wissenschaften zu Göttingen*, Mathematisch-Physikalische Klasse,1902,S.20. http://gdz.sub.unigoettingen.de/dms/load/img/?PPN=PPN25245781_1_1902&DMDID=DMDLOG_0009.

[40] Poincaré, H. (1902) *La science et l'hypothèse*, France, Flammarion 1902, 1995 Edition.

[41] Planck, M. (1906) *Das Prinzip der Relativität und die Grundgleichungen der Mechanik*. Verhandlungen Deutsche Physikalische Gesellschaft. 8, pp. 136–141. (Vorgetragen in der Sitzung vom 23. März 1906.). https://archive.org/details/verhandlungende00goog/page/n179.

[42] Michaud, A. (2013) *From Classical to Relativistic Mechanics via Maxwell*, International Journal of Engineering Research and Development, e-ISSN: 2278-067X, p-ISSN: 2278-800X. Volume 6, Issue 4. pp. 01-10. http://www.gsjournal.net/Science-Journals/Essays/View/3197.

[43] Michaud, A. (2016) *On Adiabatic Processes at the Elementary Particle Level.* J Phys Math 7: 177. doi: 10.4172/2090-0902. 1000177. https://www.omicsonline.org/open-access/on-adiabatic-processes-at-the-elementary-particle-level-2090-0902-1000177.pdf.

[44] Michaud, A. (2013) *Unifying All Classical Force Equations*, International Journal of Engineering Research and Development, e-ISSN: 2278-067X, p-ISSN: 2278-800X, Volume 6, Issue 6 (March 2013), PP. 27-34. http://www.ijerd.com/paper/vol6-issue6/F06062734.pdf.

[45] Michaud, A. (2013) *Inside Planets and Stars Masses.* International Journal of Engineering Research and Development e-ISSN: 2278-067X, p-ISSN: 2278-800X, Volume 8, Issue 1 (July 2013), PP. 10-33. http://ijerd.com/paper/vol8-issue1/B08011033.pdf.

[46] Anderson, J.D., Laing, A., Lau, E.L., Liu, A.S., Nieto, M.M. et al. (1998) *Indications from Pioneer 10/11, Galileo, and Ulysses Data, of an Apparent Anomaleous, Weak, Long-Range Acceleration*, gr-qc/9808081, v2, 1 Oct 1998. http://arxiv.org/pdf/gr-qc/9808081v2.pdf.

[47] Nieto, M.M., Goldman, T., Anderson, J.D., Lau, E.L., Perez-Mercader, J. (1994) *Theoretical Motivation for Gravitation Experiments on Ultra low Energy Antiprotons and Antihydrogen*, hep-ph/9412234, 5 Dec 1994. http://arxiv.org/pdf/hep-ph/9412234.pdf.

[48] Anderson, J.D., Campbell, J.K, Nieto, M.M. (2006) *The energy transfer process in planetary flybys*, astro-ph/0608087v2, 2 Nov 2006. http://arxiv.org/pdf/astro-ph/0608087.pdf.

[49] Michaud, A. (2013) *On The Magnetostatic Inverse Cube Law and Magnetic Monopoles.* International Journal of Engineering Research and Development e-ISSN: 2278-067X, p-ISSN: 2278-800X. Volume 7, Issue 5. pp. 50-66. http://www.ijerd.com/paper/vol7-issue5/H0705050066.pdf.

[50] National Institute of Standards and Technology, (NIST). https://www.physics.nist.gov/cgi-bin/cuu/Value?h|search_for=universal_in!.

[51] Lide, D.R., Editor-in-chief. (2003) *CRC Handbook of Chemistry and Physics.* 84thEdition 2003-2004, CRC Press, New York. 2003.

[52] Michaud, A. (2013) *On the Einstein-de Haas and Barnett Effects*, International Journal of Engineering Research and Development. e-ISSN: 2278-067X, p-ISSN: 2278-800X, Volume 6, Issue 12, pp. 07-11. http://ijerd.com/paper/vol6-issue12/B06120711.pdf.

[53] Michaud, A. (2013) *The Expanded Maxwellian Space Geometry and the Photon Fundamental LC Equation.* International Journal of Engineering

Research and Development, e-ISSN: 2278-067X, p-ISSN: 2278-800X. Volume 6, Issue 8, pp. 31-45.

http://ijerd.com/paper/vol6-issue8/G06083145.pdf.

[54] Kühne, R.W. (1998) Remark on *Indication, from Pioneer 10/11, Galileo, and Ulysses Data, of an Apparent Anomalous, Weak, Long-Range Acceleration*". arXiv:gr-qc/9809075v1 28 Sep 1998.

https://arxiv.org/pdf/gr-qc/9809075.pdf.

[55] Hafele, J.C., and Keating, R.E. (1972) *Around-the-World Atomic Clocks: Predicted Relativistic Time Gains*. Science, New Series, Vol. 177, No. 4044, pp. 166-168. DOI: 10.1126/science.177.4044.166. http://www.personal.psu.edu/rq9/HOW/Atomic Clocks Experiment. pdf.

[56] Michaud, A. (2016) *On the Birth of the Universe and the Time Dimension in the 3-Spaces Model*. American Journal of Modern Physics. Special Issue: Insufficiency of Big Bang Cosmology. Vol. 5, No . 4-1, 2016, pp. 44-52. doi: 10.11648/j.ajmp.s.2016050401.17.

http://article.sciencepublishinggroup.com/pdf/10.11648.j.ajmp.s.201 6050401.17.pdf.

[57] Resnick, R., & Halliday, D. (1967) Physics. John Wyley & Sons, New York.

[58] De Broglie, L. (1923) *Ondes et Quanta*. Comptes rendus T.177 (1923) 507-510.

http://www.academie- sciences.fr/pdf/dossiers/Broglie/Broglie pdf /CR1923 p507.pdf.

[59] Kaku, M. (1993) *Quantum Field Theory*. Oxford University Press. New York.

[60] Michaud, A. (2013) *On the Electron Magnetic Moment Anomaly*, International Journal of Engineering Research and Development. e-ISSN: 2278-067X, p-ISSN: 2278-800X. Volume 7, Issue 3, PP. 21-25.

http://ijerd.com/paper/vol7-issue3/E0703021025.pdf.

[61] Michaud, A. (2013) *The Corona Effect*. International Journal of Engineering Research and Development e-ISSN: 2278-067X, p-ISSN: 2278-800X, Volume 7, Issue 11(July2013), PP. 01-09.

http://www.ijerd.com/paper/vol7-issue11/A07110109.pdf.

[62] Lowrie, W. (2007) *Fundamentals of Geophysics*, Second Edition, Cambridge University Press.

[63] Auger, A., Ouellet, C. (1998) *Vibrations, ondes, optique et physique moderne.* 2e Édition. Le Griffon d'argile. Quebec. Canada. http://collegialuniversitaire.groupemodulo.com/2252-vibrations-ondes-optique-et-physique-moderne-2e-edition-produit.html.

[64] Kotler S., Akerman N., Navon N., Glickman Y., Ozeri R. (2014) *Measurement of the magnetic interaction between two bound electrons of two separate ions.* Nature magazine. doi:10.1038/nature13403. Macmillan Publishers Ltd. Vol. 510, pp. 376-380. http://www.nature.com/articles/nature13403.epdf?referrer_access_token=yoC6RXrPyxwvQviChYrG0tRgN0jAjWel9jnR3ZoTv0PdPJ4geER1f KVR1YXH8GThqECstdb6e48mZm0qQo2OMX_XYURkzBSUZCrxM8Vipv nG8FofxB39P4lc-1UIKEO1.

[65] De Broglie, L. (1924) *Sur la définition générale de la correspondance entre onde et mouvement,* Comptes rendus de l'Académie des Sciences. (Paris) 179, 39.

[66] De Broglie, L. (1924) *Sur un théorème de Bohr*, C. R. Acad. Sci. (Paris) 179, 676, Comptes rendus de l'Académie des Sciences. (Paris) 179, 39.

[67] Schrödinger, E. (1952) *Are there quantum jumps?* Brit. J. Philos. Sci. 3 109,233. https://philpapers.org/rec/SCHATQ-3

[68] Golovko, V.A. (2008) *Electromagnetic radiation and resonance phenomena in quantum mechanics.* arXiv:0810.3773v2.

[69] Schrödinger, E. (1930) *Über die kräftefreie Bewegung in der relativistischen Quantenmechanik*, Sitzungsberichte Akad. Berlin 1930, 418-428.

[70] Schwinger, J. (1948) *On Quantum-electrodynamics and the Magnetic Moment of the Electron.* Phys. Rev. 73, 416-417.

[71] Haskell, R.E. (2003) *Special Relativity and Maxwell's Equations, Computer Science3 and Engineering Department*, Oakland University, Rochester, Mi 48309. http://www.cse.secs.oakland.edu/haskell/Special%20Relativity%20a nd%20Maxwells%20Equations.pdf https://arxiv.org/abs/0810.3773

[72] Ernst, A. and Hsu, J.P. (2001) *First Proposal of the Universal Speed of Light by Voigt in 1887*, Chinese Journal of Physics, Vol. 39, No. 3. http://adsabs.harvard.edu/cgi-bin/nph-data_query?bibcode=2001ChJPh..39..211E&link_type=ARTICLE&db_key=PHY&high=

[73] *Particle Data Group.* The European Physical Journal - Review of Particle Physics, Volume 15 – Number 10-4.2000.

[74] Cauchois Y. (1952). *Atomes, Spectres, Matière.* Éditions Albin Michel, Paris, 1952.

[75] Poincaré H. (1905). *La valeur de la science*, France, Flammarion 1994 Edition.

[76] Poincaré, M.H. (1905) *Sur la dynamique de l'électron.* Comptes rendus de l'Académie française. 1905/01 (T140)-1905/06, pp 1504-1508.

[77] Poincaré, M.H. (1906) *Sur la dynamique de l'électron.* Rendiconti del circolo matematico di Palermo 21, 129–175. https://doi.org/10.1007/BF03013466. https://fr.wikisource.org/wiki/Sur_la_dynamique_de_l%E2%80%99%C3%A9lectron

[78] Blackett P.M.S. & Occhialini G. (1933). *Some photographs of the tracks of penetrating radiation*, Proceedings of the Royal Society, 139, 699-724.

[79] Anderson J.D. et al. (2005). *Study of the anomalous acceleration of Pioneer 10 and 11*, gr-qc/0104064. https://arxiv.org/abs/gr-qc/0104064

[80] Keith J.C. (1963). *Gravitational Radiation and Aberrated Cenripetal force Reactions in Relativity theory. Part 2.* Retarded cohesive Forces. Revista Mexicana de Fisica. Vol.XII,1: (7 Marzo de 1963).

[81] Fremerey J.K. (1973). *Significant Deviation of Rotational Decay from Theory at a Reliability in the 10^{-12} sec^{-1} Range.* Phys. Rev. Lett., v. 30, no. 16, pp. 753-757. https://journals.aps.org/prl/abstract/10.1103/PhysRevLett.30.753

[82] Blewett J.P. (1946). *Radiation Losses in the Induction Electron Accelerator*, Phys. Rev. 69, 87. https://journals.aps.org/pr/abstract/10.1103/PhysRev.69.87

[83] Turner, S. Editor. (1994) CERN Accelerator School — *Fifth General Accelerator Physics Course.* Proceedings. University of Jyväskylä. Finland. https://cds.cern.ch/record/235242/files/CERN-94-01-V1.pdf.

[84] Storti, R. (2011) *Quinta Essentia. A Practical Guide to Space-Time Engineering*. Delta Group Engineering. Australia.

[85] Giancoli, D.C., (2008) *Physics for Scientists & Engineers*. Pearson Prentice Hall, USA.

[86] Çengel, Y.A., & Boles, M.A., (2002) *Thermodynamics - An Engineering Approach*. McGraw Hill, USA.

[87] Meriam, J.L., & Kraige, L.G., (2003) *Engineering Mechanics Dynamics*. John Wiley and Sons. USA.

[88] Rao, S.S., (2005) *Mechanical Vibrations*. Pearson Prentice Hall, Singapore.

[89] Rao, N.N. (2000) *Elements of Engineering Electromagnetics*. 5th Edition. Prentice Hall. Upper Saddle River, New Jersey.

[90] Hibbeler, R.C., (2005) *Mechanics of Materials*. Pearson Prentice Hall, USA.

[91] De Broglie L. (1934). *L'équation d'ondes du photon*, C. R. Acad. Sci., 199, p. 445-448.

[92] De Broglie L. and Winter M.J. (1934). *Sur le spin du photon*, C. R. Acad. Sci., 199, p. 813-816.

[93] De Broglie L. (1936). *La théorie du photon et la mécanique ondulatoire relativiste des systèmes*, C. R. Acad. Sci., 203, p. 473-477.

[94] De Broglie L. (1937). *La quantification des champs en théorie du photon*, C. R. Acad. Sci., 205, p. 345-349.

[95] Markoulakis, E., Rigakis, I., Chatzakis, J., Konstantaras, A., Antonidakis, E. (2018) *Real time visualization of dynamic magnetic fields with a nanomagnetic ferrolens*, J. Magn. Magn. Mater. 451 (2018) 741-748. doi:10.1016/j.jmmm.2017.12.023.
https://www.sciencedirect.com/science/article/abs/pii/S030488531 7319194?via%3Dihub.

[96] Soosaleon A. (2017). *Gravity Induced Resonant Emission*. arXiv:1704.07225v1 [physics.plasm-ph+2] 4 Apr 2017.
https://arxiv.org/pdf/1704.07225.pdf

[97] Born M. & Fock V. (1928). *Beweis des Adiabatensatzes. In: Zeitschrift für Physik*. Band 51, Nr. 3-4, März 1928, S. 165–180,
doi:10.1007/BF01343193.
https://link.springer.com/article/10.1007%2FBF01343193

[98] Michaud A (2017) *On the Relation between the Comprehension Ability and the Neocortex Verbal Areas.* J Biom Biostat 8: 331. doi:10.4172/2155-6180.1000331

https://www.hilarispublisher.com/open-access/on-the-relation-between-the-comprehension-ability-and-the-neocortexverbal-areas-2155-6180-1000331.pdf.

[99] Michaud A (2016) *Intelligence and Early Mastery of the Reading Skill.* J Biom Biostat 7: 327. doi: 10.4172/2155-6180.10003.

https://www.hilarispublisher.com/open-access/intelligence-and-early-mastery-of-the-reading-skill-2155-6180-1000327.pdf.

[100]Michaud A (2016) *Critical Analysis of a Field Research Report on ADD and ADHD.* Int J Swarm Intel Evol Comput 5: 142. doi: 10.4172/2090-4908.1000142.

https://www.longdom.org/open-access/critical-analysis-of-a-field-research-report-on-add-and-adhd-2090-4908-1000142.pdf.

www.ingramcontent.com/pod-product-compliance
Lightning Source LLC
Chambersburg PA
CBHW050502160726
48003CB00001B/125